上海出版资金项目
Shanghai Publishing Funds

数学史话

王渝生 主编

王渝生 —— 编著

中国科技史话·插画本

THE HISTORY OF SCIENCE AND TECHNOLOGY IN CHINA

U0195726

上海科学技术文献出版社
Shanghai Scientific and Technological Literature Press

图书在版编目（CIP）数据

数学史话 / 王渝生编著 . —上海：上海科学技术文献出
版社，2019 (2020.10重印)
　（中国科技史话丛书）
　ISBN 978-7-5439-7814-0

　Ⅰ . ① 数… 　Ⅱ . ① 王… 　Ⅲ . ① 数学史—中国—普及读
物 　Ⅳ . ① O112-49

中国版本图书馆 CIP 数据核字 (2018) 第 298970 号

"十三五"国家重点出版物出版规划项目

选题策划：张　树
责任编辑：王倍倍　　杨怡君
封面设计：周　婧
封面插图：方梦涵　　肖斯盛

数 学 史 话

SHUXUE SHIHUA

王渝生　主编　王渝生　编著
出版发行：上海科学技术文献出版社
地　　址：上海市长乐路 746 号
邮政编码：200040
经　　销：全国新华书店
印　　刷：昆山市亭林印刷有限责任公司
开　　本：720×1000　1/16
印　　张：20.25
字　　数：281 000
版　　次：2019 年 4 月第 1 版　2020 年 10 月第 2 次印刷
书　　号：ISBN 978-7-5439-7814-0
定　　价：88.00 元
http://www.sstlp.com

目录
Contents

导言 中国算学发展史略

算学，即数学。"纯数学的对象是现实世界的空间形式和数量关系，所以是非常现实的材料。"[1]世界数学的发展，在西方，以古希腊数学为代表，偏重逻辑演绎，形成公理化的特色；在东方，则以中国传统数学为代表，以计算见长，形成算法化的特色。所以中国古代数学，核心是算数；算数之术，即是算术；算术之学，即是算学。中国最早的数学著作，有《许商算术》《杜忠算术》《九章算术》等。隋唐国子监设算学馆，有算学博士、助教，宋立算学祀典，元朱世杰著有《算学启蒙》。宋元象数学得到发展，遂有数学之名，朱世杰在当时亦被誉称为"数学名家"。此后，算学、数学一直并用。明确废止"算学"，而用"数学"一词，则是20世纪30年代以后的事。故本书中提到的算学，即指数学而言。

1. 算学的萌芽

算学在中国的起源，可追溯到遥远的上古时代。中国算学是与中国原始社会的形成与发展同步的。

早在旧石器时期，古人已能打制一些具有一定几何形状的石球、刮削器和尖状器，几何观念逐渐形成。

到了新石器时期，磨制石器中几何形状的种类有所增加，同时也更加规则。例如1974年在云南省云县忙怀遗址出土的距今六千年的石钻略呈饼状，中间厚，四周薄，但是很圆。而在山东省和江苏省出土的距今四五千年的大汶口兽型陶器上，则有呈圆形、菱形和

---

① 恩格斯.反杜林论［M］.北京：人民出版社，1970：35.

三角形等的镂孔；在四川省大溪镇出土的空心陶球，则有六个镂孔，差不多正好位于三条直径的端点上。

除陶器本身就是几何形体或反映着某些几何知识之外，陶器上的花纹同样值得注意。距今六千年的西安半坡遗址出土的彩陶上的几何花纹还提供了一个由物体形象到抽象的几何图案演变过程的线索，如由鱼形变成梭形、菱形、三角形、长方形等几何图形。

半坡人还有了数目的观念。例如在一个彩陶钵上斜画着一组组的直线，每一组都是七条，还有一些陶器上有坑点，排成整齐的三角垛形，从上至下，一、二、三……直至七，有的到八。

半坡陶片上还出现了刻画符号，其中也包括数字符号。可以初步辨认的数字符号有一、二、五、六、七、八等。

在上海马桥遗址和山东城子崖遗址发掘出土的新石器时代晚期的陶片上也有数字符号。特别是后者与甲骨文早期接近，和殷文化是一个系统，但比甲骨文早了两千多年。

以上是文物资料。而据典籍记载则有"黔如为虑首，史言作算之始也"（《吕氏春秋·勿躬》），又有"黄帝使隶首作算数"（《世本》）。虑首、隶首和黄帝都是传说中的人物。黄帝和炎帝是中华民族的始祖，大约距今四千多年，相当于新石器时代晚期。

有了数目观念和数字符号之后，便产生了原始的记数方法："上古结绳而治，后世圣人易之以书契。"（《易经·系辞传》）"事大，大结其绳；事小，小结其绳；结之多少，随物众寡。"（《易九家义》）"契，刻也，刻识其数也。"（《释名·释书契第十九》）可见结绳和书契是古代非文字记载的记数方法。1975 年，在青海省乐都县柳湾发掘的原始社会末期墓葬中出土的骨片带有规则的楔形刻口，是流传至今最早的书契记数实物。至今我国少数民族地区还有用这种记数方法的，如现藏于云南省博物馆的佤族书契木片。

中国进入奴隶制社会以后，到了殷商时期已形成了刻在龟甲和兽骨上的甲骨文汉字系统。商以后到周朝，甲骨文逐渐被金文（又称"钟鼎文"）所替代。在甲骨文和金文中都有数学方面的资料。

在一块甲骨上有从一到十的自然数，说明商朝已形成了抽象的数的概念。干支纪年或纪日的方法，在甲骨文中也有完整的记录，而且在一块甲骨上有一个循环。

甲骨文记数已经发展成为完整的十进制系统，并有了固定的大数名称"十""百""千""万"，最大数目到三万。

在金文中已有简单的数字计算问题。如周"智鼎"称："东宫迺曰：偿智禾十秭，遗十秭为廿秭。来岁弗偿，则付册秭。"这是说偿还庄稼（禾）给智（人名）的问题：按时偿还就是十秭,忘了时间迟交,十秭就按二十秭偿还,如果来年还不交就加倍偿还四十秭。

2. 筹算体系的建立

春秋战国时期，中国完成了由奴隶制向封建制的过渡。生产力的发展，生产关系的变革，以及思想界、学术界诸子林立、百家争鸣的局面，创造了算学发展的良好条件。至迟在春秋末年，人们已掌握了完备的十进位和位置制的记数法，普遍使用了算筹这种中国独有的先进计算工具和筹算这种利用算筹进行计算的简便方法。

由于手工业、建筑业、水利工程和商业交换的发展，以及制定历法的需要，人们的筹算技能大大提高。《韩诗外传》载有"齐桓公设庭燎"召集天下贤人，以具"九九薄能"者"而君犹礼之，况贤于九九者"，致使"期月，四方之士相导而至"的故事，说明筹算乘法九九表在当时已是人们的常识。《管子》等典籍中有各种分数，说明分数概念和分数运算已经形成。《左传》中有宣公十一年（公元前598）和昭公三十二年（公元前511）两次筑城的记载,都要"计丈数，揣高卑，度厚薄，仞沟洫，物土方，议远迩，计徒庸，虑财用，书餱粮，量功命日，属役赋丈"，用到面积、体积的计算，简单测望，比例和比例分配运算等数学方法。

但是，先秦时期尚无专门的数学著作传世。

秦始皇统一中国以后，在全国范围内巩固了封建生产关系和制度。汉承秦制，社会生产力得到发展。人们在生产和生活中总结数学知识，出现了算学方面的专著，现在出土和传世的有《算数书》《周髀》和《九章算术》；见于史载但现已亡佚的还有《许商算术》《杜忠算术》(《汉书·艺文志》)等。至于通晓算学的，西汉有张苍、耿寿昌、许商、杜忠，东汉有马续、张衡、刘洪、郑玄、徐岳、王粲等。他们当中，张苍、耿寿昌是《九章算术》的编撰者，其他都对《九章算术》有所研究或为之作注。

《九章算术》是中国古代最重要的数学经典著作。它对先秦中国的算学内容进行了归纳和总结。全书以计算为中心，列出二百四十六个应用问题，分别隶属于方田、粟米、衰分、少广、商功、均输、盈不足、方程、勾股九章，基本上采取算法统率应用问题的形式，提出了九十多条抽象性解法和公式，在分数四则运算、各种几何图形面积和立体体积计算、多位数开平方开立方程序、线性方程组解法和正负数加减法则等方面的许多成就居当时世界领先地位，奠定了此后中国数学领先世界千余年的基础。《九章算术》标志着中国传统算学框架的建立。从此以后，中国算学著述基本上采取两种方式，或者为《九章算术》作注，或者以《九章算术》为样板编纂新的著作。

《九章算术》成书后，注家蜂起。魏晋时期刘徽于魏景元四年（263）注《九章算术》，成《九章算术注》十卷。前九卷"析理以辞，解体用图"，全面论证了《九章算术》的公式和解法，发展了出入相补原理、齐同原理和率的概念，在圆面积公式和阳马鳖臑体积公式证明中采用了无穷小分割方法，首创了求圆周率精确值的算法化程序，纠正了《九章算术》的某些不准确或错误的公式，指出了解决球体积方法的正确途径。特别是他在证明中使用演绎、归纳和类比等多种推理方法，对各种算法进行总结分析，形成了一个独具特色的完整理论体系，标志着中国传统筹算数学体系的建立。

3. 算学的进一步发展

魏晋时期刘徽的杰出工作开创了中国算学研究的新局面，无论是南北朝对峙时期还是其后隋唐统一时期，算学都得到了进一步的发展。

约5世纪初出现的《孙子算经》是一部算学入门读物，给出了筹算记数制度及乘除法则等预备知识；其"河上荡杯""鸡兔同笼"等问题后来在民间长期流传；"物不知数"问题则开一次同余式组解法之先河，这是与中国天文历法计算中上元积年计算方法密切相关的。

5世纪下半叶出现的《张丘建算经》是继《九章算术》之后又一部有突出成就的算学著作，在最大公约数、最小公倍数、等差数列和不定方程等方面超过了《九章算术》的水平。著名的"百鸡问题"开中国古代不定方程研究风气之先，其影响一直持续了千余年直至19世纪。

北周甄鸾有《五曹算经》《五经算术》和伪托东汉徐岳撰、甄鸾注的《数术记遗》三部算学著作传世。其内容虽然浅近，但关于十进小数应用的萌芽、大数进位制和计算工具的改进，以及管理数学、军事数学的出现等，都是值得重视的。

南朝祖冲之、祖暅父子是自刘徽以来最有成就的数学家，其重要的数学著作《缀术》(或《缀述》)可惜已经失传。但《隋书·律历志》所载祖冲之将圆周率计算精确到有效数字八位(即小数点后七位)：

$$3.141\ 592\ 6 < \pi < 3.141\ 592\ 7$$

并创两个极为方便的分数值：

$$\text{密率} \quad \pi = \frac{355}{113}$$

$$\text{约率} \quad \pi = \frac{22}{7}$$

"又设开差幂、开差立，兼以正负参之。指要精密，算氏之最"，则可能是从面积、体积问题引出含负系数的二次和三次方程。至于唐朝李淳风《九章算术注释》所引祖暅"开立圆术"中提出的"缘幂势既同，则积不容异"原理，完全与一千多年以后西方的所谓"卡瓦列利(B. Cavalieri，1598—1647)原理"等价。

唐初"算学博士"王孝通撰《缉古算经》，根据隋唐统一中国后筑长城，开运河，大兴土木工程建设对数学计算的需要，演绎"堤积"等实际问题，其中关于三次方程数值解法及其应用是中国现存典籍、也是世界数学史上最早的记载。

隋唐国子寺（监）设"算学博士"，执教"算学馆"，科举考试中也有"明算"科。由唐朝李淳风注释的十部算经（后称"算经十书"，计《周髀算经》《九章算术》《海岛算经》《孙子算经》《张丘建算经》《五曹算经》《五经算术》《缀术》《夏侯阳算经》《缉古算经》），保存了数学史料，促进了数学的发展。

隋唐时期，随着中朝、中日、中越、中印等文化科学交流，中国算书和算学教育制度东传朝鲜和日本，南传越南和印度，印度的一些数学知识也通过佛教经典传入中国。

4. 算学发展的高峰

随着唐朝中叶商业贸易的蓬勃发展，算学发展的高潮已初见端倪。人们着力于改进筹算乘除法，出现了很多种简捷实用的算术书，数学知识和计算技能得以普及。

北宋初期贾宪的《黄帝九章算经细草》标志着中国传统算学的算法系统在代数学方面的飞跃。贾宪把《九章算术》未离开题设具体对象乃至具体数值的术文大多抽象成一般性术文，提高了《九章算术》的理论水平。他创造的开方作法本源即"贾宪三角"，分别早于阿拉伯和欧洲四百年和六百年。他创造的增乘开方法，与19世纪初才在欧洲出现的霍纳（W. G. Horner，1786—1827）法基本相同。

科学全才沈括（1031—1095）在《梦溪笔谈》中首创隙积术，开垛积术（高阶等差级数求和）这一数学新分支；又提出会圆术，首次以近似公式求弓形弧长。

13世纪中叶至14世纪初是中国算学发展到高潮的时期，形成了南宋统治下的长江下游与金元统治下的太行山两侧这南北两个数学中心。

南方中心的数学家以秦九韶、杨辉为代表，数学著作以秦九韶的《数书九章》（1247年）、杨辉的《详解九章算法》（1261年）、《日用算法》（1262年）《乘除通变本末》（1274年）《田亩比类乘除捷法》（1275年）和《续古摘奇算法》（1275年）（后三种统称《杨辉算法》）为代表。《数书九章》分大衍、天时、田域、测望、赋役、钱谷、营建、军旅、市易九类八十一题，其数学成就主要是高次方程数值解法和一次同余式组解法，因其领先世界的成就而被数学史界誉称为"秦九韶程序"和"中国剩余定理"。《详解九章算法》突破了《九章算术》成书千余年来传统的分类格局，提出了按"因法推类"原则重新整理"九章"的方法；《日用算法》和《杨辉算法》重视数学知识的实际应用、普及和教育。

北方中心的数学家以李冶、朱世杰为代表，数学著作以李冶的《测圆海镜》（1248年）《益古演段》和朱世杰的《算学启蒙》（1299年）、《四元玉鉴》（1303年）为代表。李冶总结了金末元初形成于我国北方河北、山西一带的用符号布列一元高次方程的方法，在《测圆海镜》中完善了"天元术"这种我国独特的半符号代数学，其水平超过了同时期代数学最为发达的印度和阿拉伯，早于欧洲引进字母符号表示方程中的未知数三百多年，在世界数学史上占据着重要地位。朱世杰在《四元玉鉴》中创立"四元术"，即高次方程组的解法——四元消法；在高阶等差级数求和以及高次招差法方面，也有创造性的贡献，西方经过三百多年直至格列高里（J. Gregory，1638—1675）、牛顿（I. Newton，1643—1727）才超过了他。

宋元时期，除了朝鲜、日本、越南和印度之外，中国和阿拉伯国家之间的数学交流也极为频繁。

宋元时期的数学，特别是天元术和四元术，具有几何代数化和计算程序化的特色，它的本质是机械化（这里的机械化，其含义是指数学上的算法化、程序化）。当代数学大师吴文俊对宋元数学的成就给予高度评价，并称他自己是受了中国传统数学特别是宋元数学的启发而从事数学机械化和机械化数学的研究的。吴文俊的这项研究工作已列入国家高科技"攀登计划"，并取得了举世瞩目的重大成就。中国传统数学的思想和方法可以古为今用，对当代数学前沿的研究提供宝贵的借鉴。

5. 算学由筹算向珠算的演变

宋元算学发展的高潮是从唐朝中叶开始酝酿起来的。始自唐朝中叶的算法改革，其核心是简化筹算乘除。

宋元算学发展的高潮是就筹算而言的。筹算体系由于算筹布算的局限性和其他一些原因，似乎到了占据平面四方全方位的"四元术"之后就难于再有发展的余地。再加上社会因素等原因，元朝中叶与明朝，以筹算为代表的中国传统数学急剧衰落，不仅没有再出现可与《数书九章》《四元玉鉴》等媲美的数学巨著，而且宋元数学的杰出创造如增乘开方法和天元术、四元术等亦无人通晓。明朝人的所有著作，都恢复了贾宪以前的开方法。明朝大数学家吴敬、顾应祥、唐顺之等人，全然不懂天元术，称"立天源一，举手无能措"（吴敬《九章详注比类算法大全》），"虽径立天元一，反复合之，而无下手之术，使后学之士茫然无门路可入"（顾应祥《测圆海镜分类释术》）。到了后来，汉唐宋元数学名著，或失传，或残留孤本被束之藏书家高阁而难见天日，作为传统算学的筹算，不仅没有进展，反而出现倒退。

在筹算衰退的同时，珠算开始崛起，结果是在元明时期，算盘取代了算筹，筹算发展成了珠算。

自唐中叶以来的算法改革成果，其多数都可以并且确实应用到了珠算中去，成为口诀化的算法。如"求一""重因""九归""归除""起一""撞归"之类。

宋元诗文中已多见珠算用语，元末明初关于珠算的史料有图有书。明朝中晚期则是珠算的黄金时代。自16世纪70年代至17世纪初约三十年间的珠算书籍，现有传本的就有徐心鲁的《盘珠算法》（1573年）、柯尚迁的《数学通轨》（1578年）、朱载靖的《算学新说》（1584年）、程大位的《算法统宗》（1592年）、黄龙吟的《算法指南》（1604年）等。《数学通轨》的"初定算盘图示"是一个十三档珠算盘图，上二珠，下五珠，中间用木梁隔开，与今通用算盘相同。《算学新说》中已有了珠算开平方、开立方法。《算法统宗》凡十七卷，五百九十五题，直至20世纪末的三百年间，多次被翻刻、改编，成为我国数学史上流传最广的算书，并传到东亚和东南亚各国。

时至今日，珠算仍然在我们的生活中发挥着作用。

6. 西方数学的传入和中外数学的融会

明末清初，随着欧洲耶稣会士来华传教，包括数学在内的西方科学开始传入中国。意大利人利玛窦（M. Ricci，1552—1610）与徐光启（1562—1633）合译了古希腊欧几里得《几何原本》（或称《原本》）前六卷（1607年），与李之藻（1565—1630）合编了介绍欧洲笔算的《同文算指》（1613年）。徐光启、李天经（1579—1659）同德国传教士汤若望（Adam Schall von Bell，1591—1666）等编译的《崇祯历书》（1634年），薛凤祚（？—1680）据波兰传教士穆尼阁（J. N. Smogolenski，1611—1656）所传授的科学知识编写的《历学会通》（1664年）介绍了三角学、对数学等西方初等数学。从此中国数学开始了中西会通的阶段。梅文鼎（1633—1721）是清初第一位集中西之大成者，他的孙子梅瑴成（1681—1763）为其编成《梅氏丛书辑要》，收梅文鼎数学著作十三种四十卷，内容遍及中西数学各个门类，于1761年出版，影响了整个清朝的数学。康熙帝玄烨（1654—1722）爱好数学研究，御制《数理精蕴》五十三卷，由梅瑴成等编纂，1721年完成，1723年刊刻，全面系统地介绍了当时（17世纪初以来）传入的西方数学。

雍正元年（1723）以后，清政府实行闭关锁国政策，西方数学对中国的传入受阻，中国数学家转而发掘整理中国古代数学典籍。随着1773年乾隆帝决定修《四库全书》，戴震（1724—1777）从《永乐大典》中辑出《周髀算经》《九章算术》《海岛算经》等汉唐算经，并加以校勘；《数书九章》《测圆海镜》《四元玉鉴》等久佚的宋元算书也陆续辑出或被发现，从此掀起了乾嘉时期研究整理中国古典数学的高潮。古算书的注释以李潢（？—1812）的《九章算术细草图说》、罗士琳（1774—1853）的《四元玉鉴细草》影响较大；开创性的研究则以焦循（1763—1820）的《里堂学算记》系统阐明了四则运算的基本规律，汪莱（1768—1813）的《衡斋算学》首次探讨了方程的正根与系数的关系，李锐（1768—1817）的《李氏算学遗书》首次认识到方程可能有负根、重根，最为有名。

在西方微积分学尚未传入中国以前，明安图（约 1692—1763）的《割圆密率捷法》、董祐诚（1791—1823）的《割圆连比例图解》、项名达（1789—1850）的《象数一原》、戴煦（1805—1860）的《求表捷术》和李善兰（1811—1882）的《方圆阐幽》《弧矢启秘》《对数探源》，研究三角函数、对数函数和二项式平方根的幂级数展开式，各具特色，独有建树。尤其是李善兰在中国传统数学垛积术和极限方法基础上，发明"尖锥术"，不仅创立了二次平方根的幂级数展开式，各种三角函数、反三角函数和对数函数的幂级数展开式，而且还具备了解析几何的启蒙思想和一些重要定积分公式的雏形，在接触西方近代数学之前独立地接近了微积分学。

1840 年的鸦片战争，西方列强用大炮轰开了清朝自雍正以来百余年间闭关锁国的大门，西方科学再次涌入中国。1852 年，李善兰到上海墨海书馆，与英国传教士伟烈亚力（A. Wylie，1815—1887）合译《原本》后九卷（1857 年初刊）《代数学》和《代微积拾级》（1859 年初刊），全面介绍了西方古典几何学和近代代数学、解析几何学、微积分学。其后，华蘅芳（1833—1902）又同英国传教士傅兰雅（J. Fryer, 1839—1928）合译《代数术》（1872 年）、《微积溯源》（1874 年）、《三角数理》（1877 年）、《代数难题解法》（1879 年）、《决疑数学》（1880 年）、《合数术》（1887 年）等，介绍西方近代代数学、三角学、微积分学和概率论。

1862 年，清政府自办新式学校——京师同文馆，1866 年于同文馆内设天文算学馆，聘李善兰为总教习，李善兰的弟子席淦等编《同文馆算学课艺》为教材。民间教会学校则有狄考文（C. W. Mateer, 1836—1908）与邵立文共同编译的《形学备旨》（1885 年）、《代数备旨》（1891 年）和《笔算数学》（1892 年），潘慎文（A. P. Parker，1850—1924 年）与谢洪赉合译的《代形合参》（1893 年）和《八线备旨》（1894 年）等书为教材，教学内容和公式及演算的书写格式逐渐由竖排向横排过渡。从此，中国传统数学逐渐融入世界数学发展的潮流之中。

★ 1 算学家和算学著作

先秦至汉唐算学名家名著

1. 商高与勾股定理和测量术

商高是周朝的大夫，我国古代的数学家。关于他的生平事迹至今难以确考。从周朝武王在位的时间，可知商高大约是公元前 12 世纪的人。商高的数学成就主要是勾股定理和测量术。可以从我国最早的数学文献《周髀算经》（至迟成书于公元前 2—前 1 世纪的西汉时期）得知一些线索。

（1）发现勾股定理

在平面几何学中，有一条关于直角三角形的基本定理，那就是两直角边的平方和等于斜边的平方。在西方，这条定理被长期称为"毕达哥拉斯定理"。毕达哥拉斯（Pythagoras）是公元前 6 世纪古希腊的著名哲学家、数学家和天文学家，他创立的毕达哥拉斯学派以发现了这条重要的定理而著称于世。

其实，早在毕达哥拉斯之前六个世纪，商高已发现了这条定理。《周髀算经》卷上"周公问算"中曾经有过这样的记载："昔者周公问于商高曰：'窃闻乎大夫善数也，请问古者包牺立周天历度，夫天不可阶而升，地不可得尺寸而度，请问数安从出？'商高曰：'数之法出于圆方，圆出于方，方出于矩，矩出于九九八十一。故折矩以为句广三，股修四，径隅五……'"译成白话文即为：

《周髀算经》

从前，周公（周武王之弟）问算于商高："我早听说您是位擅长数学的人，请问古时伏羲测量天文和制订历法，可是天没有供攀登的台阶，地又不能用尺寸去测量，那么这些数是从哪里得来的呢？"

商高回答说："数是根据圆形和方形的数学道理计算得来的。圆来自方，而方来自直角三角形。直角三角形是根据乘法九九表通过乘除法的计算得出来的。将一线段折三段围成直角三角形，一直角边（勾）为三，另一直角边（股）为四，则斜边（弦）就是五。"

在这里，商高明确地指出了直角三角形（勾股形）中直角边和斜边"勾三股四弦五"的数量关系，即 $3^2+4^2=5^2$。

如果说，商高只是指出了直角三角形三边关系式的一个特例，那么，《周髀算经》卷上介绍的荣方和陈子的回答中，陈子（约公元前7世纪）提出欲求斜边长可用"勾股各自乘，并而开方除之"的方法，则明确揭示了直角三角形三边关系式的一般形式：$c=\sqrt{a^2+b^2}$，即 $a^2+b^2=c^2$。这比毕达哥拉斯也早了约一个世纪。

因此，在"毕达哥拉斯定理"之前，已经有了"商高定理"，或者"陈子定理"。如果不用人名命名，则可称为"勾股定理"。它是中国人商高和陈子最早发现的。

（2）首开测量术之先河

《周髀算经》还介绍了周公向商高求教"矩"（三角直尺）的用法的一段话："周公曰：'大哉言数，请问用矩之道？'商高曰：'平矩以正绳，偃矩以望高，覆矩以测深，卧矩以知远，环矩以为圆，合矩以为方。'"译成白话文即为：周公说："数学真是了不起呵！请问怎样使用'矩'呢？"商高答道："把矩放平了，可以测定水平和铅直方向；把矩立起来，可以测量高度；把矩反过来倒置，可以测量深度；把矩卧于地面，可以测定水平距离；将矩环转一周，可以得到圆形；将两矩合起来，可以得到长方形。"

商高首开了我国古代勾股测量术的先河。他关于"环矩以为圆"的论述，可以理解为把矩的斜边固定，使两直角边变化，但保持顶角为直角，则顶角的轨迹是圆。这也就是说，立于直径上的圆周角为直角。古希腊几何学的先驱者泰勒斯（Thales，约公元前7—前6

世纪）也曾发现此定理，但比商高晚了五六百年。

中国古代数学发端甚早，源远流长。相传"黄帝使隶首作数"；"古者，倕为规、矩、准、绳，使天下仿焉"；倕为黄帝或尧时的人，他发明了规矩和准绳，"不以规矩，不成方圆"；大禹治水时，也是"左准绳，右规矩"；殷商甲骨文中，已有了"规"、"矩"等象形文字。商高总结了前人的数学知识，发现了勾股定理，归纳了勾股测量的各种方法，为后世赵爽"勾股圆方图说"和刘徽"重差术"在勾股算术和测量术方面取得新的成就奠定了基础，真是惠泽千秋，功莫大焉。

2.《墨经》中的数学概念

中国古代数学不同于希腊古代数学，它不是建立在逻辑演绎基础上的概念思维系统，而是一种非演绎的算法理论。这种理论中的概念一般直接出现于算题和算法之中，而不是出现于对概念与概念关系的探求中，因而在具体计算或组建理论的时候，不太需要应用逻辑方法进行概念概括，包括对概念下定义。

但是，这绝不等于说中国古代就没有出现过数学概念的定义形式。在百家争鸣的春秋时期，墨家和名家为论辩的需要提出过不少数学概念的定义。其中《墨经》中最为集中，《墨经》共三十五篇，其中"经上""经说上""经下""经说下"四篇是后期墨家的集体著作，成书时间大约在公元前 4—前 3 世纪。"经"载录了数学概念的定义，"经说"给出必要的补充和说明。现将书中涉及的数学概念的定义列举如下。

（经）平，同高也。（经说）平，谓台执者也，若弟兄。

（经）中，同长也。（经说）心，中，自是往相若也。

（经）圜，一中同长也。（经说）圜，规写攴也。

（经）同长，以正相尽也。（经说）同，捷与狂之同长也。

以上四条对"平"、"中"（即中心）、"圜"（即圆）、"同长"等下了定义。其中圜的定义最为精彩，"一中同长"指出了圆的特征：有一个中心，从中心到圆周的距离处处相等。"经说"则进一步指出了用规画圆时所揭示的圆的这一本质特征。其他三条定义则是建立在直觉和经验基础上的。

（经）端，体之无序而最前者也。（经说）端，是无同也。

端，通常指物体的最前端，或线段的两极端。"序"是顺序、次序的意思。物体与物体顺次相依就是"有序"，于是根据"端"的意义，它应该有以下性质：第一，无序，即端不可能处于某部分之后，它只能处于物体的最前处；第二，无同，由于最前者是唯一的，因此一处不能有两个端。

从"端"的这一定义中可以看出，《墨经》中的"端"与欧几里得《原本》中的"点"，其意义是相近的，但不能把"端"直接等同于"点"。《原本》中关于点的定义有两条：第一，点是没有部分的；第二，一线的两端是点。前者从点的绝对存在性的角度指出了点的性状。尽管这种存在性是建立在观念上的，没有事实根据，但它硬是通过语句的陈述确认了点的独立存在性，为公理和公设能够应用于它奠定了基础。后者作为前者的补充，指出了点的相对存在性，即只要线段存在，那么它的两端就是点。《原本》中关于点的这两个意思在《墨经》关于端的定义中只有后一个是明确的。《墨经》的旨趣是概念间关系的哲学阐发，而不是为组建理论体系而进行概念设计，它不必考虑对概念所下的定义是否有利于公理和公设的应用，甚至不必考虑在数学中借用日常的名词而可能产生的歧义。正因为它不受几何学的束缚，它对概念的阐发比较自由。

指出这一点是很必要的，它可以防止将《墨经》不适当地与欧几里得《原本》作比较的做法。《墨经》毕竟不是数学专著，它对与数学相关的那些概念的阐发也不是从数

《几何原本》

学的角度出发的。它没有也不可能对这些概念做出为建立纯几何理论所必需的精密的定义。

《墨经》中涉及数学的条文还有十多条，除了记述"端"的问题、圆与方的问题以外，还有部分与整体的关系问题，有穷无穷问题，同异问题，加倍问题，虚实问题，相交、相比、相次问题，极限问题等。应该说《墨经》对这些几何概念的论说是精辟而富有哲理的。但是，由于它的出发点不是为了组建几何理论，也不是为了建立几何论证的基础，因此，《墨经》对几何概念的选择、命名以及阐发与欧氏《原本》有本质的不同。

3.《九章算术》的内容和成就

1 世纪，《九章算术》问世，它标志中国数学框架的形成。从此，奠定了后世数学研究的基础内容和理论形式。作为中国数学成熟的标志，《九章算术》还较完整地体现了中国古代的数学思想及其特点。

《九章算术》

（1）《九章算术》的内容

现传本《九章算术》由二百四十六个数学问题及其答案和术文组成，按算法分属方田、粟米、衰分、少广、商功、均输、盈不足、方程、勾股九章。前六章定的是实用名称，"使学者知事物之所在，可以按名以知术也"，后三章"义理稍深，应用亦较狭，故从其专术得名"[①]。各章名称的含义和基本内容如下。

"方田"是土地形状的特称，说明该章专讲各种形状地亩面积的计算，设问三十八题，提出二十一术，涉及的数学内容主要是平面图形面积的求法和分数的四则运算。

"粟米"是谷物品种的特称，说明该章专讲各种谷物之间的换算，设问四十六题，提出三十三术，涉及的数学内容主要是比率算法。

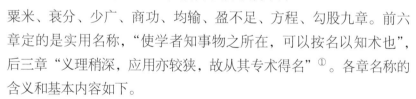

① 中国科学院自然科学史研究所.钱宝琮科学史论文选集［M］.北京：科学出版社，1983：4.

"衰分"意为按经率分配，说明该章专讲分配问题的解法，设问二十题，提出二十二术，涉及的数学内容仍是比率算法，但难度较粟米章的比率算法要高，是它基础上的发展。

　　"少广"名称比较奇特，中国古代称长方形的底、高为广、从，长方形面积给定后，广、从之间存在着广多从少和广少从多的关系。所以按定义而论，"少广"就是"广少而从多，需截多以益少"。说明该章专讲给定长方形面积或长方体体积求其边长的方法，设问二十四题，提出十六术，涉及的数学内容主要是开平方和开立方。作为这类问题的扩充，该章的最后提出了两题已知球的体积而求其直径，即所谓"开立圆"问题。

　　"商功"意为工程大小的估计，说明该章专讲开渠作堤、堆粮筑城等工程的计算和用工多少的确定，设问二十八题，提出二十四术，涉及的数学内容主要是立体图形体积的计算。

　　"均输"意为平均输送，说明该章专讲按人口多少、路途远近、谷物贵贱推算赋税及徭役的方法，设问二十八题，提出二十八术，涉及的数学内容主要是在衰分章基础上发展起来的比率算法。

　　"盈不足"是中国数学的一种专门算法——盈不足术的代称，说明该章专讲盈不足（包括两盈、盈适足、不足适足等）问题的算法，以及将一般算术问题化为盈不足问题的方法，设问二十题，提出十七术，涉及的数学内容主要是假设法和基于直线内插思想的比率算法。

　　"方程"指由数字排列而成的方形表达式，演算"方程"的方法称为方程术，说明该章专讲列置和演算"方程"的方法，设问十八题，提出十九术，涉及的数学内容主要是与线性方程组相当的理论和正负数运算法则。

　　"勾股"，指直角三角形，说明该章专讲有关直角三角形的理论，设问二十四题，提出二十二术，涉及的数学内容主要是勾股定理及其应用。

　　从上述内容简介中可以看出，《九章算术》不仅内容丰富而且具有实用性强，以及以算为主、数形结合的特点。这个特点在全书的体系结构中也有明显的表现。

（2）《九章算术》的体系

《九章算术》的体系是中国数学理论体系的典型代表。这个体系的基本结构是：以题解为中心，在题解中给出算法，根据算法组建理论体系。所以说，《九章算术》或中国的数学理论体系是以题解为中心的算法体系。以题解为中心指的是这一理论的中心内容是问题及其解法；算法体系则指建立理论体系化的依据是算法，并最终表现为算法的形式。

从表面上看《九章算术》的分类依据似乎有两个：一是按问题的应用属性分类，如关于土地面积的计算归成一类，署名方田；关于谷物换算方法归成一类，署名粟米等。二是按算法分类，如以介绍盈不足术、方程术、勾股术为主要内容的问题及题解分属三类，属名盈不足、方程和勾股等。其实，这是个表面现象。《九章算术》分类原则仅一个，即算法。《九章算术》的体系也仅一个，即算法体系。所谓实用体系的说法既不确切，也不符合《九章算术》的实际情况。事实上，《九章算术》中的不少问题是为了全面完整地表现算法而编制出来的，这些问题的应用属性完全由《九章算术》的作者所决定。

近年来中算史家对《九章算术》的算法体系的研究有了较大的进展，发现《九章算术》不仅分类合理，体系完整，而且结构严谨，充分表现了中国数学特有的形式和思想内容。

整个《九章算术》包括了四大算法系统和两大求积公式系统。四大算法系统是分数算法、一般比率算法、组合比率算法、开方算法；两大求积公式系统是面积公式系统和体积公式系统。其中算法是主体，求积公式服务于算法，起表现算法的例解作用。四大算法系统和两大求积公式系统的有机结合构成了《九章算术》完整的理论体系。

（3）《九章算术》的成就

中国古代数学不区分几何、代数等分支，算术这一名称包括了整个数学的全部内容。因此，按现在数学的分支来区别中国数学的内容和成就是有些困难的。但不这样做，也会给认识中国数学带来不便。本书仍采取将《九章算术》的成就分成算术、代数和几何三个方面叙述的方法，以方便读者。

①《九章算术》的算术成就

包括分数运算、各种比例问题和盈不足术三个方面。

第一，分数运算。《九章算术》中的分数内容主要在方田章，其中有"约分"、"合分"（加法）、"减分"（减法）、"乘分"（乘法）、"经分"（除法）、"课分"（分数的大小比较）、"平分"（求分数平均数）等。"约分"和现在的约分一样。书中说，因为"不约则繁，繁则难用"，所以要约分。约分的方法是："可半者半之；不可半者，副置分母、子之数，以少减多，更相减损，求其等也，以等数约之。"可半者半之，即如分子、分母均为偶数，则可先以 2 约分。不可半者，则采用更相减损术先求等数（即公因子），然后用等数约之。"副"，另放一旁的意思。

例如：约分 $\frac{49}{91}$。先用算筹布列如（a），然后上下两数交互相减，最后得（d）式。7 是上下之等数，用等数约之，即得 $\frac{49}{91} = \frac{7}{13}$。

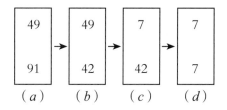

现代算术书中求两整数的最大公约数的辗转相除法，可以说是"更相减损"的另一形式。

"通分"一般采用分母的乘积作公分母，如：

$$\frac{1}{3} + \frac{2}{3} = \frac{5}{15} + \frac{6}{15} = \frac{11}{15}$$（方田章第七题）

$$\frac{1}{2} + \frac{2}{3} + \frac{3}{4} + \frac{4}{5} = \frac{60}{120} + \frac{80}{120} + \frac{90}{120} + \frac{96}{120} = \frac{326}{120} = 2\frac{86}{120} = 2\frac{43}{60}$$

（方田章第九题）

但也有几题是用最小公倍数作分母的，例如：

$$1 + \frac{1}{2} + \frac{1}{3} + \frac{1}{4} = \frac{1}{5} + \frac{1}{6} + \frac{1}{7}$$

$$= \frac{420}{420} + \frac{210}{420} + \frac{140}{420} + \frac{105}{420} + \frac{84}{420} + \frac{70}{420} + \frac{60}{420}$$

$$= \frac{1\,089}{420} \,(\text{少广章第六题})$$

"合分"是分数加法。方法是:"母互乘子,并以为实,母乘为法,实如法而一。不满法者,以法命之。其母同者,直相从之。"

"实"是被除数(即分子),"法"是除数(即分母),分母乘分子,加起来作为被除数,分母相乘作为除数。"实如法而一",常指除法运算。即

$$\frac{a}{b} + \frac{c}{d} = \frac{ad+bc}{bd}$$

"其母同者,直相从之"意思明显:如果分母相同,就直接将分子相加。

后来刘徽在注里说:"凡母互乘子谓之齐,群母相乘谓之同。"所以这种方法叫作"齐同术"。

此外,还有"减分""乘分""经分"等运算法则。大体上已和现在的算法一致。只是通分时没有明确要求用最小公分母。做乘法时,遇到带分数相乘,须把带分数化为假分数再乘,如方田章第二十四题。

$$18\frac{5}{7} \times 23\frac{6}{11} = \frac{131}{7} \times \frac{259}{11} = \frac{33\,929}{77} = 440\frac{49}{77} = 440\frac{7}{11}$$

《九章算术》中的经分是指分数的除法,一般是用通分来计算的,如方田章第十八题。

$$\left(6\frac{1}{3} + \frac{3}{4}\right) \div 3\frac{1}{3} = \left(\frac{19}{3} + \frac{3}{4}\right) \div \frac{10}{3} = \frac{85}{12} \div \frac{40}{12} = \frac{85}{40} = 2\frac{1}{8}$$

刘徽后来补充了一个法则,将除数的分子、分母颠倒而与被除数相乘。

总之,《九章算术》是世界数学史上最早系统叙述分数的著作。欧洲在 15 世纪以后,才逐渐形成了现代分数的算法,而且直到 17

世纪，多数算书在计算分数相加时都不要求用最小公倍数作分母。

关于分数的写法，还有一件值得注意的事。我国古代用算筹来做除法，"实"（被除数）列在中间，"法"在下面，"商"在上面。

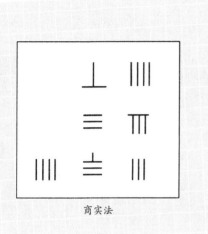

商实法

除到最后，中间的实可能还有余数，就列成下图的样子，相当于带分数 $64\frac{38}{483}$。

《孙子算经》(约 4 世纪) 记述得很清楚："凡除之法，……除得在上方。……实有余者，以法命之，以法为母，实余为子。"

印度人在三四世纪时的分数记法也与中国一样，$1\frac{1}{3}$ 写成 $1\ \underset{3}{\overset{1}{}}$，也是把带分数的整数部分写在上面。12世纪拜斯伽逻著《立拉瓦提》，仍采用这种分数记法和算法，如 $3+\frac{1}{5}+\frac{1}{3}$ 写作 $\begin{array}{ccc} 3 & 1 & 1 \\ 1 & 5 & 3 \end{array}$，通分后变成 $\begin{array}{ccc} 45 & 3 & 5 \\ 15 & 15 & 15 \end{array}$。后来传到中亚细亚，也将分子写在上，分母写在下。

目前所发现的最早的分数线是在阿拉伯数学家阿尔·哈萨（约1175）的著作中。按照他的写法：

$$\frac{3}{5}\ \frac{3}{8}\ \frac{2}{9}\ 表示\ \cfrac{2+\cfrac{3+\frac{3}{5}}{8}}{9}$$

阿拉伯文的书写是从右到左。欧洲人早期也沿用这个习惯，式子也是从右到左，整数部分写在分数的右边，如将 $12\frac{1}{2}x$ 写成 "radices $\frac{1}{2}12$"。

分数线和许多其他符号一样，没有马上被大家采用。14 世纪中叶还有用 $3\frac{1-1}{5}$ 表示 $\frac{3}{5}$ 的。为了节省地方，英国数学家德·摩根推荐用 a/b 表示 $\frac{a}{b}$。这种记法在 18 世纪末叶已经出现。

现在我们采用的分数写法，开始于明末西洋笔算传入中国之时，当时曾有将分母放在分子上的记法。直到清末，新式学校中的算术课本才采用现在的写法。

第二，各种比例问题。在《九章算术》粟米章、衰分章、均输章、勾股章中都有不少比例问题。

粟米章一开始就列举了各种粮食的互换比率。粟米之法："粟米五十，粝米三十、粺米二十七、糳米二十四……"这就是说：谷子五斗可换糙米三斗，又可换九折精米二斗七升，八折精米二斗四升……粟米章内许多粮食之间的兑换关系均按这个比率计算。

例如，粟米章第一题："今有粟米一斗，欲为粝米，问得几何？"它的解法是："以所有数乘所求率为实，以所有率为法，实如法而一。"这里所有数是粟米一斗（10升），所有率是五，所求率是三。于是依术：10×3÷5=6升。这种算法叫"今有术"。"今有术"就是比例，是从关系式：所有率（a）:所求率（b）=所有数（c）:所求数（x），解出 $x=c\cdot\dfrac{b}{a}$ 的一个方法。

"今有术"的名称一直沿用到清朝，后来才改称"比例"。刘徽在《九章算术注》中，对这个解法作了进一步说明，大致说："今有术"求所求数时，是将所有数乘上一个比率，这比率是一个以所求率为分子，所有率为分母的分数。

当然，上面只是一个简单的比例问题，在衰分、均输、勾股各章中还有许多较复杂的比例问题，也都用"今有术"求解。

例如，衰分章第十七题："今有生丝三十斤，干之耗三斤十二两，今有干丝十二斤，问生丝几何？"这个问题的解法是，以干丝十二斤为所有数，以 30×16=480 两为所求率，以 480-60（3斤12两=60两）=420 两为所有率，求得原来生丝 12×480÷420=13$\dfrac{5}{7}$斤。

另外，还有现在所谓的复比例问题和链锁比例问题，也都用"今有术"解决。比例分配问题也可用"今有术"解决。如衰分章第二题："今有牛、马、羊，食人苗，苗主责之粟五斗，羊主曰，我羊食半马（所食）。马主曰，我马食半牛（所食）。今欲衰偿之（按一定比例递减），问各出几何？"依照羊主人、马主人的话，牛、马、羊所食粟相互之比率是 4:2:1，就是用 4、2、1 各为所求率，4+2+1=7 为所有率，粟米 50 升为所有数，以"今有术"演算得牛主人应偿 $\frac{4 \times 50}{7} = 28\frac{4}{7}$ 升，马主人应偿 $14\frac{2}{7}$ 升，羊主人应偿 $7\frac{1}{7}$ 升。

"今有术"是从三个已知数求出第四个数的算法，7 世纪时在印度为婆罗摩笈多所知，称之为"三率法"。后来三率法传入阿拉伯，再由阿拉伯传到欧洲，仍保持三率法的名称。欧洲商人十分重视这种算法，叫它为"金法"，意思是赚钱的算法。可见欧洲人对这种算法的推崇。

"今有术"与欧几里得《几何原本》中比例法的作用是相同的。不过，"今有术"没有明确这里有一个比例的问题，也没有明确揭示下式：

$$\frac{所有率}{所有数} = \frac{所求率}{所求数}$$

第三，盈不足术。盈不足术是我国古代解决盈亏问题的普遍方法。例如盈不足章第一题："今有（人）共买物，人出八盈三，人出七不足四，问人数物价各几何？"答曰："七人，物价五十三。"

《九章算术》解这类问题有一个公式。设每人出 a_1 盈 b_1，每人出 a_2 不足 b_2，u 为人数，v 为物价，则

$$\begin{cases} u = \dfrac{b_1 + b_2}{a_1 - a_2} \\[2mm] v = \dfrac{a_2 b_1 + a_1 b_2}{a_1 - a_2} \end{cases}$$

公式来源没有阐明，后来刘徽注作了解释，用现代算式表示是这样的。

$$\begin{cases} v = a_1 u - b_1 & \text{(i)} \\ v = a_2 u + b_2 & \text{(ii)} \end{cases}$$

以 $b_2 \times$（i），以 $b_1 \times$（ii），相加得

$$(b_1 + b_2) v = (b_2 a_1 + b_1 a_2) u$$

因而

$$\frac{v}{u} = \frac{b_2 a_1 + b_1 a_2}{b_1 + b_1}$$

又（i）（ii）二式相减为

$$(a_1 - a_2) u - b_1 - b_2 = 0$$

故

$$u = \frac{b_1 + b_2}{a_1 - a_2}$$

$$v = \frac{a_2 b_1 + a_1 b_2}{a_1 - a_2}$$

每人应出钱

$$\frac{v}{u} = \frac{b_2 a_1 + b_1 a_2}{b_1 + b_2} \qquad (*)$$

公式（*）很有用，《九章算术》中许多不属盈亏类问题，就是将它转变为盈不足问题，之后用这个公式解决的。为什么不属盈亏类问题，也可用盈不足术解决呢？因为任意算术问题都应有所求的答数，如果我们任意假定一个数值作为答数，依题验算，那么必然出现两种情况：一是算得的一个结果和题中表示这个结果的已知数相等，这就是说，答数被猜对了。假设验算所得结果和题中的已知数不符，而相差的数量或是有余，或是不足，于是通过两次不同的假设，就可以把原来的问题改造成为一个盈亏类的问题。按照盈不足术，就能解出所求的答数来。

例如，盈不足章第十三题："今有醇酒一斗值钱五十，行酒一斗值钱一十。今将钱三十得酒二斗，问醇、行酒各得几何？"该题的解法是："假令醇酒五升，行酒一斗五升，有余（钱）一十；令醇酒二升，行酒一斗八升，不足（钱）二。"这假设是有根据的，因设醇酒五升，则行酒必为 20-5=15 升，值钱数为 5×5+15×1=40，比题中的钱多 10，又设醇酒 2 升，则行酒为 20-2=18 升，共值钱为 2×5+18×1=28，比 30 不足 2。

按盈不足公式（*），得醇酒数应是 $\frac{5 \times 2 + 2 \times 10}{2 + 10} = \frac{30}{12} = 2\frac{1}{2}$，因而行酒是 $20 - 2\frac{1}{2} = 17\frac{1}{2}$。如求行酒数也用公式，则 $\frac{15 \times 2 + 18 \times 10}{2 + 10} = 17\frac{1}{2}$，

结果一样。

从现代数学的观点看，这类问题的实质是求根据题中所给的条件列出的方程的根。假设所列的方程是$f(x)=0$，因而问题又相当于求曲线$y=f(x)$与x轴交点的横坐标。

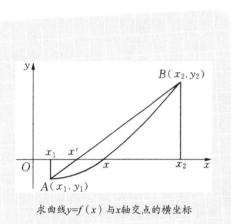

求曲线$y=f(x)$与x轴交点的横坐标

先估计问题的两个近似答案x_1、x_2，它们对应的函数值是$y_1=f(x_1)$、$y_2=f(x_2)$，过A点(x_1, y_1)、B点(x_2, y_2)作直线，方程为$y-y_2=\dfrac{y_1-y_2}{x_1-x_2}(x-x_2)$交$OX$轴于$(x', 0)$，其中$x'=\dfrac{x_1y_2-x_2y_1}{y_2-y_1}$就是方程$f(x)=0$的根，如左图所示。

如果$f(x)$是一次函数，x'就是$f(x)=0$的根的真值，如果不是一次函数，x'是近似值，累次运用这种方法，可以逐步逼近真值。这种方法现在解高次代数方程或超越方程常用到。设$f(x)$是一个在区间$[a_1, a_2]$上的单调连续函数，$f(a_1)=b_1$和$f(a_2)=b_2$正负相反，那么，方程$f(x)=0$在a_1a_2间的实根约等于

$$\frac{a_2f(a_1)-a_1f(a_2)}{f(a_1)-f(a_2)} \text{ 或 } \frac{f(a_2)a_1-f(a_1)a_2}{f(a_2)-f(a_1)}$$

这种"盈不足术"实际上就是现在的线性插值法。它还有许多名称，如试位法、夹叉求零点、双假位法等。

②《九章算术》的几何成就

其一，面积与体积。面积与体积的计算起源很早，《九章算术》将它放在第一章，另外，商功章内有体积计算问题。

我国古代的几何图形面积计算是直接从测量田亩的实践中产生的，因此几何图形的名称从田地的形状得来。如"方田""圭田""直田"、"邪田"（或"箕田"）、"圆田""弧田""环田"等，分别表示正方形、三角形、长方形、梯形、圆、弓形、圆环等。

《九章算术》对上述各种图形都有计算公式。

如"圭田术曰：半广以乘正从"，意思是底长之半乘高便是三角形面积。

直角梯形的田，叫作"邪田"。"邪"是斜的意思。其求面积方法是"并两斜而半之以乘正从"。"并两斜而半之"是指：上底加下底之和的一半，面积公式用算式表示是 $S=\frac{1}{2}(a+b)h$。

一般梯形叫作"箕田"，因为它可以看作是两个等高的邪田合成，所以面积计算公式仍然是 $\frac{1}{2}$（上底＋下底）× 高。

圆面积计算公式，见之于圆田术，"术曰：半周半径相乘得积步"。"积步"就是以平方步为单位的面积，圆面积 = 半周 × 半径 = $\frac{2\pi r}{2}\cdot r=\pi r^2$。这一公式是完全正确的。但在求周长的时候，《九章算术》用"周三径一"的比率，即取 $\pi=3$，这自然只能得出近似值。

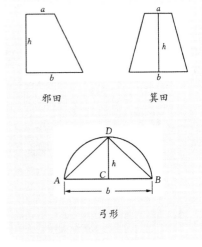

邪田　　　箕田

弓形

《九章算术》另有弓形的面积公式：

$$A=\frac{1}{2}（bh+h^2）$$

原文是："术曰：以弦乘矢（bh），矢又有乘（h^2），并之二而一（加起来被2除）。"公式的来源没有说明。有人作如下的推测：$\frac{1}{2}bh$ 是 $\triangle ABD$ 的面积，再加上两个小弓形，就拼成所求的弓形 ADB。根据实测或估计，这两个小弓形大约等于以 h 为边的正方形面积之半，从而得出上面的公式。这种推测不甚合理，因为把两个小弓形看作以 h 为高的正方形面积之半，这一思想没有认识基础，人们要问为什么不把两个小弓形看作两个以 h 为高的正方形呢？这种推测无非是从关系式

$$\frac{1}{2}（bh+h^2）=\frac{1}{2}bh+\frac{1}{2}h^2$$

杜撰出来的。其实《九章算术》是把弓形近似地当作半圆来计算

的。刘徽就指出过这一点，并且说"若不满半圆者，益复阔（误差就更大了）"。刘徽还指出可用类似"割圆术"的方法来修正公式。尽管如此，后世的学者竟一直没有给予重视。

《九章算术》的体积公式主要见之于商功章。

第一，平截头楔形——剖面都是相等的梯形。设上、下广是 a 和 b，高或深是 h，长是 c，那么体积为

$$V=\frac{1}{2}\left(a+b\right)hc$$

古代称这种图形为"城、垣、堤、沟、堑、渠"，这是因为这些东西的形状都是平截头楔形的缘故。

第二，"堑堵"——两底面为直角三角形的正柱体，设底面直角旁的两边为 a 和 b，堑堵的高为 c，则体积为

$$V=\frac{1}{2}abc$$

第三，"阳马"——底面为长方形而有一棱和底面垂直的锥体，它的体积是

$$V=\frac{1}{3}abc$$

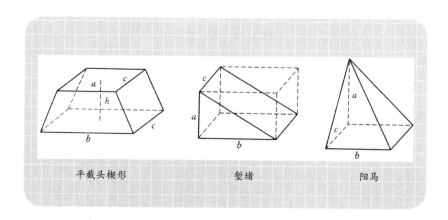

平截头楔形　　　　　　堑堵　　　　　　阳马

第四，"鳖臑"——底面为直角三角形而有一棱和底面垂直的锥体，它的体积为

$$V = \frac{1}{6} abc$$

刘徽用割补法证明了这三个体积公式。

第五，正方锥体可以分解成四个阳马，故正方锥体体积是底面积乘高的 $\frac{1}{3}$，即

$$V = \frac{1}{3} a^2 h$$

第六，"方亭"——正方形棱台体，设上方边为 a，下方边为 b，台高为 h，则体积为

$$V = \frac{1}{3} (a^2 + b^2 + ab) \cdot h$$

第七，"刍童"——上、下底面都是长方形的棱台体，设上、下底面为 $a_1 \times b_1$ 和 $a_2 \times b_2$，高为 h，则体积为

$$V = \frac{1}{6} [(2a_1 + a_2) b_1 + (2a_2 + a_1) b_2]$$

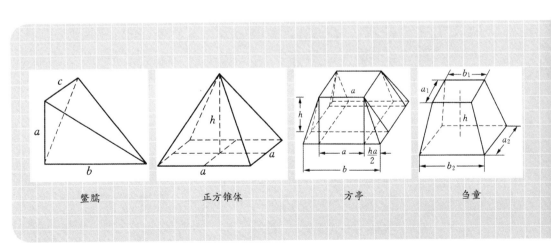

鳖臑　　　　正方锥体　　　　方亭　　　　刍童

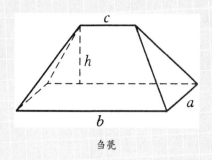

刍甍

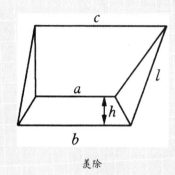

羡除

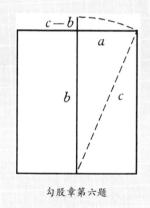

勾股章第六题

第八，"刍甍"——像草房顶的一种楔形体，体积为

$$V=\frac{1}{6}ha(2b+c)$$

第九，"羡除"——楔形体的三个侧面不是长方形而是梯形的几何体，设一个梯形的上、下边是 a，b，高是 h，其他两梯形的公共边长 c，这边到第一梯形面的垂直距离是 l，则体积为

$$V=\frac{1}{6}(a+b+c)\cdot hl$$

其二，勾股问题。见于勾股章，它主要讨论三方面问题，即用勾股定理解应用题、勾股容圆和勾股容方问题、勾股测量问题。

第一，用勾股定理解应用题。勾股章第一题到第十四题是利用勾股定理解决应用问题，如第六题："今有池方一丈，葭生其中央，出水一尺。引葭赴岸，适与岸齐。问：水深、葭长各几何？答曰，水深一丈二尺；葭长一丈三尺。"

解题方法是应用关系式：

$$b=\frac{a^2-(c-b)^2}{2(c-b)}$$

其中 $a=5$，$c-b=1$。

这类问题对中国乃至世界数学史都有相当的影响。

在中国，《张丘建算经》（466—485 年）、朱世杰的《四元玉鉴》

（1303 年）、程大位的《算法统宗》（1593 年）都有类似的题目。

在世界上，印度拜斯伽逻（Bhaskara，1114—1186）所著的《立拉瓦提》（1150 年）中有一个莲花问题与上述相仿。这是一个用诗的形式表达的数学题：

> 平平湖水清可鉴，面上半尺生红莲；
>
> 出泥不染亭亭立，忽被强风吹一边。
>
> 渔人观看忙向前，花离原位二尺远；
>
> 能算诸君请解题，湖水如何知深浅？

阿拉伯数学家阿尔·卡西著《算术之钥》（1424 年），书中也有类似的一道题："一茅直立水中，出水一尺，风吹茅没入水中，茅头恰在水面上，茅尾端留原位不动，茅头与原处相距五尺，求茅长。"

英国杰克森著《16 世纪的算术》也谈到这种题目："一根芦苇生在圆池中央，出水三尺，池宽十二尺，风吹芦苇茎尖刚好碰到池边水面，问池深多少？"

通过这些题目，可见《九章算术》在世界数学史上的影响。

第二，勾股容圆和勾股容方问题。所谓勾股容方是求一直角三角形内所容的正方形的边长问题，这问题比较容易，《九章算术》的答案是 $x = ab/(a+b)$。

勾股容圆是求直角三角形的内切圆的直径。如《九章算术》勾股章第十六题："今有勾八步，股十五步，问勾中容圆径几何？"《九章算术》的解题公式为

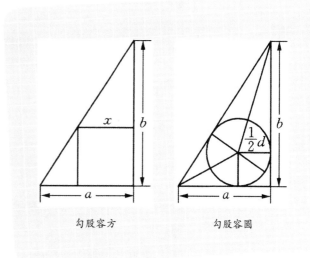

勾股容方　　　　勾股容圆

$$d = 2ab/(a+b+c)$$

在刘徽注中，给出了这个公式的一个证明。

勾股容圆问题，后来在 13 世纪李冶的《测圆海镜》中作了更深入的研究，成为一个独立的数学内容。

第三，勾股测量问题。勾股章有测量问题八个（从第十七至二十四题），这些问题都有明确的解题公式，但缺乏公式的来源。用相似形原理很容易导出这些公式，但中国古代并没有相似概念，据推想是用割补原理得出的。如第二十四题："今有井径五尺，不知其深，立五尺木于井上，从木末望水岸，入径四寸，问井深几何？"

已知 $CB=CA=5$ 尺 $=50$ 寸，$CD=4$ 寸，求井深 BP，按《九章算术》文，解得

$$BD=CB-CD=50-4=46寸$$

$$BP=\frac{BD \cdot CA}{CD}=\frac{46 \times 5}{4}=57\frac{1}{2} 尺$$

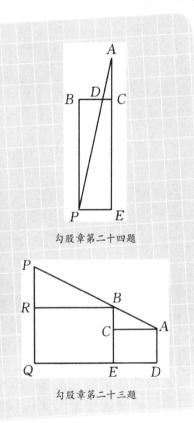

勾股章第二十四题

勾股章第二十三题

又如第二十三题："有山居木西，不知其高。山去木五十三里，木高九丈五尺。人立木东三里，望木末适与山峰斜平。人目高七尺，问山高几何？"

已知 $RB=53$ 里，$CA=3$ 里，$CB=95-7=88$ 尺，$EB=95$ 尺，求山高 QP 依木计算得

$$QP=\frac{CB \cdot RB}{CA}+EB=\frac{88 \times 53}{3}+95=1\,649\frac{2}{3} 尺$$

《九章算术》中的勾股测量问题都是通过一次测量就能获解的问题。如果目标物是一个不可到达的地方，那么用一次测量就不可能解决问题，必须两次测量才行。这种通过两次测量的方法，东汉数学家称之为"重差术"。

③《九章算术》的代数成就

《九章算术》代数部分的成就主要有三个方面：开平方、开立方，开带从平方，"方程"和正负术。这三个方面的成就都是当时世界最先进的。

第一，开平方、开立方。《九章算术》少广章记载了完备的开平方和开立方的演算步骤。这一方法不仅直接解决了开平方和开立方的问题，而且它作为一般的开方法的基础，为后来我国求高次方程数值解方面取得辉煌成就奠定了基础。

《九章算术》的开平方与开立方方法与现在通用的方法一致。都是 $(a+b)^2=a^2+2ab+b^2$，以及 $(a+b)^3=a^3+3a^2b+3ab^2+b^3$ 两个恒等式的应用，其过程也与今天一样。

在印度数学家阿耶婆多（500）给出开平方之前，世界数学史上除《九章算术》之外再也没有系统而完整的开平方方法了，而阿耶婆多著作中的许多内容都与我国古代数学相似。

被开方数是一个分数时，《九章算术》说，若分母开得尽，则 $\sqrt{\dfrac{a}{b}}=\dfrac{\sqrt{a}}{\sqrt{b}}$，若开不尽，则 $\sqrt{\dfrac{a}{b}}=\dfrac{\sqrt{ab}}{b}$。

除了开平方、开立方术外，还有"开圆术"。"开圆"是从圆面积求圆周的方法。设已知圆面积 A，圆周长为 $L=2\pi r=\sqrt{4\pi A}$。《九章算术》采用 $\pi=3$，故 $L=\sqrt{12A}$。可见公式在理论上是正确的。

"开立圆"是从"立圆"（球）体积，求直径的方法。用的公式是 $d=\sqrt[3]{\dfrac{16V}{9}}$（$d$ 是直径，V 是体积）。

这个公式误差很大，后来祖冲之父子求得 $d=\sqrt[3]{\dfrac{6V}{\pi}}$，这是中国数学史上一个杰出的贡献。

第二，开带从平方。前面指出《九章算术》开平方是利用恒等式 $(a+b)^2=a^2+2ab+b^2$。当初商 a 确定之后，求次商 b 时，是利用了等式

$$(a+b)^2-a^2=2ab+b^2 \text{ 或 } b^2+2ab=(a+b)^2-a^2$$

等式右端是已知数。因此，求 b 的过程实际上是解形如 $x^2+kx=N$ 的方程，求其正根。

这种有一个正的一次项跟在二次项后面的二次方程，中国古代称之为开带从平方式，其中一次项叫作"从法"，解这个方程就是开带"从法"的平方，简称为"开带从平方"。由于开平方的过程，实际上已经包含了开带从平方，因此《九章算术》已经解决了求形如

$x^2+kx=N$ 方程的正的数值根问题。

第三，"方程"和正负术。《九章算术》中的"方程"与现在的方程意义不同，它不是指含有未知数的等式，而是指根据一定规则由数字排列而成的呈方形的程式。以方程章第一题为例："今有上禾三秉，中禾二秉，下禾一秉，实三十九斗；上禾二秉，中禾三秉，下禾一秉，实三十四斗；上禾一秉，中禾二秉，下禾三秉，实二十六斗。问上、中、下禾实一秉各几何。"如用现在的设未知数列方程组的方法，列出的方程组为

$$\begin{cases} 3x+2y+z=39 & (\text{i}) \\ 2x+3y+z=34 & (\text{ii}) \\ x+2y+3z=26 & (\text{iii}) \end{cases}$$

中国古代没有设未知数的习惯，而是直接用算筹将数目列在筹算板或者桌面上，像上面这个问题，列出的筹式如下图所示。

这种算式似乎是分离系数法的体现，其实不是，它是按某种比率关系建立起来的数字阵。①

解这个"方程"用的是"直除法"。具体说，是将（a）式上禾的秉数 3 遍乘（b）式各项，得 6、9、3、102，然后两次减去（a）式对应各数，得 0、5、1、24，又用 3 遍乘（c）各数，得 3、6、9、78，减去（a）式对应各数得 0、4、8、39。

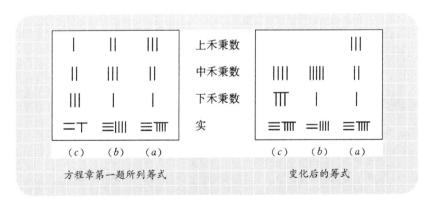

方程章第一题所列筹式　　　　　变化后的筹式

---

① 李继闵.九章算术及其刘徽注研究［M］.西安：陕西人民教育出版社；1990.

经如此步骤,等式将发生变化(见上页右图)。

（b）和（c）相当于：$\begin{cases}5y+z=24\\4y+8z=39\end{cases}$再消去一元就可以得到答案。用（b）式中禾的秉数5遍乘左行（c）得20、40、195，四次减去（b）式对应的数字5、1、24得0、36、99，以9约之，得0、4、11，这样得到最终等式（见右图），其中，（c）式相当于4z=11，所以$z=\dfrac{11}{4}$。为求中禾和上禾一秉的实，再如上用遍乘直除的方法。

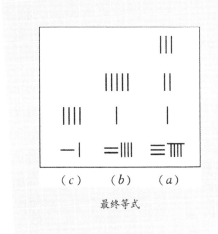

最终等式

由于"直除法"是一种解线性方程组的一般方法，因此它不仅可解三元方程组，而且可用来解 n 元方程组。在《九章算术》中就有四元者二问（第十四、十七题），五元者一问（第十八题）。

用直除法解方程组过程中难免出现从小数中减去大数的情况，如方程章第三题，"今有上禾二秉，中禾三秉，下禾四秉，实皆不满斗；上取中，中取下，下取上各一秉而实满斗。问上、中、下禾实一秉各几何。"列出的方程组相当于

$$\begin{cases}2x+y=1\\3y+z=1\\4z+x=1\end{cases}$$

用直除法去边乘边减，必然会出现零减去正数的情况。为使运算继续下去，就必须引进负数概念。

《九章算术》所载的"正负术"就是为解决这一问题而提出的。这是世界数学史上最卓越的成就之一。

正负术曰

同名相除（减）　　　　$[(+a)-(+b)=+(a-b)]$

异名相益（加）　　　　$[(+a)-(-b)=+(a+b)]$

正无入负之　　　　　　$[0-(+b)=-b]$

负无入正之　　　　　　$[0-(-b)=+b]$

其异名相除	$[(+a)+(-b)=+(a-b)]$
同名相益	$[(+a)+(+b)=+(a+b)]$
正无入正之	$[(+a)+0=+a]$
负无入负之	$[(-a)+0=-a]$

前四句是讲正负数的减法，后四句是讲加法。显然，这是完全正确的。筹算怎样来表示正负数？刘徽有一个说明："今两算得失相反，要令正负以名之。正算赤，负算黑。否则以邪正为异。"这句话是说，同时进行两个运算，若结果得失相反，那就要分别叫作正数和负数，并用红筹代表正数，黑筹代表负数。不然的话，就将筹斜放和正放来区别。

这是世界数学史上第一次突破了正数的范围，也是对负数第一次做出合理解释。

世界上除中国外，对负数概念的建立和使用都经历了一个曲折的过程。

希腊数学注重几何，而忽视代数，几乎没有建立过负数的概念。印度婆罗摩笈多开始认识负数，采用小点或小圈记在数字上面表示负数。对负数的解释是负债或损失，只是停留在对相反数的表示上，尚未将负数参与运算。

欧洲第一个给出负数正确解释的是斐波那契，他在解决一个关于某人的赢利问题时说："我将证明这问题不可能有解，除非承认这个人可以负债。"

1484年法国的舒开给出二次方程一个负根。卡当在1545年区分了正负数，把正数叫作"真数"，负数叫作"假数"，并正式承认了负根，不过，这些思想都没有在欧洲引起足够重视。直到18世纪有些数学家还认为负数这个比零小的数是不可能的。

负数在西方发展得如此缓慢，而中国却对负数有深刻的认识，这不能不说是中国数学思想的先进。

4. 刘徽的《九章算术注》和《海岛算经》

刘徽,史书无传,仅在《晋书》《隋书》"律历志"中有这样的记载:

"魏陈留王景元四年（263）刘徽注《九章》。"然而，刘徽的《九章算术注》却给后人留下了宝贵的数学遗产。

纪念邮票上的数学家刘徽

刘徽在北宋大观三年（1109）被追封为淄乡男。同时所封六十余人，多依其里贯。据《汉书》"地理志""王子侯表"和北宋王存《元丰九域志》所载资料考证，淄乡在今山东省邹平县境，汉淄乡侯为文帝子梁王刘武之后。可见刘徽是山东人，活动于 3 世纪魏晋时期。刘徽自序《九章算术注》曰："徽幼习《九章》，长再详览。观阴阳之割裂，总算术之根源，探赜之暇，遂悟其意。是以敢竭顽鲁，采其所见，为之作注。事类相推，各有攸归，故枝条虽分而同本干者，知发其一端而已。又所析理以辞，解体用图，庶亦约而能周，通而不黩，览之者思过半矣……"可见他在学术风气一直十分浓厚的儒学发祥地邹鲁之乡，处于以研究"三玄"（《周易》《老子》《庄子》）为中心的辩难之风盛行的魏晋时期，从小能受到良好文化氛围的影响和理性思维的熏陶，突破追求功名利禄及代圣贤立言的精神枷锁的束缚，在继承《九章算术》开创的数学联系实际的传统基础上，能以辞析理、用图解体，向重视数学理论研究的方向转化。

刘徽认识到数学知识虽然纷繁复杂，但其有内在的逻辑联系。他从"规矩度量可得而共"——现实世界的空间形式和数量关系的统一性出发，引出面积、体积、率、正负数、方程等定义，运用齐同原理、出入相补原理，乃至无穷小分割分法，以演绎逻辑为主要推理形式，配合类比与归纳推理，证明了《九章算术》的大量公式和解法。通过注文把《九章算术》提高到了一个新的水平，标志着中国古代数学形成了自己的理论体系。刘徽的数学研究成果表明，那种认为中国古代数学没有证明、没有理论的观点是错误的。下面，我们就这三个方面概括介绍刘徽的数学成就。

① 整理和阐发

《九章算术》中的方法甚多而且分散，但不少方法出自同一个思想系统，适当加以整理和阐发势必能实现理论上的升华，提高《九章算术》的学术水平。为此刘徽着重对齐同术、今有术、割补术、棊验术四种思想方法进行了理论重建。

第一，齐同术。齐同术原先是一种通分的方法。因为通分运算包括"齐"与"同"两个方面：先求公分母，即所谓同；然后分子与分母扩大相同的倍数，即所谓齐。如刘徽所说的"凡母互乘子谓之齐，群母相乘谓之同"。母同子齐，分数才能相加。然后，刘徽认为齐同术的本质不是通分，而是一种"不失本率"的变形规则。率是中国古代数学中的一个十分重要的核心概念。刘徽给"率"下定义说"凡数相与者谓之率"。当若干个数发生了相与关系的时候也就产生了率。"相与"，相关、相联的意思。例如，分子分母相与，就产生了一个率——分数。采用齐同术，分子与分母扩大了相同的倍数，数变了，但本率不变，所以它是一种"不失本率"的变形。

刘徽正是看到了齐同术的这一本质特征，从而赋予了它更普遍的意义，使它成为中国古代数学中处理算率问题，如分数通分、比率算法、盈不足术和"方程术"等的理论基础，用于解释这类算法的合理性。

譬如刘徽在解释用直除法解"方程"的合理性时，就明确地指出，将某行乘以一个数后去减另一行的光"偏乘"后"直除"的做法，就在于"齐同之意"。例如，《九章算术》方程第七题："今有牛五，羊二，值金十两。牛二，羊五，直金八两。问牛羊各直金几何？"按"方程术"，列出"方程"如左图所示。

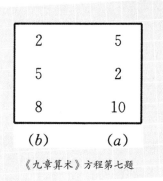

2	5
5	2
8	10
(b)	(a)

《九章算术》方程第七题

为先消去(b)行中的第一个数，刘徽采用了(b)×5−(a)×2的做法。刘徽说，这个做法的依据就是"齐同术"，因为"方程"的每行仍是一组率，采取(b)×5和(a)×2的运算是为了求同(10)而使率齐，因此方程术中的"偏乘直除"与"互乘相消"就是率的"齐同"。"互乘相消"法是刘徽根据齐同的原则创造的，它比"偏乘直除"更体现"齐同之意"。

不难发现，分数相减和盈不足术的指导思想也都是采用了互乘相消，如分数相减：$\dfrac{a_1}{b_1}-\dfrac{a_2}{b_2}=\dfrac{a_1\cdot b_2-a_2\cdot b_1}{b_1b_2}$；盈不足术公式推导：设人出 a_1，盈 b_1，人出 a_2，不足 b_2；u 为人数，v 为物价。

$$\begin{cases} v=a_1u-b_1 & \text{(i)} \\ v=a_2u+b_2 & \text{(ii)} \end{cases}$$

$$(\text{i})\times b_2+(\text{ii})\times b_1$$

$$\Rightarrow (b_1+b_2)v=(a_1b_2+b_1a_2)u$$

$$\Rightarrow \frac{v}{u}=\frac{a_1b_2+b_1a_2}{b_1+b_2}$$

第二，今有术。今有术也是《九章算术》中的一种算法，刘徽称它为"都术"，指出它具有广泛的应用价值。《九章算术》的今有术是指公式：

$$所求数=\frac{所求率\times 所有数}{所有率}$$

按刘徽的解释"……因物成率，审辨名分，平其偏颇，齐其参差，则终无不归于此术也"。因为数相与总成率，所以只要找出问题中各数的比率关系，分清其中的所有数，所求率和所有率，并在各数之间参差不齐和偏颇不平的时候，先用"齐同以通之"，那么没有一个问题不可以用它来解决。

这话是有道理的，因为率的概念与理论几乎贯穿于《九章算术》的全部篇章中，以分数算法为主的方田章；以比例算法为主的粟米章、衰分章、均输章显然都离不开"率"和比率关系；即使盈不足、方程、勾股各章的算法，也都足以建立在率的理论基础上；需要运用比率关系来求解。如勾股章里勾股测量问题，因其需要利用相似勾股形的对应边成比例关系，因此完全可以用"今有术"来解决。刘徽正是注意到了这一点。他才能在理论上给今有术以突出的地位，并将《九章算术》中的比率理论，在今有术的统率下得到系统的整理[①]，如后图所示。

---

① 李继闵.九章算术中的比率理论［M］.北京：北京师范大学出版社：1982.

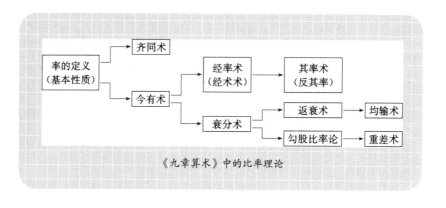

《九章算术》中的比率理论

第三，割补术。《九章算术》载录了一系列直线图形以及圆、圆环、弓形等的面积公式，除了圆和圆环因取 π=3 只能得出面积近似值，弓形面积公式尚属疏陋外，所有直线图形的面积公式都是正确的。但是这些公式，《九章算术》都未给出必要的证明，是刘徽用割补术系统地证明了这些公式。所谓割补术，是用割补的办法将所求的图形拼成与之等积的长方形，然后按长方形的面积算法来推证所求图形的面积。割补术不是刘徽首先使用的，但刘徽用得最为系统、彻底，刘徽的割补术代表了中国古代数学中几何论证的基本形式。

刘徽在《九章算术注》中所做的割补术证明可列表说明，如表1.1所示。

表1.1　割补术证明

图形名称	面积命题	公式	割补术证明	割补图
圭田（三角形）	半广（a）以乘正从（h）。	$\frac{1}{2}ah$	半广者以盈补虚为直田也。亦可半正从以乘广。	

38

图形名称	面积命题	公式	割补术证明	割补图
邪田（直角梯形）	并两邪（a, b）而半之，以乘正从（h）若广。又可半正从若广，以乘并。	$\begin{cases} \dfrac{1}{2}(a+b)h \\ \dfrac{1}{2}h(a+b) \end{cases}$	并而半之者，以盈补虚。	
箕田（等腰梯形）	并踵舌（a, b）而半之以乘正从（h）	$\dfrac{1}{2}(a+b)h$	中分箕田则为两邪田，故其术相似。又可并踵舌，半正从以乘之。	
圆田（圆）	半周（$\frac{1}{2}l$）、半径 r 相乘得积步。	$\dfrac{1}{2}l \cdot r$	半周为从，半径为广，故广从相乘为积步也。	

图形名称	面积命题	公式	割补术证明	割补图
环田（圆环）	并中外周（l_1, l_2）而半之，以径（h）乘之为积步	$\frac{1}{2}(l_1+l_2)\cdot h$	齐中外之周为长。并而半之者，亦以盈补虚也。	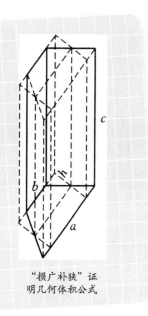

刘徽不仅把割补术应用于证明平面图形的面积公式，而且应用于证明立体图形的体积公式。例如，《九章算术》所载平截头楔形的体积公式是 $V=\frac{1}{2}(a+b)\cdot hc$。刘徽的注释是"损广补狭"，此术并上下广而半之者，以盈补虚，得中平广"。可见刘徽把平面图形的割补原理推广到空间，成为"损广补狭"，证明几何体积公式。这里，像以长方形作为最基本的平面图形一样，长方体成了最基本的立体图形。

"损广补狭"证明几何体积公式

第四，棊验术。为了推证非柱体的直线型体积算法，刘徽又将割补术发展成了棊验术。棊是一种特制的立体模型，包括长方体、堑堵、阳马和鳖臑。《九章算术》给出如下四种棊的体积公式：

$$V_{长方体}=abc \qquad V_{堑堵}=\frac{1}{2}abc$$

$$V_{阳马}=\frac{1}{3}abc \qquad V_{鳖臑}=\frac{1}{6}abc$$

棊验术就是把一般的立体剖分成各种棊的组合，从而用已知的棊的体积来推证它的算法。商功章各种立体的体积公式和少广章开立方术、开立圆术，刘徽注都是用棊来说明的。

例如计算方亭(正方形棱台)的体积。设上方边为a，下方边为b，台高为h。由于方亭可分解为一个正方柱体、四个堑堵和四个阳马，故它的体积为

$$V_{方亭}=a^2h+4\times\frac{1}{2}\times\frac{b-a}{2}ah+4\times\frac{1}{3}\left(\frac{b-a}{2}\right)^2h$$

$$=\frac{1}{3}\left[3a^2+3a(b-a)+(b-a)^2\right]h$$

$$=\frac{1}{3}(a^2+b^2+ab)h$$

② 数学创造

计算方亭的体积

刘徽的数学创造主要是割圆术、刘祖原理、十进分数等。

第一，割圆术。割圆术是刘徽最大的数学创造。这一创造开辟了中国数学发展中圆周率研究的新纪元。

所谓割圆术是指不断扩大圆内接正多边形的边数，用正多边形的面积来近似地计算圆面积的方法。在刘徽之前，包括《九章算术》在内，常以 3 作为圆周率，即所谓古率"周三径一"。刘徽首先指出这是很不精确的。因为与这个圆周率值相对应的是圆内接正六边形而不是圆。正六边形与圆之间存在相当大的差距。为求得更精确的圆周率就必须采取不断扩大圆内接正多边形的方法。边数扩大得越多，所得的正多边形与圆的差距就越小，即刘徽所谓的"割之弥细，所失弥少。割之又割，以至于不可割，则与圆合体而无所失矣"。

那么如何用割圆术来计算圆的面积呢？刘徽创造了一个圆面积不等式：

$$S_{2n}<S<S_{2n}+(S_{2n}-S_n)$$

其中 S_n 和 S_{2n} 分别为圆内接正 n 和正 $2n$ 边形的面积，$S_{2n}-S_n$ 刘徽称之为"差幂"。n 越大"差幂"越小。当 n 充分大的时候，S_{2n} 就充分地接近 S。

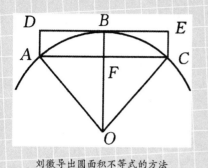

刘徽导出圆面积不等式的方法

刘徽导出圆面积不等式的方法十分自然。设 AC 是圆内接正 n 边形的一边，记作 a_n，AB 和 BC 都是圆内接正 2_n 边形的一边，记作 a_{2n}。

$$S_{AOC} = \frac{S_n}{n},$$

$$S_{AOCB} = S_{AOB} + S_{BOC} = 2 \times \frac{S_{2n}}{2n} = \frac{S_{2n}}{n}$$

于是得出

$$S_{ABC} = \frac{S_{2n}}{n} - \frac{S_n}{n} = \frac{S_{2n} - S_n}{n}$$

又得出

$$S_{ACED} = 2S_{ABC} = \frac{2(S_{2n} - S_n)}{n}$$

所以可得

$$S_{AOC} + S_{ACED} = \frac{S_n}{n} + \frac{2(S_{2n} - S_n)}{n} > \frac{S}{n}$$

即

$$S_n + 2(S_{2n} - S_n) > S$$

或

$$S_{2n} + (S_{2n} - S_n) > S$$

显然 $S > S_{2n}$，

从而得出

$$S_{2n} + (S_{2n} - S_n) > S > S_{2n}$$

刘徽从 S_6 出发，利用上述不等式求得 $S_{96} = 313\frac{584}{625}$ 和 $S_{192} = 314\frac{64}{625}$，

于是得出 $314\frac{64}{625} < S < 314\frac{64}{625} + \frac{105}{625}$。

为了计算方便，刘徽舍弃带分数中的分数部分，得 $S = 314$。这是 $r = 10$ 时的圆面积，所以合圆率为 3.14 或 $\frac{157}{50}$。

利用割圆术，刘徽修正了《九章算术》中的弓形公式。

第二，刘祖原理。刘祖原理即西方所说的卡瓦列利原理。其实，最早应用这个原理的是刘徽，而最先予以明确表述的是祖冲之之子祖暅，所以中国数学史上常称其为刘祖原理。刘祖原理是应用不可

分量求出面积和体积的理论基础，在微积分发展史上具有重要影响。中国数学虽然没有由此而导向微积分的产生，但刘徽和祖暅等人利用这个原理求立体体积的做法也是有着世界影响的。

刘徽在由方锥和方台体积公式推证圆锥和圆台体积公式时，已经不很明确地说出了这个原理。对于内切于方锥的圆锥，刘徽说："从方锥求圆锥之积亦犹方幂求圆幂。"这里，方幂指方锥的截面，即正方形的面积；圆幂，则指圆锥的截面，即正方形内切圆的面积。《九章算术》已知方幂：圆幂 $=4$：π，因此从方锥求圆锥应有

$$V_{方锥}：V_{圆锥}=S_{方锥截面（正方形）}：S_{圆锥截面（圆）}=4：\pi$$

从而

$$V_{圆锥}=\frac{\pi}{4}V_{方锥}$$

等式 $V_{方锥}：V_{圆锥}=S_{正方形}：S_{圆}$ 就是刘祖原理。后来祖暅将它表述为"缘幂势既同，则积不容异"。仅用了十个字就言简意赅地揭示了西方人需要数十个字才能讲清的意思。

刘徽不仅用刘祖原理求立体的体积，而且还用于求立体的侧面积。在讨论正圆锥的侧面积时（方田章圆田术注），刘徽说"若令其（正方锥）中容圆锥，圆锥见幂（侧面积）与方锥见幂（侧面积）其率犹方幂之圆幂也"。即

$$\frac{S_{圆侧}}{S_{方侧}}=\frac{S_{圆}}{S_{方}}\left(=\frac{\pi}{4}\right)$$

由此则算得 $S_{圆侧}=\pi rl$（r，圆锥底面圆的半径；l，圆锥的斜高）。

刘祖原理的最出色应用，是刘徽设想出了一个所谓牟合方盖的立体，使

$$V_{球}：V_{牟}=S_{球截}：S_{牟截}=\pi：4$$

从而

$$V_{球}=\frac{\pi}{4}V_{牟}$$

这是很不容易的事。在《九章算术》中，球体积是用球外切正立方体积的 $\frac{9}{16}$ 来计算的，即

$$V_球 = \frac{9}{16}D^3 \qquad （D是球的直径）$$

公式中的 $\frac{9}{16}$ 是 $\frac{3}{4} \times \frac{3}{4}$ 的结果，3是《九章算术》所取的 π 的近似值，所以916实际意义是 $\frac{\pi}{4} \times \frac{\pi}{4}$。刘徽看出这一点，他在解释这个公式的时候，明确地指出，公式 $V_球 = \frac{\pi}{4} \cdot \frac{\pi}{4}D^3$ 是把球与两个外切立体进行截面连续比较后所得出的。先是把球与其外切圆柱体作截面比较，得出：

$$V_球 : V_{圆柱} = S_{球截} : S_{圆柱截} = \pi : 4 \qquad （ⅰ）$$

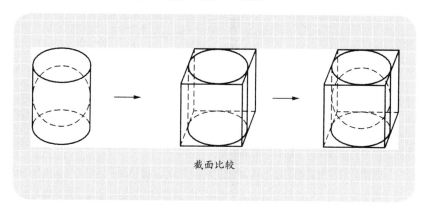

截面比较

然后把圆柱与其外切立方体作截面比较，得出：

$$V_{圆柱} : V_{立方体} = S_{圆柱截} : S_{立方体截} = \pi : 4 \qquad （ⅱ）$$

所以

$$V_球 : V_{立方体} = \pi^2 : 16$$

但是

$$S_{球截} : S_{圆柱截} \neq \pi : 4$$

因此，$V_球 = \frac{9}{16}D^3$ 也就不可能是正确的球体积公式。

那么，怎样的立体与球在等高处的截面面积之比为 4：π 呢？经思考，刘徽想出了牟合方盖。这是球的两个垂直相交的外切圆柱的公共部分，样子很像是上下相对的两把方伞，所以取名为"牟合方盖"（牟，音谋，相等的意思；盖，作伞解）。从形状看，牟合方盖具有这样的特征：它既是轴对称又是中心对称图形，其水平截面是中间大两头渐小。这也正是球的形状特征。所不同的是球内切于牟合方盖之内，且在同一水平处的截面，一是正方形，另一是圆，但这正决定了两立体在等高处的截面面积之比为 4：π。于是，根据刘祖原理有：

$$V_{球} : V_{牟} = S_{圆} : S_{方} = \pi : 4$$

$$V_{球} = \frac{\pi}{4} V_{牟}$$

但刘徽未能得出牟合方盖的体积公式，他说："敢不阙疑，以俟能言者。"他也只是指出问题，至于解决问题那就得靠其他的能人了。

第三，十进分数。《九章算术》对不尽方根的处理采取了两种计算的方法，即

$$\sqrt{N} = a + \frac{r}{a} \text{ 和 } \sqrt{N} = a + \frac{r}{2a+1}$$

其中 a 是 N 的方根的整数部分，$r = N - a^2$。刘徽认识到用这两个计算方法得出的结果都是近似的，方根实际上是在 $a + \frac{r}{2a+1}$ 和 $a + \frac{r}{2a}$ 之间。刘徽认为，求得整数根后，还可以继续开方，"求其微数。微数无名者以为分子，其一退以十为母，其再退以百为母。退之弥下，其分弥细"。这也就是我们现在计算不尽方根的办法。这时，方根的表示形式为

$$\sqrt{N} = a + \frac{a_1}{10} + \frac{a_2}{10^2} + \cdots\cdots + \frac{a_n}{10^n}$$

③《海岛算经》

《海岛算经》是刘徽的一部关于测高望远之术的专著，原题为《重差》，刘徽把它作为《九章算术注》的第十卷。唐朝初年，这一卷被作为单篇刊出，题名为《海岛算经》，列入"算经十书"之一。

"重差术"是西汉天文学家提出的一种测量太阳高、远的方法。刘徽自序说，"凡望极高、测绝深而兼知其远者必用重差，勾股则必以重差为率，故曰重差也"。这段话不太好理解。其意思大致有两个：其一，重差是测量极高绝深目标的一种方法；其二，重差与比率理

论密切相关，其基础是勾股形之间的相似关系。正确地应用重差术，可以有效地扩大其应用范围。对此刘徽自选了九个问题，详细地作了介绍。

第一题是一个测量海岛的问题，《海岛算经》即由此得名。

"今有望海岛，立两表齐高三丈，前后相去千步，令后表与前表参相直。从前表却行一百二十三步，人目着地取望岛峰，与表末参合。从后表却行一百二十七步，人目着地取望岛峰，与表末参合。问岛高及去表各几何？"

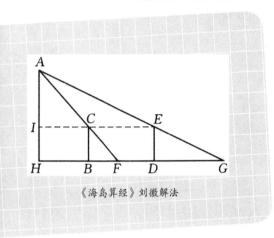

《海岛算经》刘徽解法

按刘徽的解法是："术曰：以表高乘表间为实，相多为法，除之。所得加表高，即得岛高。求前表去岛远近者，以前表却行乘表间为实。相多为法，除之，得岛去表里数。"

如左图所示，题目的已知条件是：两表高 BC 和 DE；表间，即前后表之间的距离 BD；前表却行，即 BF；后表却行，即 DG；两行却行之差，即术文所谓的"相多" $DG-BF$，刘徽的解法用公式表示为

$$AH = \frac{BC \times BD}{DG - BF} + BC$$

或　　　　$$岛高 = \frac{表高 \times 表间}{后表却行 - 前表却行} + 表高$$

这就是测高的重差公式。此外，刘徽还提出了测远的重差公式：

$$BH = \frac{BF \times BD}{DG - BF}$$

或　　　　$$前表去岛之远近 = \frac{前表却行 \times 表间}{后表却行 - 前表却行}$$

传本《海岛算经》所载九题只有方法、结果而无对所用方法正

确性的证明。按刘徽自序，有"析理以辞，解体用图"以及"辄造重差，并为注解"等语，说明原著应有注解图的。我国著名数学家、数学史学家吴文俊对《海岛算经》进行了古证探源工作，得出了很有说服力的见解，成为近年来中国数学史研究的一大硕果[1]。《海岛算经》以第一题的重差法、第三题的连索法和第四题的累距法为测量高深广远的三个基本方法。此外的例题是在用基本方法所得的结果上转求其他目的的问题。

5. 赵爽与勾股圆方图说和出入相补原理

赵爽，字君卿，三国时吴国人（约 3 世纪）。自称于"负薪余日"，研究《周髀算经》，"依经为图"，逐段详加注解，可见是一个未脱离体力劳动的业余天算学家。

（1）以"弦图"证明勾股定理

赵爽在《周髀算经注》中，以五百余字的"勾股圆方图"说，简练地总结了中国古代勾股算术的辉煌成就。他把勾股定理表述成"勾、股各自乘，并之为弦实，开方除之即弦"，其证明利用着一个"弦图"。赵爽所谓"弦实"是弦平方的面积，"弦图"是以弦为边长的正方形。在"弦图"内作四个相等的勾股形，各以正方形的边为弦。赵爽称这四个勾股形面积为"朱实"，称中间的小正方形面积为"黄实"。设 a、b、c 为勾股形的勾、股、弦，则一个朱实是 $\frac{1}{2}ab$，四个朱实是 $2ab$，黄实是 $(b-a)^2$。所以

$$c^2 = 2ab + (b-a)^2 = a^2 + b^2$$

这就证明了勾股定理。

西方古希腊欧几里得《几何原本》中关于勾股定理的证明，用到了许多三角形全等以及面积的定理，显得十分繁琐。赵爽的证明则非常简捷、直观。

---

① 吴文俊. 海岛算经古证探源［M］. 北京：北京师范大学出版社：1982.

赵爽不但对勾股定理和其他关于勾股弦的恒等式作了相当严格的证明，并且对二次方程和解法提供了新的意义。遗憾的是，赵爽这些精彩的图现都已散失，我们无法见到先人卓越的数学思想。中国数学史家钱宝琮先生为了重现赵爽的思想方法，根据赵爽的原意补绘了六张"勾股圆方图"。现列表载录如表 1.2。

　　这是一种很有特色的论证方式。思维过程通过图形的直观启示变得直接、迅速起来，从而有效地简化和压缩了通常的三段论演绎过程，充分发挥了直觉思维作用。

　　同样是在论证中使用图形，希腊数学和中国数学的做法及所赋予的意义有很大的不同。在希腊数学中，为证明命题而借助的图形只能与命题中的已知条件相对应，图形一般不具有对命题结论可靠性的直接启示，这种启示只有通过添加辅助线段来实现和加深，因此，图形只是论证的辅助手段，对命题的内容不增添和减少什么。相反，中国数学中为证明命题而使用的图形不只是命题已知部分的视觉现象，而是专为证明所做的特殊的设计，它不仅反映命题的条件，而且力图明显地反映出命题的结论，使它充分发挥直接论证的作用，而不顾及证明的逻辑性效能。由于图形是专门设计的，设计者又总是力图使图形具有丰富的内容，因此图形的实际作用就加宽了，超出了证明的范围，成为扩展新内容的思想基础。

表1.2 勾股圆方图

命题（公式）	勾股方图	赵爽的说明
$c^2=a^2+b^2$	弦图	$c^2=2ab+(b-a)^2=a^2+b^2$
$a^2=(c-b)(c+b)$ $c+b=\dfrac{a^2}{c-b}$ $c-b=\dfrac{a^2}{c+b}$	**勾实之矩图** 在"弦图"内挖去一个以股 b 为方边的正方形，得勾实之矩	勾实之矩与长为$c+b$，宽为$c-b$的矩形等积，即 $a^2=(c-b)(c+b)\Rightarrow\begin{cases}c-b=\dfrac{a^2}{c+b}\\c+b=\dfrac{a^2}{c-b}\end{cases}$
$b^2=(c-a)(c+a)$ $c+a=\dfrac{b^2}{c-a}$ $c-a=\dfrac{b^2}{c+a}$	**股实之矩图** 在"弦图"内挖去一个以勾a为方边的正方形，得股实之矩	同上（将勾、股互换）

命题（公式）	勾股方图	赵爽的说明
$\sqrt{2(c-a)(c-b)}+(c-b)=a$ $\sqrt{2(c-a)(c-b)}+(c-a)=b$ $\sqrt{2(c-a)(c-b)}+(c-a)+(c-b)=c$	**勾实之矩与股实之矩合图** 将股实之矩图旋转180度，合在勾实之矩图上 	据图 $T=(c-a)(c-b)$ $\left.\begin{array}{l}T=(c-a)(c-b)\\c^2-2T=a^2+b^2-S\end{array}\right\}\Rightarrow$ $\Rightarrow S=2T$ $S=(a+b-c)^2$ $(a+b-c)^2=2(c-a)(c-b)\Rightarrow$ $\sqrt{2(c-a)(c-b)}+(c-b)=a$ $\sqrt{2(c-a)(c-b)}+(c-a)=b$ $\sqrt{2(c-a)(c-b)}+(c-a)+(c-b)=c$
$a=\dfrac{1}{2}[(a+b)-(b-a)]$ $b=\dfrac{1}{2}[(a+b)+(b-a)]$	**外大方图** 在"弦图"之外加四个勾股方图，得外大方图 	据图 $(a+b)^2=2c^2-(b-a)^2$ $\Rightarrow\left\{\begin{array}{l}a+b=\sqrt{2c^2-(b-a)^2}\\b-a=\sqrt{2c^2-(b+a)^2}\end{array}\right.$ $\Rightarrow\left\{\begin{array}{l}a=\dfrac{1}{2}[(a+b)-(b-a)]\\b=\dfrac{1}{2}[(a+b)+(b-a)]\end{array}\right.$
设a, b分别为矩形的长和宽，已知$ab=A$, $a+b=k$, 求a和b		据图 $k^2-4A=(b-a)^2\Rightarrow b-a=\sqrt{k^2-4A}$ $\left\{\begin{array}{l}b-a=\sqrt{k^2-4A}\\b+a=k\end{array}\right.$ $\Rightarrow\left\{\begin{array}{l}a=\dfrac{1}{2}(k-\sqrt{k^2-4A})\\b=k-\dfrac{1}{2}(k-\sqrt{k^2-4A})\end{array}\right.$

（2）独具特色的"出入相补原理"

我国古代几何学有自己独特风格的体系，同西方古希腊欧几里得几何体系迥异。其特色之一，就是从面积体积和勾股测量问题的经验中总结提高成一个简明的一般原理——出入相补原理。用现代语言来说，就是指这样的明显事实：一个平面图形从一处移置他处，面积不变；又若把图形分割成若干块，那么各部分面积的和等于原来图形的面积，因而图形移置前后诸面积间的和、差有简单的相等关系；立体的情形也是一样。

赵爽在"勾股圆方图"说和《周髀算经注》的其他内容如"日高图"说中，屡屡运用上述出入相补原理，证明了勾股算术中诸多公式。例如可通过开带从平方（解二次方程）：

$$a^2 + (b-a)\,a = \frac{1}{2}\left[c^2 - (b-a)^2\right],$$

$$(c-a)^2 + 2a\,(c-a) = c^2 - a^2$$

求勾a和勾弦差$c-a$；由勾弦差、股弦差求勾、股、弦：

$$a = \sqrt{2\,(c-a)\,(c-b)} + (c-b),$$

$$b = \sqrt{2\,(c-a)\,(c-b)} + (c-a),$$

$$c = \sqrt{2\,(c-a)\,(c-b)} + (c-b) + (c-a),$$

以及勾股差、勾股并和其他有关的关系式：

$$(a+b)^2 = 2c^2 - (b-a)^2,$$

$$a+b = \sqrt{2c^2 - (b-a)^2},$$

$$b-a = \sqrt{2c^2 - (b+a)^2}$$

等。

直至清朝，阮元《畴人传》评述赵爽"勾股圆方图"说，还称其"五百余言耳，而后人数千言所不能详者，皆包蕴无遗，精深简括，诚算氏之最也"。

6.《孙子算经》和《张丘建算经》

（1）《孙子算经》

约成书于四五世纪，作者履历和编写年代都不清楚，现在传本的《孙子算经》共三卷。卷上叙述算筹记数的纵横相间制度和筹算乘除法则，卷中举例说明筹算分数算法和筹算开平方法，都是考证的绝好资料。书中载市易、田域、仓窖、兽禽、营造、赋役、测望、军旅等各类算题六十四问，大都浅近易晓，不少问题趣味性强，解题方法独特，对后世有很大的影响。例如，"鸡兔同笼问题"①"出门望九堤问题"②"妇人荡杯问题"③都是流传世界的数学趣题。

对数学发展影响最大的是"物不知数问题"：

"今有物不知其数，三三数之膡（剩）二，五五数之膡三，七七数之膡二，问物几何？""答曰，二十三。"

用现代的同余式符号表示是，设 $N \equiv 2 \pmod{3} \equiv 3 \pmod{5} \equiv 2 \pmod{7}$，求最小正整数 N，答案是 $N=23$。

书中给出了问题的解法：

$$N=70 \times 2+21 \times 3+15 \times 2-2 \times 105=23$$

并指出了对下列一次同余式组

$$N=R_1 \pmod{3} \equiv R_2 \pmod{5} \equiv R_3 \pmod{7}$$

的一般解法为

$$N \equiv 70R_1+21R_2+15R_3-105P, \quad P \text{为正整数。}$$

至于70、21、15这三个数字的来源，书中没有交代，这就引出了后人的种种猜测和研究。

适当分析后可以发现，70、21、15 这三个数具有以下特点：

———————————

① 鸡兔同笼问题："今有鸡兔同笼，上有三十五头，下有九下四足，问鸡兔各几何？"
② 出门望九堤问题："今有出门，望见九堤，堤有九木，木有九枝，枝有九巢，巢有九禽，禽有九毛。问各有几何？"
③ 妇人荡杯问题："今有如人河上荡杯。津吏问曰：'杯何以多？'妇人曰：'家有客'。津吏曰：'客几何？'妇人曰：'二人共饭，三人共羹，四人共肉，凡用杯六十五，不知客几何？'"

$$70=2\times\frac{3\times5\times7}{3}=2\times35=1\ (\bmod\ 3)$$

$$21=1\times\frac{3\times5\times7}{3}=1\times21=1\ (\bmod\ 5)$$

$$15=1\times\frac{3\times5\times7}{3}=1\times15=1\ (\bmod\ 7)$$

即70、21、15这三个数满足下列条件：第一，它们分别是5×7、3×7、3×5的倍数；第二，分别用3、5、7除，余数都是1。于是选用70、21、15这三个数的问题，实质上就是找三个这样的数，它们分别乘上35、21、15后所得的结果，各自被3、5、7除，所得的余数为1。在这里就是2、1、1三个数。了解了这一情况，就可以把"物不知数问题"的解法一般化，得出一个解一次同余问题的普遍方法。

设A、B、C是两两互素的正整数，R_1、R_2、R_3分别为小于A、B、C的正整数，且

$N\equiv R_1\ (\bmod\ A)\equiv R_2\ (\bmod\ B)\equiv R_3\ (\bmod\ C)$，如果我们找到三个正整数$\alpha$、$\beta$、$\gamma$满足下列同余式

$\alpha BC\equiv1\ (\bmod\ A)$，$\beta AC\equiv1\ (\bmod\ B)$，$\gamma AB\equiv1\ (\bmod\ C)$

那么可得出

$$N\equiv R_1\alpha BC+R_2\beta AC+R_3\gamma AB\ (\bmod\ ABC)$$

这就是闻名于世的"孙子剩余定理"，它的完整阐述是我国南宋数学家秦九韶。

"物不知数题"引起人们很大的兴趣。人们知道解题的关键在于找三个与1同余的乘积，所以许多人作诗歌以助记忆，宋人周密（1232—1295)对"物不知数题"的术文中所载的四个乘积作隐语诗道：

三岁孩儿七十稀，五留廿一事尤奇，

七度上元（上元，元宵节，正月十五，影射15）重相会，

寒食（寒食，指清明节前一天，至后一百零五天是清明前后，影射105）清明便可知。

明朝程大位《算法统宗》则把70、21、15、105 这四个数以诗歌形式，和盘托出：

三人同行七十稀，五树梅花廿一枝，

七子团圆正月半，除百零五便得知。

秦九韶则进一步开创了对一次同余式理论的研究工作，他提出的大衍术即孙子剩余定理成为中国数学中的一颗明珠。

（2）《张丘建算经》

这也是四五世纪写成的一本算书。钱宝琮先生考证它成书于484年以后。传本《张丘建算经》三卷是依据南宋刻本辗转翻印的，共九十二个问题，各有各的数学意义，有些创设的问题和解法超出了《九章算术》的范围。本书在中国数学史上具有特殊地位。

比较突出的成就有最大公约数与最小公倍数的计算；各种等差数列问题的解法；某些不定方程问题求解等。

《张丘建算经》卷上第十题说：

"今有环山道路一周长三百二十五里，甲乙丙三人环山步行，已知他们每天分别能步行一百五十、一百二十、九十里，如果步行不间断，问从同一起点出发，多少天后再相遇于出发点？"答数是 $10\frac{5}{6}$ 日。

按张丘建的解法为

$$\left[\frac{325}{150},\ \frac{325}{120},\ \frac{325}{90}\right]=\frac{325}{(150,\ 120,\ 90)}=\frac{325}{30}=10\frac{5}{6}$$

它相当于给出了最小公倍数与最大公约数之间的关系：

$$\left[\frac{e}{a},\ \frac{e}{b},\ \frac{e}{c}\right]=\frac{e}{d}=\frac{e}{(a,\ b,\ c)}$$

书中通过五个具体例子，分别给出了求公差、求总和、求项数的一般步骤即公式。其中已知首项 a_1、末项 a_n 及项数 n 求总和 S 的计算公式为

$$S_n=\frac{a_1+a_n}{2}\cdot n$$

已知首项 a_1、总和 S 以及项数 n，求公差的计算公式为

$$d=\dfrac{\dfrac{2S}{n}-2a_1}{n-1}$$

已知首项 a_1、公差 d 以及 n 项的平均数 m，求项数 n 的计算公式为

$$n=\left[2\left(m-a_1\right)+d\right]/d$$

自张丘建以后，中国对等差数列的计算日益重视，特别是在天文学和堆叠求积等问题的推动下，使得一般的等差数列的研究，发展成了对高阶等差数列的研究。

百鸡问题是《张丘建算经》中一个著名的数学趣题，它给出了由三个未知量的两个方程组成的不定方程组的解。百鸡问题是："今有鸡翁一，值钱五；鸡母一，值钱三；鸡雏三，值钱一。凡百钱买鸡百只，问鸡翁母雏各几何？"

若设鸡翁、母、雏只数依次为 x，y，z，依题意有

$$\begin{cases} x+y+z=100 \\ 5x+3y+\dfrac{1}{3}z=100 \end{cases}$$

三个未知量两个方程，所以是不定方程。《张丘建算经》给出题目整数解有三个，即

$$\begin{cases} x=4 \\ y=18 \\ z=78 \end{cases} \qquad \begin{cases} x=8 \\ y=11 \\ z=81 \end{cases} \qquad \begin{cases} x=12 \\ y=4 \\ z=84 \end{cases}$$

但解题方法没有详细说出，只写"鸡翁每增四，鸡母每减七，鸡雏每益三，即得"。

自张丘建以后，中国数学家对百鸡问题的研究不断深入，"百鸡问题"也几乎成了不定方程的代名词，从宋朝到清朝围绕百鸡问题的数学研究取得了很好的成就。

7. 祖冲之及圆周率计算

我们知道，数学中一定会涉及圆，但凡是有关圆的度量问题，都要使用圆周率（圆的周长同直径的比值）来推算。这个用希腊字母 π 来表示的常数，是一个永远除不尽的无限不循环小数，它不能用分数、有限小数或无限循环小数完全准确地表示出来。从古至今，世界各地的数学家都在竭力争取尽可能准确地把这个奇妙而重要的数算出来，甚至有人认为 π 值的精确度是衡量一个国家在某一时期数学发达程度的标志。而祖冲之的圆周率（3.141 592 6 < π < 3.141 592 7）则从 5—15 世纪，保持世界纪录长达千年之久；恰恰在差不多同时的一千年间，中国的数学水平乃至整个科学技术水平也领先于世界。正如英国著名科学史家李约瑟所指出的："中国在公元 3 世纪到 13 世纪之间保持了一个西方望尘莫及的科学知识水平"；而且中国的科学发明和发现，"往往远远超过同时代的欧洲，特别是 15 世纪之前更是如此"。

（1）专攻数术，搜练古今

祖冲之（429—500），字文远，祖籍范阳郡道县（今河北省易县）。他自幼生长在建康（今江苏省南京市），这里是南北朝时期南朝的政治、经济和文化中心。

祖冲之出生在一个官宦世家。他的曾祖父祖台之在东晋时曾官至侍中、光禄大夫。祖父祖昌在南朝刘宋政府里担任过大匠卿，负责主持和管理建筑工程，掌握了一些科学技术知识。父亲祖朔之曾任奉朝请。这个家庭的历代成员大都对天文算法有些研究，对祖冲之产生了良好的影响。

祖冲之从小就对自然科学、文学、哲学等有浓厚的兴趣，尤其喜爱数学、天文学和机械制造，自谓"专攻数术，搜练古今"，而又不"虚推古人"，每每"亲量圭尺，躬察仪漏，目尽毫厘，心穷筹策"，表现了古今杰出科学家所共有的刻苦钻研、坚持真理的精神。

祖冲之

由于祖冲之在青少年时代就有了博学的名气，他被刘宋孝武帝请到政府一个研究学术的机关——华林学省，从事研究工作。他在那里认真研究学问，努力总结前人和当时的科学成就，积累了丰富的科学知识。

刘宋大明五年（461），皇族刘子鸾出任南徐州（今江苏省镇江市）行政长官刺史，祖冲之被派在他手下做了一个小官——从事史。不久，刘子鸾又兼任朝廷中管理民政的长官司徒，祖冲之随之在司徒府中做了名为公府参军的小官。祖冲之虽然离开了华林学省，进入了仕途，但他并没有放松科学研究。就在他任徐州从事史的当年，为了确定冬至的精确时间，他用八尺（约2.67米）高的铜表测量日影，从十月十日至十一月二十六日，连续观测多次，记录下每次的数据，再经过计算，确定该年的冬至在十一月三日。这是因为当时刘宋政府采用的何承天《元嘉历》（443年）冬至时间等已有偏差，十九年七闰的古闰周也不准确。祖冲之通过实测，确定了冬至时刻，采用了三百九十一年一百四十四闰的新闰周，重新计算和制定新的历法——《大明历》。

（2）有形可验，有数可推

刘宋大明六年（462），三十三岁的祖冲之怀着满腔热忱，把他的《大明历》连同《上〈大明历〉表》呈送朝廷，以为可以得到支持。可是宋孝武帝根本不懂历法，究竟是《大明历》好，还是《元嘉历》好，他完全不清楚，只好下问文武大臣。但"时人少解历数，竟无异同之辩"，唯有当时深受皇帝宠幸的太子旅贲中郎让戴法兴出来反对。戴法兴完全站在复古的立场上，反对革新，说什么"古人制章"，"万世不易"，"岂能刊古革今"，天文历法"非凡夫所测"，"非冲之浅虑，妄可穿凿"，责骂祖冲之"削章坏闰"，"诬天背经"，"每有违舜"，气势汹汹地要同祖冲之"随事辨问"，蓄意挑战。

面对皇帝宠臣的挑战，祖冲之不畏权势，写下了著名的《辩戴法兴难新历》——予以驳议。他指出，日月五星的运行"非出神怪，有形可验，有数可推"，而"天数渐差，则当式遵以为典；事验昭晰，岂得信古而疑今"，坚持唯物主义的认识论，这在当时是非常难能可贵的。他在辩论中提出"愿闻显据，以核理实"，"浮辞虚贬，窃非所惧"，表现了坚持摆事实、讲道理，对于捕风捉影的、无根据的贬斥丝毫不惧怕的大无畏勇气，为后世的科学家在科学与迷信、进步与保守的斗争中应取的立场和态度，树立了光辉的榜样。

当时有一个叫作巢尚之的大臣出来对祖冲之表示支持，他说《大明历》是祖冲之多年研究的成果，根据《大明历》来推算元嘉十三年（436）到大明三年（459）这二十四年所发生的四次月食都很准确，用旧历法推算的结果误差就很大，《大明历》既然由事实证明比较好，就应当采用。

这样一来，戴法兴哑口无言，祖冲之取得了最后胜利。宋孝武帝决定在大明九年（465）改行新历。谁知大明八年孝武帝驾崩，继承者忙于争夺王位，哪里还顾得上改历的事。一直到梁朝天监九年（510），《大明历》才被正式采用，之后沿用了八十年。

从祖冲之上《大明历》到开始施行，中间差不多经过了半个世纪，而这时祖冲之已离开人世十年了。

（3）更开密法，祖率精微

祖冲之在三十多岁担任南徐州从事史时，不仅完成了《大明历》，而且在圆周率近似值计算方面取得了更为出色的成就。

《隋书》"律历志"记载："古之九数，圆周率三，圆径率一，其术疏舛。自刘歆、张衡、刘徽、王蕃、皮延宗之徒各设新率，未臻折衷。宋末，南徐州从事史祖冲之更开密法：以圆径一亿为一丈，圆周盈数三丈一尺四寸一分五厘九毫二秒七忽，朒数三丈一尺四寸一分五厘九毫二秒六忽，正数在盈朒二限之间；密率：圆径一百一十三，圆周三百五十五；约率：圆径七，圆周二十二。"

这段记载说明：中国古代圆周率取"周三径一"，即 $\pi=3$，很粗疏；自汉至晋许多数学家各设新率，但也不精确（事实上，最好的数据是刘徽的 $\pi=\dfrac{3\ 927}{1\ 250}=3.141\ 6$，达到小数点后三位准确）；南朝刘宋祖冲之"更开密法"，以 1 亿即 10^8——九位数字开始进行计算，得到了圆周率的不足近似值和过剩近似值：

$$3.141\ 592\ 6<\pi<3.141\ 592\ 7$$

达到了小数点后七位数字准确，他还给出了两个近似分数值：

密率 $\pi = \dfrac{355}{113}$（$\doteq 3.141\ 592\ 9$，小数点后六位准确），

约率 $\pi = \dfrac{22}{7}$（$\doteq 3.142\ 857\ 1$，小数点后二位准确）。

据分析，祖冲之是用刘徽的"割圆术"从圆内接正六边形起算至正 24 576（$=6 \times 2^{12}$）边形而得出上述圆周率精确到小数点后七位数字来的。这需要把同一计算程序反复十二次，而每个计算程序又包括加、减、乘、除、开方等十多个步骤。

因此，祖冲之为了求得自己的结果，就要从 100 000 000（9 位数字）算起，反复进行四则和开方运算一百三十次以上。即使是今天，用纸和笔进行这样的计算，也不是一件容易的事，更何况中国古代的计算都是用布列算筹来进行的。可以想象，这在当时是需要何等的精心和超人的毅力啊！

祖冲之精确到小数点后七位的圆周率近似值保持了世界领先地位长达近千年之久，直到 1424 年，中亚细亚数学家卡西（Al-kashi）才打破了这个世界纪录。

至于祖冲之的密率 $\pi = \dfrac{355}{113}$，分母分子恰好是 1、3、5 的重复，极便于记忆，而精确度又很高（达小数点后六位），所以非常适用。这在西方，直到 1573 年才为德国数学家奥托（V. Otto）所发现，迟于祖冲之一千一百一十一年。为此，日本数学史家三上义夫建议将这个分数值命名为"祖率"。

（4）奇机巧技，多才多艺

大明八年（464），三十五岁的祖冲之被委任为娄县（今江苏省昆山市东北）县令。他一方面继续进行数学和天文历法的研究，一方面热衷于制造木牛流马、千里船之类的奇巧机械。到刘宋王朝末年，祖冲之被召回京，担任掌管朝廷礼仪的官职——谒者仆射。异明年间（477—479），萧道成辅政，"使冲之追修古法"，造指南车，"铜机圆转不穷而司方如一"，获得成功。

479 年，南齐灭刘宋，祖冲之留任谒者仆射，时年五十岁。他"于乐游苑内造水碓磨"，齐武帝（萧赜，483—493 年在位）曾临视。他

还制成盛水后"中则正，满则覆"的"敧器"送给武帝次子萧子良，让其置之身边以自警。

渐至暮年的祖冲之，向儿子祖暅传授天文历法和算学，父子同撰《缀术》。祖冲之又研究古代经典，著《易义》《老子义》《庄子义》，注释《论语》《孝经》和《楚辞·九章》。他的文学作品《述异记》虽佚，但在《太平御览》和《太平广记》中保存有一些片断。

建武年间（494—498），江南战火不断，齐明帝（萧鸾）调祖冲之兼任军职——长水校尉，祖冲之"造《安边论》，欲开屯田，广农殖"，提出了"富国强兵"的政治主张。"明帝欲使祖冲之巡行四方，兴造大业，可以利百姓者"，可惜因连年战乱，未能实现。永元二年（500），祖冲之以逾古稀之年辞世。

8. 祖暅及"祖暅原理"

祖冲之的儿子祖暅，字景烁，南朝齐、梁间人，其科学活动主要是在梁初（6世纪初）进行的。他自幼继承父业，传习家学，"究极精微，亦有巧思"，对于天文历算很有研究。当他钻研学问深思入神的时候，甚至连轰隆隆的雷声都听不见。有一次，他在路上边走边专心致志地思考问题，一头撞在迎面走过来的仆射徐勉身上，还未觉察；直到徐勉高声呼喊，他才意识到。

（1）力荐颁行《大明历》

祖冲之于刘宋大明六年（462）上《大明历》，迄宋亡，乃至迄萧齐（479—502）亡，均未得以采用，祖冲之本人亦于齐永元二年（500）抱憾而逝。祖暅对他父亲的遗著潜心研究后，认为《大明历》确实比其他历法精密，他对其做了进一步的修订，从梁天监三年（504）起，前后三次向梁武帝萧衍推荐新历，建议施行。萧衍于天监八年（509）令道秀等人对《大明历》和当时沿用的《元嘉历》同时加以实测比较，经过八九个月的测验，证明新历精密，旧历粗疏。于是，才从天监九年（510）开始在梁施行《大明历》，废除了《元嘉历》。

祖暅同他父亲一样，亲自制作天文仪器，如铜表和漏壶；亲自进行天文观测，如测日影和测地中。为了核对南北方向，他常在夜间到山上观测北极星，经过多次反复观测，他发现北极星与天球北极相差"一度有余"，从此打破了"北极星即天球北极"的错误认识。

（2）《缀术》与"祖暅原理"

祖冲之、祖暅父子长期研究中国古算经典著作《九章算术》及其刘徽注（263年），并将其心得撰成《缀术》，其内容包括"开差幂、开差立""方邑进行之术""刍甍、方亭之问"，据考可能是一些二次和三次方程的解法，是为后世宋元时期中国数学家高次方程解法的先声。唐显庆元年（656），国子监添设算学馆，规定《缀术》为必读书籍之一，学习期限为四年，是时限最长的一种。《隋书·律历志》称其"指要精密，算氏之最者也，……学官莫能究其深奥，是故废而不理"，以至于后来失传。在朝鲜、日本古代教育制度及书目等资料中，都曾提到《缀术》，可见它曾流传到国外，在东亚产生过影响。

《缀术》虽然失传，但唐李淳风注《九章算术》少广章中引用了"祖暅之开立圆术"，应为《缀术》的组成部分。祖暅在其"开立圆术"中，继承和发展了刘徽的极限思想和无穷小分割方法，研究了与球体有关的"牟合方盖"体等各体积间的关系，提出了一条重要的原理："缘幂势既同，则积不容异。"意即：在两立体中作与底平行的截面，若对应处的截面积都相同，则两立体体积相等。这一原理被称为"祖暅原理"。西方称它为"卡瓦列里原理"，因为17世纪意大利数学家 B. 卡瓦列里重新发现了这一原理，事实上这比祖暅晚了十一个多世纪。

根据祖暅原理，很容易求出"牟合方盖"的体积，从而得到正确的球体积公式。自《九章算术》以来，历经五个多世纪（自刘徽以来，也有两百多年了），这一问题终于得到了圆满的解决，这是我国数学史上的一件大事。

9. 王孝通与《缉古算经》

王孝通生活在隋唐之际（6世纪下半叶至7世纪上半叶），平民出身，从少年时代开始即学习数学和天文历法，终生从事研究工作，直至皓首。因史书无传，故生平事迹无从详考，只知其唐初被起用为算学博士，后来升任太史丞，著有《缉古算经》传世。

（1）校正《戊寅元历》

中国历代封建王朝都十分重视历法的制定和颁行。封建统治者把颁历看成是"受命于天"的标志。因此，凡改朝换代，必颁新历。唐武德元年戊寅（618），高祖李渊受禅即位，太史令庾俭等推荐东都道士傅仁均编制新历，合受命岁名为《戊寅元历》，高祖诏武德二年（619）起用。结果武德三年（620）正月望及二月、八月朔之日、月食屡屡不验。武德六年（623），高祖诏吏部郎中祖孝孙考其得失。祖孝孙指派王孝通用隋张宾所造开皇历（584—596年施行）驳之，傅仁均不服，遂未果。武德九年（626），高祖又诏大理卿崔善为与王孝通一道校正傅仁均历，王孝通"校正术错三十余道，即付太史施行"。他校正了傅仁均历中三十多条错误，并付诸实施，使傅仁均历又行用了三四十年（至麟德二年，才由李淳风《麟德历》取代），这在中国历法史上是有贡献的。

（2）撰注《缉古算经》

王孝通的最大贡献是撰写并自注《缉古算经》。全书凡二十术，原作四卷，宋之后合为一卷。唐显庆元年（656）被纳入李淳风等整理的《算经十书》，改称为《缉古算经》，成为中国算学的经典之一。

自隋朝统一中国以后，开展了筑长城、修运河等大规模的土木建筑工程，对于数学知识和计算技能提出了比前代更高的要求。王孝通的数学研究工作与这种社会需要密切相关。他所设置的土木工程问题，有一道是修筑堤防，题设和所求都很复杂，其难度超过了以往的任何算经，需要开带从支方（解三次方程）。我们知道，祖冲之、祖暅父子的《缀术》有"开差立"的问题，有可能是开带从立方，但《缀术》已经失传，则《缉古算经》成为中国数学史上首次论述开带从立方的著作。

《缉古算经》中关于已知勾、股、弦三事二者之积或差，求勾、股、弦的问题，或者需要开带从立方解三次方程，或者需要先开带从平方再开平方解四次方程才能得以解决。这类勾股问题在中国数学史上也是首次提出来的。

王孝通在《上缉古算术表》中表彰刘徽，认为"自刘以下，更不足言"；至于"祖暅之《缀术》，时人称之精妙，曾不觉方邑进行之术，全错不通；刍甍方亭之间，于理未尽"，他的这种批评是否正确，因《缀术》失传而无从判断，但《缉古算经》中他所创设的刍甍问题和方亭问题的确是用开带从立方的方法正确地解答出来了的。

王孝通对他自己的研究成果深信不疑，对他自己的数学造诣充满自信，他自诩其《缉古算经》"请访能算之人考论得失，如有排其一字，臣欲谢以千金"。

宋元算学名家名著

1. 贾宪与《黄帝九章算经细草》

贾宪于北宋仁宗（1023—1063 年在位）时曾为左班殿直，是武职三班小臣。他的老师楚衍是北宋前期的著名天算家，开封胙城（今河南省延津县）人，"于《九章》《缉古》《缀术》《海岛》诸算经尤得其妙"，天圣元年（1023）与宋行古等修《崇天历》，治平年间（1065—1067）与周琮等共同主持司天监。从贾宪任左班殿直和他的老师楚衍参与天文历算工作的时间推测，贾宪主要活动于 11 世纪上叶至中叶。时人称贾宪"运算亦妙，有书传于世"。史载贾宪的著作有两部：《黄帝九章算经细草》（九卷）和《算法教（音效）古集》（六卷）。前者列入景祐年间（1034—1038）王尧臣所编《崇文总目》，可见其成书于 1038 年以前，并在当时即有流传。后者现已亡佚。《黄帝九章算经细草》的部分内容因南宋杨辉以其为底本作《详解九章算法》而得以保存了下来，从中可以窥探贾宪所取得的数学成就。

```
        1
       1  1
      1  2  1
     1  3  3  1
    1  4  6  4  1
   1  5  10  10  5  1
  1  6  15  20  15  6  1
```

贾宪三角

（1）贾宪三角与立成释锁法

解方程是中国古代数学的传统内容。求二次及其以上次数方程的正根，古代统称为开方术。开方在宋元时又称为释锁。但开方程序繁琐，计算复杂。贾宪经过认真研究，提出了立成释锁法。立成是唐宋时期历算家列的算表。立成释锁则是利用算表进行开方。这种算表便是"开方作法本源图"，今称"贾宪三角"。过去称为杨辉三角，应该改正过来，因为杨辉在"开方作法本源"六字下有明确的注文："出释锁算书，贾宪用此术。"

贾宪三角是将整次幂二项式系数（$a+b$）^{n}（$n=0$，1，2……）自上而下排成一个三角形，利用这些数字进行开方运算。在欧洲，它被称为"帕斯卡三角"，是法国数学家 B. 帕斯卡（Blaise Pascal，1623—1662）在 1654 年创造的，比贾宪晚六百多年。

（2）增乘方求廉法和增乘开方法

贾宪在提出贾宪三角的同时，给出了贾宪三角的造法，即增乘方求廉法，其关键是变乘法为加法，这是他受到自唐中叶以来因商业发展的需要改进筹算技术的启发而创造出来的。把这种增乘方求廉法推广到开方过程中，就成了增乘开方法。

创造增乘开方法是贾宪在数学上的重大贡献。后经刘益(12世纪)到南宋秦九韶《数书九章》（1247 年）提出正负开方术，发展为求高次方程正根的十分完备的方法，这是中国数学家在世界数学史上的杰出贡献。

在西方，建立与贾宪增乘开方法相类似方法的，最早当数意大利的 P. 鲁斐尼（Ruffini，1804）和英国的 Wr. G. 霍纳（Horner，1819），故称"鲁斐-尼霍纳方法"。但他们比贾宪晚了近八百年。

贾宪三角和增乘开方法是宋元数学最重要的成就——为方程论开了先河；贾宪三角不仅用于高次开方，而且成为宋元数学家解决垛积问题即高阶等差级数求和问题的有力工具。贾宪是宋元数学高潮的主要奠基者和推动者。

2. 李冶与《测圆海镜》《益古演段》

李冶（1192—1279），原名治，字仁卿，号敬斋，金朝真定栾城（今河北省栾城区）人，金元时期著名数学家，"天元术"的集大成者。

李冶墓

（1）学问藏之身，身在即有余

李冶的父亲李通，字平甫，金明昌二年（1191）以词赋取进士，先任县丞或县令，后升任大兴府（今北京大兴）推官，李冶就诞生在大兴。李通高才博学，足智多谋，且善画山水动物，金泰和期间（1201—1208），因大兴知府胡沙虎擅权乱政，李通横遭诬陷，不得已托病辞官，隐居阳翟（今河南省禹县）。

李冶幼年聪颖，为一般子弟所不及，喜爱读书，手不释卷，尤嗜算书，对文史书籍亦感兴趣。在他看来，学问比财富更宝贵。他后来著书时，曾引用"积财千万，不如薄技在身"的民谚，又说："金璧虽重宝，费用难贮蓄；学问藏之身，身在即有余。"

李冶与后来成为著名文学家的元好问交往甚笃，一起出外求学，到元氏（今河北省元氏县）拜当时著名文学家赵秉文、杨文献为师，名师出高徒，李、元很快就几乎同赵、杨齐名。

金正大七年（1230），李冶赴洛阳应试，中词赋科进士。被派往高陵（今陕西省高陵区）任主簿，因蒙古军进攻陕西，占领高陵，未及任即改调钧州（今河南省禹县）任知事。他为官清廉，一丝不苟，所掌握之财粮出纳，清晰无误。但金朝已经腐朽，难以抵挡蒙古军队的强大攻势。金天兴元年（1232）蒙古军攻克钧州，李冶隐姓埋名，微服出城，弃官北上，流亡于忻、崞（今山西省忻县、崞县）一带。天兴二年（1233），蒙古军攻克汴京（今河南省开封市），元好问也弃官北渡黄河避难，同李冶于异乡相逢。两人交往尤深，常以诗词唱和。如元好问有诗和李冶：

萧萧窗竹动秋声，紫极深居称野情。

静坐且留观众妙，还丹无用说长生。

风流五凤楼前客，寂寞千秋身后名。

解道田家酒应熟，诗中只合爱渊明。

天兴三年（1234），金亡，李冶遂隐居于崞县东面之桐川。

（2）《测圆海镜》，布广垂永

刚过不惑之年的李冶，遭逢战乱的打击，亡国弃官，颠沛流离，陷入生活的最底层，可谓不幸；然而由于他不再为官，便有了充分的时间接触群众和研究学问，从而取得成就，又算有幸。李冶在桐川的居室十分狭小，常常不得温饱，要为衣食而奔波。但他却在这里进行着顽强的学术研究，未尝一日废其业。他博览群书，而又善于去粗取精，以求精深。他说："学有三，积之之多不若取之之精，取之之精不若得之之深。"他在实践中逐渐认识到："数术虽居六艺之末，而施之人事，则最为切务。"于是潜心研究数学。他认为数学奥妙无穷，但可以被人们认识，"谓数为难穷，斯可；谓数为不可穷，斯不可。何则？彼其冥冥之中，固有昭昭者存"。所谓"昭昭者"，乃是数中的"自然之理"，"苟能推自然之理，以明自然之数，则虽远而乾端坤倪，幽而神情鬼状，未有不合者矣"。

李冶的数学研究是以"天元术"为主攻方向。所谓天元术，即是一元朝数学，是一种用符号布列一元高次方程的方法。天元术是在金末元初形成于河北、山西一带，由北方一些数学家如蒋周、李文一、石信道、刘汝谐、元裕等人创作的。但当时的天元术还不成熟，表达方式也很繁琐。李冶经过苦心钻研，总结并完善了天元术，于1248年撰成《测圆海镜》，提出了简捷明了的列方程程序：首先"立天元一"，这相当于设未知数 x；然后根据题意列出一个"天元筹式"（含有未知数的多项式或分式）和与之等值的另一"筹式"（多项式或分式）；最后把两式连为等式，通过相消，化成标准的"天元开方式"，即得含未知数的一元高次方程，相当于

$$a_n x^n + a_{n-1} x^{n-1} + \cdots + a_1 x + a_0 = 0$$

天元术是我国独特的半符号代数学，它在世界数学史上占据着重要地位，其水平超过了同时期代数学最为发达的印度和阿拉伯。至于欧洲，到16世纪后半叶才有F.韦达（Vieta，1540—1603）引进字母

符号代表方程中的未知数，这比天元术迟了三百多年。

《测圆海镜》完成后，由于当时程朱理学盛行，多年未能付梓刊行，直到李冶去世后才得以面世。李冶临终前曾对其子李克修说："吾平生著述，死后可尽燔去，独《测圆海镜》一书，虽九九小数，吾常精思致力焉，后世必有知者，庶可布广垂永乎！"

明朝以降，中国传统数学衰退，天元术几乎失传。吴敬的《九章详注比类算法大全》（1450年）把"立天元一"说成"立天源一"，并说："立天源一，举手无能措。"顾应祥的《新仪象法要测圆海镜分类释术》（1550年）主要是解释李冶的天元术著作，但他却说："每条下细草，虽经立天元一，反复合之，而无下手之术，使后学之士茫然无门路之可入。"直到清朝数学家梅瑴成引进西方代数学《借根方》时，才恍然大悟，明白了李冶天元术的重要，编成《赤水遗珍》（1759年），使天元术濒绝复苏，重新发扬。李锐撰《测圆海镜细草》（1798年）后，影响更大。李善兰于北京同文馆天文算学馆选定《测圆海镜》为教科书，说他自己"译西士代数、微分、积分诸书，信笔直书，了无疑义者，此书之力焉"。近年来，《测圆海镜》更为国际数学史界所瞩目，法国人有以研究此书获得博士学位的。

（3）爱山嗜书，余无所好

《测圆海镜》完成后不久，李冶到山西太原暂住，藩府官员曾请他出仕，但他谢绝了。后来又流落到平定，得到平定侯聂珪的礼遇和资助。元宪宗元年（1251），由于"私心眷眷于旧游之地"，年届花甲的李冶迁徙到幼年求学之河北元氏县，结束了在山西的避难生活，定居于元氏之封龙山。他在封龙山登坛设座，传授技艺，同时潜心研究，著书立说。其间，同元好问和另一位金元著名文学家张德辉情投意合，闲暇时常一起游封龙山，时人称之为"龙山三老"，李冶也自号"龙山老人"。有人说他"爱山嗜书，余无所好"，这的确是真实的概括。

元宪宗七年（1257），受张德辉推荐，忽必烈在潜邸开平（今内蒙古正蓝旗)召见李冶。在这次问对中,不仅论及治国之道、纲维之要、育才之法、用人之策，还涉及地震原因等。李冶向忽必烈提出了"立法度""正纪纲""辨奸邪""减刑罚""止征伐""进君子退小人"等政治主张，深受忽必烈赞许。忽必烈想请李冶出山为元朝效劳，许以高官厚禄。李冶内心不满当朝，有感时政，终以老病推托，谢官归山。

（4）《益古演段》，学算指南

李冶见忽必烈后，回封龙山继续讲学著书。他深刻认识到天元术的重要性，但《测圆海镜》比较深奥，粗知数学的人看不懂。这时，他看到一本北宋平阳（今山西省临汾市）蒋周的《益古集》，书中问题多是已知平面图形的面积，求圆径、方边或周长，可以用一元一次或二次方程求解。于是他便在教学之余，用天元术对此书进行研究，写了一部普及天元术的著作——《益古演段》。全书六十四题，除四题为一次方程外，其余六十题皆为二次方程。书中"移补条段，细图式"，图文并茂，深入浅出，目的是"使粗知十百者，便得入室啖其文"。该书不仅利于教学，也便于自学，时人称"披而览之，如登坦途，前无滞碍，旁溪曲径，自可纵横而通"，"真学者之指南也"。

《益古演段》于元宪宗九年（1259）写成，同《测圆海镜》一道初版于李冶逝世后的第三年（1282）。此后即广为流传，曾被比利时数学家赫师慎（L. Van Hee）译成外文，传播到国外。

（5）茅屋已知足，布衣甘分闲

元中统元年（1260），忽必烈登极称帝，是为元世祖。翌年（1261）建翰林国史院于开平，聘请李冶为翰林学士知制诰同修国史的官职。李冶因不满于蒙古军队之大举攻宋，其时蒙古又起内乱，政局不稳，便以老病为由，谢绝出任。

元至元元年（1264），忽必烈重建翰林院于中都（今北京市），次年（1265）再诏李冶出仕翰林院，李冶勉强任职一年，便以老病辞官了。他说："翰林视草，唯天子命之；史馆秉笔，以宰相监之；特书佐之流，有司之事，非作者所敢自专而非非是是也。今者犹以翰林、史馆为高选，是工谀誉而善缘饰者为高选也，吾恐识者羞之。"他不愿意处处都要秉承统治者的意旨，失去思想自由。

李冶回到封龙山，仍旧设馆课生，并以文章自娱。但人们并没有忘记他。至元二年（1265），山西平定建起"四贤堂"，内置赵秉文、杨文献、元好问、李冶四公画像。当时四人中只有李冶健在，可见人民对他的尊敬。

耶律铸曾赋诗一首赠李冶：

一代文章老，素车归故山。

露浓山月净，荷老野塘寒。

茆屋已知足，布衣甘分闲。

世人学不得，须信古今难。

李冶晚年在封龙山完成随感录《敬斋古今黈》传世。该书积多年笔记而成，内容丰富，涉及文学、历史、哲学、数学、天文和医学，其中不乏独到之见解。例如在天文历算方面，他主张重视从细微之处入手，指出："今古历法所以参差不齐，且不能行远者，无他，盖由布算之时，不论分秒之多寡，悉翦弃之；定位之时，不察入宫之深浅，遂强命之。积微成著，所以浸久而浸舛耳。"

3. 秦九韶与《数书九章》

秦九韶（1202—1261），字道古，南宋普州安岳（今四川省安岳县）人，祖籍鲁郡（今山东省曲阜市、兖州区一带），我国宋元数学"四大家"（秦九韶、李冶、杨辉、朱世杰）之一，以《数书九章》（1247年）闻名于世，其"正负开方术"（高次方程数值解法）和"大衍求一术"（一次同余式组解法）达到了当时世界数学的最高水平。

（1）从隐君子受数学

秦九韶出身于官宦世家。其父秦季槱于1193年与陈亮（1143—1194）、程珌（1164—1242）等同榜进士，后任巴州（今四川省巴中市）太守。1219年四川北部一带张福兵变，攻克巴州等地，秦季槱弃城逃走，带着全家到达南宋首都临安（今浙江省杭州市）。不久，秦季槱在南宋先后任工部郎中和秘书少监。1225年兼实录院检讨官，同年

秦九韶纪念馆

被任命为四川潼川府知府，回到四川当地方官，后卒于住所。

秦九韶幼年随父在巴州，1219年"年十八在乡里为义兵首"。后又随父到临安，"因得访习于太史，又尝从隐君子受数学"。当时太史局是研究天文历法的政府机构；隐君子可能是指《事林广记》《博闻录》和《岁时广记》的作者陈元靓（当时他被人称为"隐君子"），也可能泛指民间博学多闻之士。总之，秦九韶在青年时代，学习了天文历算知识，为他以后的研究工作打下了坚实的基础。

据周密（1232—1308）《癸辛杂识续集》卷下记载，秦九韶"性极机巧，星象、乐律、算术，以及营造等事，无不精究；迄尝从李梅亭学骈俪诗词，游戏、毬马、弓箭，莫不能知"。由此可见，秦九韶真是个全才！

1233年前后，秦九韶曾官县尉。李梅亭向南宋朝廷推荐秦九韶担任国史实录院校正官，秦九韶没有赴任。

（2）以历学荐于朝

1234年，蒙古军灭金。1236年，元兵入川，秦九韶不得不离开家乡，往东南避难，从此开始了颠沛流离的战乱生活。后来他回忆道："际时狄患，历岁遥塞，不自意全于矢石间，尝险罹忧，荏苒十祀，心槁气落"，情绪很不好。

秦九韶出川东下后，曾担任过蕲州（今湖北省蕲春县）通判、和州（今安徽省和县）太守，最后定居湖州。

1244年，秦九韶以通直郎为建康府（今江苏省南京市）通判，任职仅三个月，因母丧解官离任，回湖州守孝三年。在此期间，他专心致志研究数学，于1247年完成数学名著《数书九章》。1248年，宋理宗"召四方之通历算者至都，使历官学焉"，秦九韶因其在天文历算方面的丰富知识和成就，被推荐到朝廷，得到同皇帝对答的机会，并上《数书九章》，后人有记载说他"以历学荐于朝，得对，有奏稿及所述《数学大略》（即《数书九章》）"。

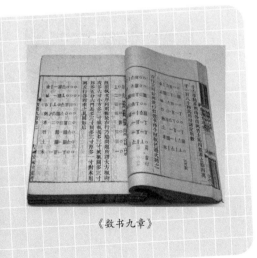

《数书九章》

（3）设为问答以拟于用

秦九韶在饱受兵灾、生活不能安定的十来年间，体会到数量关系在事物发展中所起的作用，从而积累了许多数学知识，苦心钻研也有所心得。他认为，数学的应用"大则可以通神明，顺性命；小则可以经世务，类万物，讵容以浅近窥哉？"但他自己并不追求"通神明，顺性命"，而是结合当时"经世务，类万物"的实际需要，"若其小者窃尝设为问答以拟于用"。他选择了八十一个数学应用问题，分为大衍、天时、田域、测望、赋役、钱谷、营建、军旅、市易共九类，"立术具草，间以图发之"——每类每题答案之后都有"术"说明解题的方法，有"草"说明演算的具体步骤，必要时还用图画来显示。

秦九韶《数书九章》中，设计了许多与人民的社会生活有关的应用问题，反映了当时社会经济的实际情况。有些题材表现出来的社会经济状况比《宋史·食货志》所记录的更为具体，更加翔实，可以作为研究南宋经济史的参考。如"计地容民""漂田堆积""围田先计""围田租亩"题反映了江南地区南宋时期户口增长、扩展耕地面积成为当时的急务；"天池测雨""圆罂测雨""峻积验雪""竹器验雪"等题反映了南宋政府重视农作物生长，通令各地行政衙门设法测量雨雪数量的情况；"复邑修赋"等题反映了南宋的苗米、和买、夏税三项赋税制度；"课粜贵贱"等题反映了当时地主以加大量器、增加田租数量来加重剥削佃客；"推求典本""推求本息""累收库本"等题言明当时典当规定"月息利二分二厘"（2.2%），而官府放款收月息为 1%～3%，甚至高达 6.5%，反映了贫苦人民除了有苛捐杂税的负担外，还受着高利贷的剥削；"折解轻赍"题反映了南宋王朝发行新纸币用以弥补中央政府的巨额支出；"均货推本"题反映了海外贸易的发达和各海口市舶司税收的情况；"推求物价"题反映了进口香料实行国家专卖的制度等。

（4）正负开方术

在世界数学史上，古典代数学的中心课题是方程论。我国古代对于建立方程和解方程等都取得了杰出的成就。从《九章算术》的开平方术和开立方术，到后来的"开差幂""开差立"等二次和三次方程的数值解法，祖冲之、祖暅父子和王孝通等都对这一课题进行了深入研究。直到北宋贾宪创造"增乘开方法"，刘益提出"正负开方术"，高次方程的数值解法取得了很大的进步。秦九韶集前人之大成，提出了用增乘方法（随乘随加）逐步求出任意高次方程正根的程序，其各个步骤，具有很强的机械性，在当今可以毫无困难地转化为计算机程序，从而在机器上实现。目前一些数学教科书，已将秦九韶这种高次方程的数值解法，明确称为"秦九韶程序"，以替代过去西方沿用的名称"霍纳法"，因为英国数学家 W. G. 霍纳（Horner，1786—1837）是在晚于秦九韶五百多年后的 1819 年才提出了与秦九韶程序演算步骤基本相同的算法。

在《数书九章》中，秦九韶一共列举了二十多个解方程问题，次数最高达十次。除一般性方法外，还讨论了"投胎""换骨""玲珑""同体连枝"等特殊情形，并将其方法广泛应用于面积、体积、测量等方面的实际问题，使其得到了圆满的解决。

（5）大衍求一术

秦九韶关于一次同余式组解法的论述和总结，是他在数学史上的另一杰出贡献。中算家对于一次同余式问题的研究主要是为解决天文学家推算上元积年的需要而产生的。大约三四世纪的历法工作者就已开始应用剩余定理推算上元积年。最早见于数学典籍的一次同余式组问题是约 400 年的《孙子算经》"物不知数问题"，史称"孙子问题"。《孙子算经》虽然给出了正确答案，但其解法很简略，并未说明其理论根据。此后数百年间也没有见到有关的论述。直到秦九韶才在《数书九章》中明确和系统地叙述了求解一次同余式组的一般方法和相应的通解公式，现在通称"中国剩余定理"。秦九韶的方法分两个层次。对于各同余式的模数两两互素的情形，需要求出与模数相应的一组"乘率"，计算乘率的方法称为"大衍求一术"，即今常泛指的一次同余式组解法。其基本计算程序实际上就是所谓"定数"和"奇数"的辗转相除，当余数为 1 时，即可得到所求乘率。由于最后一步都出现余数 1，故称之为"求一术"。对于同余式模数非两两互素的情形，要先将模数化为两两互素，然后再用大衍求一术去解决。这时所用的方法称为"大衍总数术"。

秦九韶的大衍求一术同他的高次方程数值解法一样，简捷、明确，带有很强的机械性，其程序可以毫无困难地转化为算法语言，用计算机来实现。在《数书九章》中，秦九韶还通过许多例题，如"古历会积""治历演纪""积尺寻源""推计土功""程行计地"等，展示了大衍求一术在解决历法、工程、赋役和军旅等实际问题中的广泛应用。

在西方，最早涉及一次同余式的是意大利数学家 L. 斐波那契（Fibonacci，1170—1250），他在《算盘书》（1202）中给出了两个一次同余问题，但没有一般解法。直到 18 和 19 世纪，大数学家 L. 欧拉（Euler，1707—1783）和 C. F. 高斯（Gauss，1777—1855）才对一次同余式组进行深入研究，重新获得与中国剩余定理相同的结论，并对模数两两互素的情形给出了严格证明。至于印度数学家虽然在 6—12 世纪提出了一种类似于求一术的"库塔卡"算法，应用于解决与一次同余式组等价的不定方程问题，但在时间上比《孙子算经》晚，而在一般性和完整性上又不如大衍求一术。

（6）三斜求积术

除正负开方术和大衍求一、大衍总数术外，秦九韶还有不少其他方面的数学成就。例如，他改进了线性方程组的解法，普遍应用互乘相消法代替传统的直除法，已同今天所用的方法完全一致；在开方中，他发展了刘徽开方不尽求微数的思想，最早使用十进小数来表示无理根的近似值；他对于《九章算术》和《海岛算经》的勾股测量术也多所阐发，提出了一些新问题；他在几何方面的另一项杰出成果是"三斜求积术"，即已知三角形三边之长 a, b, c，求其面积 S 的公式

$$S=\sqrt{\frac{1}{4}\left[a^2b^2-\left(\frac{a^2+b^2-c^2}{2}\right)^2\right]}$$

这个公式与古希腊著名的海伦公式

$$S=\sqrt{s(s-a)(s-b)(s-c)}$$（其中 $s=\frac{a+b+c}{2}$）是等价的。

（7）瑰奇有用之才

吴潜于 1217 年举进士第一，1231 年为尚书右郎官，1239 年为兵部尚书，1249 年为绍兴府知府，1251 年拜右丞相兼枢密使，1259

年进封相国公。1254年秦九韶为沿江制置司参议官，1255年居家湖州。后又于1257年赴扬州谒贾似道（1213—1275）。贾似道因姊为宋理宗宠妃遂得进用，1249年为京湖安抚制置大使，1259年拜左丞相兼枢密使。1258年春秦九韶由贾似道荐于李曾伯为琼州守，三月后解职回湖州。1260年初秦九韶知临江军（今江西省樟树市），未几因吴潜在与贾似道的斗争中失败而罢相，秦九韶受到牵连。但他与贾似道也有来往，最后被贬至梅州（今广东省梅县）。秦九韶"在梅治政不辍，竟殂于梅"。

由于秦九韶曾追随过吴潜，所以吴潜的政敌贾似道的追随者在秦九韶死后对他多有微词，丑诋他"贪暴"云云。清焦循（1763—1820）为辩其诬，认为秦九韶"与吴（潜）交尤稔，为贾（似道）相窜于梅州，力政不辍，则秦（九韶）之为人亦瑰奇有用之才也"。

秦九韶在数学研究方面，既重视理论，又重视实践；既善于继承，又勇于创新，是一位卓有成就的数学家。美国著名科学史家G.萨顿（Sarton，1884—1956）这样评价秦九韶："他是他那个民族，他那个时代，并且确实也是所有时代最伟大的数学家之一。"

4. 杨辉与通俗实用算术

杨辉，字谦光，南宋钱塘（今浙江省杭州市）人，当过地方行政官员，足迹遍及钱塘、台州（今浙江省临海市）、苏州（今江苏省苏州市）等地，时人称他"以廉饬己，以儒饰吏；吐胸中之灵机，续前贤之奥旨"。他特别注意社会上有关数学的问题，多年从事数学研究和教学工作，是江南一带有名的数学家和数学教育家。从1261年到1275年的十五年中，他先后完成了数学著作五种二十一卷，是元以前传世著作最多的中国古代数学家。

（1）《详解九章算法》

宋景定二年（1261），杨辉自序其所著的第一部书《详解九章算法》。他认为"《九章》为算经之首"，所以"尊尚此书，留意详解"。

杨辉取北宋贾宪《黄帝九章算经细草》为底本，九卷之外又补充了图为卷一，乘除为卷二，九章纂类为卷末。对贾宪细草的详解由解题、比类、释注、总括等组成，所谓"恐问隐而添题解，见法隐而续释注，刊大小字以明法草，僭比类题以通俗务，凡题法解白不明者别图而验之"。

《详解九章算法》中杨辉的数学创造比比皆是。例如，他对贾宪新设开三乘方题目的解题"三度相乘，其状扁直"，形象地表示了四次方，开后来清末李善兰尖锥术以图形表示高次方之先河。又如，对《九章算术》"商功"章的多面体以各种垛积相类比，发展了北宋沈括隙积术中二阶等差级数的求和问题。再如，书末"九章纂类"敢于突破《九章算术》的传统分类，提出"因法推类"的原则，将原九章的方法和题目按算法重新分为乘除、互换、合率、分率、衰分、叠积、盈不足、方程、勾股九类。在每一大类中，由总的算法演绎出不同的具体方法，并给出相应的习题。这是自《九章算术》成书以来千余年间第一次突破其分类格局，是个创举。

（2）《日用算法》

宋景定三年（1262），杨辉自序其所著第二部书《日用算法》，称："夫黄帝九章，乃法算之总经也。辉见其机深法简，尝为详注。有客谕曰谓无启蒙日用，为初学者病之。今首以加减乘除为法，秤斗尺田为问，编诗括十有三首，立图草六十六问，用法必载源流，命题须责实有，分上下卷首，少补日用之万一，亦助启蒙之观览云尔。"

杨辉在完成了《详解九章算法》之后翌年，就撰成《日用算法》，以"补日用""助启蒙"，表现了杨辉重视数学知识的实际应用和普及的思想。事实上，《日用算法》书中的题目全部取自社会经济生活，多为简单的商业计算问题，也有土地丈量、建筑和手工业问题。这样，便于普通读者接受，也便于发挥社会效益。

（3）《杨辉算法》

宋咸淳十年（1274）和德祐元年（1275）这两年中，杨辉又撰成他的另外三部数学著作：《乘除通变本末》《田亩比类乘除捷法》和《续古摘奇算法》，统称《杨辉算法》。

《杨辉算法》的特点是适用于数学普及和教育。他把算法编成歌诀，生动有趣，便于记忆。例如，在《乘除通变本末》中有"求一乘"

和"求一除"诗各一首，前者为：

五六七八九，倍之数不走，

二三须当半，遇四两折扭。

倍折本从法，实即反其有，

用加以代乘，斯数足可守。

后者将前者的后四句改为：

倍折本从法，为除积相就，

用减以代除，定位求如旧。

在数学教育方面，杨辉总结了自己多年的经验，写了一份相当完整的教学计划——"习算纲目"，具体给出各部分知识的学习方法、时间及参考书。他主张循序渐进，精讲多练，特别强调要明算理，要"讨论用法之源"。教师编书或讲课时，应"法将题问"，即"凡欲见明一法，必设一题"；学生学习和做题时，应"随题用法"，因为"随题用法者捷，以法就题者拙"。

4	9	2
3	5	7
8	1	6

九宫图

1	20	21	40	41	60	61	80	81	100
99	82	79	62	59	42	39	22	19	2
3	18	23	38	43	58	63	78	83	98
97	84	77	64	57	44	37	24	17	4
5	16	25	36	45	56	65	76	85	96
95	86	75	66	55	46	35	26	15	6
14	7	34	27	54	47	74	67	94	87
88	93	68	73	48	53	28	33	8	13
12	9	32	29	52	49	72	69	92	89
91	90	71	70	51	50	31	30	11	10

百子图

除了数学普及和教育工作，《杨辉算法》中也不乏理论研究成果。如关于素数，关于勾股容方问题中面积定理的讨论等。特别值得一提的是，我国自汉朝"九宫图"以来，对纵横图（即幻方）的数字规律（各行各列的数字之和相等）蒙上了一层神秘主义的色彩，尤其是宋朝的理学家更把九宫图说成是天生的神物——"洛书"。杨辉却孜孜不倦地探索纵横图的构成规律，终于揭示了九宫（三阶纵横图）和四阶纵横图的数字构造方法，继而作五阶、六阶乃至十阶的纵横图十三个，全都准确无误。他的十阶纵横图叫"百子图"，各行各列的数字之和均为505。杨辉的纵横图对后世深有影响，明清两代的中算家对于纵横图的研究相继不绝。

5. 朱世杰与《算学启蒙》《四元玉鉴》

朱世杰，字汉卿，号松庭，元燕山（今北京市附近）人。活动于13世纪后半叶至14世纪初。生平不详。有数学著作《算学启蒙》（1299年）和《四元玉鉴》（1303年）传世，其"四元术"和"垛积招差术"是具有世界意义的数学成就。

（1）周游四方，复游广陵

1234年蒙古联宋灭金之后，又经过四十余年，至1276年才攻占了南宋的都城临安（今浙江省杭州市），1279年南宋灭亡。

朱世杰的青少年时代，大约相当于蒙古军灭金之后。但早在灭金之前，1215年蒙古军便已攻占了金朝的中都（今北京市）。元世祖忽必烈继位（1260年）之后，为了便于进攻中原地区，便迁都于此地，改称为大都。从此，大都成为重要的政治经济中心和文化科学中心。

就当时的数学发展情况而论，宋元时期中国古代数学迎来了魏晋南北朝之后的又一个高潮。至13世纪中下叶，进入了一个全面繁荣的时期，出现了南北两个数学中心。南方以秦九韶、杨辉为代表，在数学理论研究（高次方程数值解法和一次同余式组解法）和数学实用化（改进乘除捷法和普及数学知识）方面取得了巨大成就。北方的数学中心在河南南部和山西南部地区太行山的两侧，以研究天元术为主，出现了天元术大师李冶，进而讨论了二元术、三元术；

对高阶等差级数求和与招差法也进行了探讨。朱世杰显然继承了当时北方数学的主要成就，并把它拓展为四元术；同时发展了垛积招差术。

秦九韶、李冶时代，因南北对峙，学术交流受到严重影响。元统一中国，为南北之间的学术交流提供了有利条件。朱世杰在著书之前，"以数学名家周游湖海二十余年"，"四方之来学者日众"；朱世杰"周游四方，复游广陵（今江苏省扬州市），踵门而学者云集"。以上这些记载表明朱世杰的确汲取了当时南北两方的数学精华，从而使自己的数学工作"兼包众有，充类尽量，神而明之，尤超越乎秦（九韶）、李（冶）之上"，成为宋元数学高潮的浪尖。

（2）《算学启蒙》，启蒙算书

朱世杰在游学四方，特别是到了江南之后，继承了南方数学在改进乘除捷法和筹算歌诀方面的成就，结合自己的研究心得，又有所发展和创新，于1299年撰成一部启蒙算书《算学启蒙》。在全书之首，他先给出了十八条常用的数学歌诀和各种常用的数学常数。其中包括：乘法九九歌诀、除法九归歌诀、斤两化零歌诀、筹算记数法则、大小数名称、度量衡换算、面积单位、正负数的四则运算法则、开方法等。值得指出的是，这里在中国数学史上首次记述了正负数的乘除运算法则，而除法九归歌诀则与后来的珠算归除口诀完全相同，对珠算的产生和改进起到了重要的作用。

《算学启蒙》分上、中、下三卷，凡二十门，二百五十九问。涉及从四则运算到垛积术、开方术、天元术等多方面数学内容，而且由浅入深，由简至繁，形成了一个完整的体系，是一部很好的启蒙教科书，既为实际应用提供了数学工具，又为深造者开辟了门径，给出了学习《四元玉鉴》必要的准备知识。后人评价《算学启蒙》"似浅实深"，又说《算学启蒙》和《四元玉鉴》"二书相为表里"。

《算学启蒙》出版后不久即流传朝鲜和日本。在朝鲜被作为李朝选仕（算官）的基本图书之一，连世宗本人也曾学习过这部书；在日本到了17世纪仍成为各种注释、诊解的数学经典，对日本和算的发展有较大的影响。

《算学启蒙》一书在朝鲜和日本虽屡有翻刻，但明末以来，在中国国内却失传了。直到清末，才在北京琉璃厂书肆发现清初朝鲜的翻刻本。这个本子，后来成为中国现存各种版本的母本。这也是中朝历史上数学交流的一段佳话。

（3）《四元玉鉴》，筹算顶峰

朱世杰完成启蒙算书《算学启蒙》之后四年，便写出了他阐述自己多年数学研究成果的力著——《四元玉鉴》（1303年），其水平达到了中国古代筹算著作的顶峰。

《四元玉鉴》全书共分三卷，二十四门，二百八十八问。书中所有问题都与求解方程或方程组有关，其中"四元术"——多元高次方程组的解法是《四元玉鉴》的主要内容，也是全书的主要成就。

四元术的表示方法是"元气（常数项）居中，立天元一于下，地元一于左，人元一于右，物元一于上"，天、地、人、物代表四元，相当于现今的未知数 x，y，z，u，但不必记出天、地、人、物等字。各元的幂次以"太"字为中心，向四周发散，愈远愈高。相邻两元幂次之积记入每行列交叉处，不相邻之元的幂次之积寄放在相应位置的夹缝中。一个筹式相当于现今的一个方程，最多可以列出四个方程。这是一种分离系数表示法，对列出高次方程组与消元都很方便。

四元术的核心是四元消法，先将四元四式消成三元三式，再消成二元二式，最后化成一元一式，即高次开方式，便可用秦九韶程序求解了。四元消法大致可分为"剔而消之""人易天位""互隐通分相消"和"内外行乘积相消"等步骤。这些运算步骤都是用中国古代所特有的计算工具算筹列成筹式进行的，虽然繁复，但条理明晰，步骤井然。它不但是中国古代筹算代数学的最高成就，而且在全世界，在13至14世纪，也是最高的成就。

在欧洲，直到18和19世纪，才有法国的 É. 贝祖（Bézout，1779），英国的 J. J. 西尔维斯特（Sylvester，1840）和 A. 凯莱（Cayley，1852）等人应用近代方法对消去法进行较全面的研究。

《四元玉鉴》中另一项突出的成就是关于高阶等差级数的求和问题。在此基础上，朱世杰还进一步解决了高次差的招差法问题。

《四元玉鉴》卷中"茭草形段""如象招数"和卷下"果垛叠藏"三门三十三题中，都是已知各种高级等差级数之和反求其项数的问题，需要按照各自的求和公式列出一个高次方程，用秦九韶程序求其根。朱世杰在贾宪三角的基础上提出了一系列"三角垛""岚峰垛"和"值钱垛"的垛积公式，它们是：

$$\sum_{r=1}^{n} \binom{r+p-1}{p} = \binom{n+p}{p+1}$$

$$\sum_{r=1}^{n} r \cdot \binom{r+p-1}{p} = \frac{(p+1)n+1}{p+2}\binom{n+p}{p+1}$$

$$\sum_{r=1}^{n} (a \pm br) \cdot \binom{r+p-1}{p} = \left[a \pm b\frac{(p+1)n+1}{p+2}\right]\binom{n+p}{p+1}$$

并得出了招差公式

$$f(n) = n\Delta + \frac{n(n-1)}{2!}\Delta^2 + \frac{n(n-1)(n-2)}{3!}\Delta^3 + \frac{n(n-1)(n-2)(n-3)}{4!}\Delta^4$$

它与现在通用形式完全一致。在欧洲，首先对招差术加以说明的是J.格列高里（Gregory，1670年），招差的普遍公式则由I.牛顿（Newton，1676年）提出，比朱世杰晚了三百多年。

明末清初算学名家名著

1. 程大位与《算法统宗》

程大位（1533—1606），字汝思，号宾渠，安徽休宁人。我国明朝的珠算大师。

（1）幼负颖敏，长于算学

我国封建社会发展到明朝，由于农业和手工业生产的进步，地区性分工的出现以及分工门类的增多，投入市场的商品品种和数量大为增加，并且从过去的以奢侈品为主转为以人民生活和生产的必需品为主，从而更加促进商业的繁荣。16世纪的皖南，同江南的苏、松、杭、嘉、湖地区一样，工商业城镇大量兴起，商人数量剧增，商业更加活跃，历史上有所谓"徽商"之称。

明嘉靖十二年四月十日（1533年5月3日），程大位出生在安徽南部休宁率口一个商人的家庭。休宁有率水沿海阳入赣江，其口称为率口，程氏家族聚居于此，结帮经商。由于明中叶资本主义的萌芽受到封建制度的摧残束缚，几经曲折，发展极为缓慢。一般商人家庭，仍希望其子弟习四书五经，通八股，应科举。程大位家也不例外。所以程大位自幼"综涉填籍，航科半颉古文"，于儒家经典和文字书法都有很深的根基。但他聪明好学，

程大位

兴趣广泛，常常跟在父亲身边，去拨弄一下算盘珠子，帮父亲记账算账。对于当时流行的珠算口诀，他也能熟记于心，随口朗诵。家中收藏的数学书籍，如严恭的《通原算法》（1373年）、夏泽源的《指明算法》（1439年）、吴敬的《九章算法比类大全》（1450年）和王文素的《古今算学宝鉴》（1524年）之类，他都找出来一一阅读，深入钻研，从此对数学的喜爱超过了儒学。程大位虽亦精于儒学，但一直没有参加当时的科举考试，因此一生都没有做官。

（2）商游吴楚，遍访名师

程大位二十岁的时候，收拾起行装，离开家乡，出发到长江下游一带经商，同时访师交友。他自己就这样说过："弱冠商游吴楚，遍访名师。"

当时，程大位家乡的风尚，是"不儒则贾"。汪道昆《太函集》（1591年）称："休（宁）歙（县）右贾左儒，直以《九章（算术）》当六籍（六经）。"这说明在明朝嘉靖、万历年间，休宁、歙县一带，商人与儒士并重，商人学习数学，儒士学习六经，都是很自然寻常之事。

关于程大位经商的情况，由于文献欠缺，尚不十分清楚。但我们知道，长江中下游一带，正是当时官营和私家手工业及商业都很发达的地区。程大位商游吴楚达二十年之久，其商业活动想必是很丰富的。

史载程大位"客游湖海，遇古奇文字及算数诸书，辄购而玩之。斋心一志，至忘寝食"。可见他在经商期间，还留意收集书籍；除文字书法方面的书外，还收集算书，而且专心致志地学习和钻研，达到了废寝忘食的地步，以至于"六艺（礼、乐、射、御、书、数）精二（书、数）"，"书擅八分，算穷九九"。

（3）参会诸家，附以独见

《算法统宗》

程大位在外经商二十来年后，于四十岁左右时回到家乡，从此隐居于率水之上，潜心攻读他从江南一带带回来的数学书籍，以及此后出版的数学书籍，如周述学的《神道大编历宗算会》（1558年）、徐心鲁的《盘珠算法》（1573年）、柯尚迁的《数学通轨》（1578年）之类，经过二十年的刻苦钻研，"绎其文义，审其成法"，"一旦恍然若有所得，遂于是乎参会诸家之法，附以一得之愚，纂集成编"，于万历二十年（1592）著《算法统宗》十七卷，时已年近花甲。

《算法统宗》共收五百九十五个应用问题，虽然绝大多数都是从传本算书中摘录的，但其所有数字计算都使用珠算，以口诀说明在算盘上的演算过程。程大位除了集前人之大成外，个人对珠算的创造性贡献，主要有以下两点：一是，用珠算开带从平方和开带从立方，即正系数数字二次方程和三次方程的求根。二是，在珠算中广泛应用定位法。《算法统宗》里的"定位总歌"为

数家定位法为奇，因乘俱向下位推。

加减只需认本位，归与归除上位施。

法多原实逆上数，法前得零顺下宜。

法少原实降下数，法前得零逆上知。

因定位法主要是为了解决乘法和除法的定位问题，故程大位又提出了简化的"十二字诀"：

乘除每下得数，归从法前得零。

程大位用歌诀形式普及珠算知识，是为了把简捷的珠算广泛地应用于社会实际问题。他认识到，数学的应用"远而天地之高广，近而山川之浩衍，大而朝廷军国之需，小而民生日用之费，皆莫能外"，因此，"多算胜，少算不胜，而况于算乎"！

特别值得一提的是，《算法统宗》卷三一道测量田地的题中，程大位记述了他设计的一种竹制的"丈量步车"，以便于野外测量之用。他画出了这辆步车的结构图，并有详细的制作和使用说明。这是我国古代测量工具的一项重要发明，和现在所用的皮尺效用基本相同。

（4）提纲挈要，缕拆支分

鉴于《算法统宗》卷帙浩繁，内容庞杂，作为一本初学入门的珠算书，尚嫌不便，花甲之年的程大位又将其"删其繁芜，揭其要领"，取其切要部分，另编为《算法纂要》四卷，于1598年六十五岁时完成并自费付梓刊行。

《算法纂要》的大部分内容摘自《算法统宗》，但有些设题也与《算法统宗》不同，而是采用了别的算书，如《详明算法》之类。当时有人称"观其书（《算法纂要》），提纲挈领，去繁就要，约而赅，简而尽，明白而易晓"，这是很客观的评价。

（5）珠算大家，一代宗师

程大位于万历三十四年八月十七日（1606年9月18日）以七十三岁的高龄逝世于安徽屯溪。他的《算法统宗》在问世以后，于明、清两代不断翻刻、改编，"风行宇内"，以至"海内握算持筹之士莫不家藏一编，若业制举者之于四子书、五经义，翕然奉以为宗"。

明末李之藻编译《同文算指》（1613年），有些地方直接采用《算法统宗》；清初李长茂编《算海说详》（1659年），全部取材于《算法统宗》；梅文鼎的《方程论》《勾股举隅》《几何通解》等也多处引用《算法统宗》；《古今图书集成》"历法典·算法部"将《算法统宗》全部辑入；梅瑴成等编的《数理精蕴》（1723年）也引用《算法统宗》的题目。梅瑴成还改编《算法统宗》为《增删算法统宗》，流传更为广泛。仅清末光绪年间，相继翻刻的就有江南制造局（1877年）、扫叶山房（1883年）、京都文兴堂（1884年）

和江苏苏局（1898 年）等。

《算法统宗》是中国数学典籍中版本最多、印数最多、流传最广、影响最大的一部。直到近代出现的一些珠算书，坊刻本比比皆是，无一不是出自《算法统宗》。《算法统宗》中许多实用算题现在还在我国民间流传。

《算法统宗》曾传到朝鲜、日本和东南亚各国。尤其在日本影响很大。日本和算名著《尘劫记》（1627 年）的作者吉田光由自称该书依据的是程大位的书。随后在日本便出现了上一下五的棱珠算盘，一直沿用至今。

2. 梅文鼎与清初历算

（1）生平简历

梅氏故里宝章阁

梅文鼎，字定九，号勿庵，明末崇祯六年（1633）生于安徽宣城（今宣州区）一个名门望族家庭。他的祖先中有很多人为明朝官吏，族中亦出了不少诗人、画家和学者。梅文鼎的父亲梅士昌对《易经》有一定的研究，明朝灭亡后他就过着隐居生活。少年时代的梅文鼎从父亲和塾师罗王宾那里学到过一些初步的天文学知识。1662 年左右，他同两个弟弟文鼐、文鼏一道，向宣城籍的隐士倪正学习明朝官方行用的《大统历》。他将学习心得以及自己同两个弟弟讨论切磋的结果写了下来，这就是他的第一部天文学著作《历学骈枝》。梅文鼎的第一部数学著作是写成于 1674 年的《方程论》。

中年以后梅文鼎曾数度到南京参加乡试，但他的主要兴趣还在天文、数学上面。1675 年前后，他陆续获得《崇祯历书》《天步真原》等西学著作，开始系统地钻研当时传入中国的西方古典天文学和数学知识，同时也致力于传统历算学的会通。1680 年他将已撰成的九部数学著作合为《中西算学通》初编，由友人蔡作序并出资刊刻了其中的六种。

此时梅文鼎作为历算家的名声已传到京都，1689年他应邀来到北京参与官方编修《明史·历志》的工作。大学士李光地对他的才学极为欣赏，于是请他到家中居住并向他本人和门生子弟教授历算之学。1690年，梅文鼎采纳李光地的建议，将自己对中西天文历法的研究心得以问答形式写成一部《历学疑问》。

1702年康熙读到李光地进呈的《历学疑问》，对其中的议论非常赞赏。1705年康熙利用南巡归京的机会，在御舟中召见梅文鼎，连续三日畅谈天文数学。在此之前，康熙已向法国传教士学习过西方的科学知识，他身边的满汉大臣皆不谙此道，因此视梅文鼎为学术知己，临别还亲书"绩学参微"四字予以褒奖。后来康熙敕修《律历渊源》，还特召梅文鼎之孙梅瑴成充任汇编官。关于音律学的《律吕正义》完成之后，康熙还特嘱梅瑴成寄一部给梅文鼎指正。

康熙六十年（1721），梅文鼎辞世于宣城家中，康熙特命江宁织造曹营地监葬。

（2）数学成就

梅文鼎从事科学活动的年代，正值清朝康熙年间。康熙是中国历史上绝无仅有的一个热心科学的皇帝，他在宫廷的亲躬西学与梅文鼎在民间对中西历算的会通，汇成了清朝初年天文学和数学研究的一股热潮。在中国近代科学史上，梅文鼎是一个承前启后的人物：在他的前面有明末传统天文数学的衰落和西方科学的引入；在他之后则有清朝中叶乾嘉学派对包括天文数学在内的传统学术的复兴。他的思想和工作在中国科学走向近代化的漫长历程中起到了一定的作用。

梅文鼎一生辛勤著述，"其论算之文务在显明，不辞劳拙，往往以平易之语解极难之法，浅近之言达至深之理，使读其书者不待详求而又可晓然"。他生前手订的《勿庵历算书目》中列有天文数学作品八十余种，其中重要的著作后来被人收入《梅氏历算全书》和《梅氏丛书辑要》两种丛书之中。以目次编排较为合理、校对较为精当的《梅氏丛书辑要》为例,其子目依次为:《笔算》五卷《筹算》两卷、《度算释例》两卷、《少广拾遗》一卷、《方程论》六卷、《勾股举隅》一卷、《几何通解》一卷、《平三角举要》五卷、《方圆幂积》一卷、《几何补编》四卷、《弧三角举要》五卷、《环中黍尺》五卷、《堑堵测量》两卷、《历学骈枝》五卷、《历学疑问》三卷、《历学疑问补》两卷、《交食》四卷、《七政》两卷、《五星管见》一卷、《揆日纪要》一卷、《恒星纪要》一卷、《历学答问》一卷、《杂著》一卷,另有附录两卷系梅瑴成的作品。

梅文鼎对传统天文学的研究是围绕着历法改革这条线索展开的。他曾计划撰写《古今律历考》一书,分历沿革、年表、列传、历志、法沿革、法原、法器、图等,对古历之源流得失给予细致考察。他又通过《历学骈枝》《堑堵测量》《平立定三差详说》等著作对元朝《授时历》和明朝《大统历》这两部历法作了重点研究。在《历学骈枝》中他认真地辨析了这两部历法的异同,开辟了后来学者通过《大统历》来解读《授时历》的研究途径。对于《授时历》中两项杰出的创造,即相当于球面三角纳皮尔公式解法的黄赤相求术和相当于等间距三阶插值算法的招差术,他分别在《堑堵测量》和《平立定三差详说》中给出了详细的解说。

梅文鼎在没有见到《九章算术》方程章的情况下,通过明朝数学著作对中国古代关于线性方程组的理论和算法进行研究,其成果被写入《方程论》一书之中。书成后他曾寄书友人,称"愚病西儒排古算数,著《方程论》,谓虽利氏(指利玛窦)无以难",盖因当时传入的西方数学中没有关于线性方程组的内容,梅文鼎意在用中国古代数学中的这一伟大成就提醒人们不要以为数学是西人的专擅。在此书中,他还对中国传统的"九数"分类模式进行了整理,认为应将传统的九个科目分为"算术"和"量法"两大部分:前者包括粟米、衰分、均输、盈不足和方程;后者包括方田、少广、商功和勾股。这一提法虽然谈不到全面精确,但较之传统的"九数"分类模式更能体现数学研究对象的性质,同时也有助于一般中国士大夫对西方数学的理解和接受。他又作《方田通法》介绍传统的田亩计算捷法，作《古算器考》讨论中国筹算和珠算的历史，作《少广拾遗》论述传统开方法。在几何学方面，梅文鼎通过《勾股举隅》和《几何通解》两部著作阐述了他认为中国古代的勾股术与西学中的几何可以相互沟通的道理。其中《勾股举隅》中的"弦实兼勾实股实"说明部分，是3世纪数学家刘徽、赵爽之后中国学者对勾股定理的最早证明，书中提出的几个关于勾股术的公式也是梅文鼎首创的。《几何通解》的副题即为"以勾股解《几何原本》之根"，书中以实例说明如何借助勾股术的恒等变换来证明《几何原本》中的命题，从而宣扬"几何不言勾股，然其理并勾股也"的观点。

他对当时传入的西方天文学抱着"平心观理"和"义取适用"的态度。在《历学疑问》中他介绍了西方古典天文学的小轮学说和偏心轮理论，但对能否用统一的模型来说明所有行星的运动规律表示怀疑。后来他在《五星管见》中就提出了一种旨在调和托勒玫（Ptolemy）和第谷（Tycho Brahe）两种体系的理论，使行星运动模型得以自洽和谐。他在《恒星纪要》中把散见于《崇祯历书》和其他文献中的西方星表作了整理，并根据岁差原理作了修正。他又介绍了南天星座，并将各种西学书籍中所列恒星总数与汉、晋、隋等天文志的记载作了比较。他对伊斯兰天文学也有所涉猎，著有《西域天文书考》等。

梅文鼎的《笔算》《筹算》和《度算释例》分别介绍西方的写算方法、耐普尔（Napier）算筹和伽利略（Galileo）比例规。当时《几何原本》只有前六卷译本，梅文鼎在《测量全义》《大测》等书透露的线索启发下，对《几何原本》前六卷之后的内容进行了探索，许多成果被收入《几何补编》一书。例如，他研究了正多面体和球体的互容关系，订正了《测量全义》中个别数据的错误，独立研究了他名之为"方灯"和"圆灯"的两种半正多面体。他又引进了球体内容等径小球问题，并指出其解法与正多面体和半正多面体构造的关系。他在《方圆幂积》中讨论了球体与圆柱、球台及球扇形等立体的关系。对于当时一般学人感到困难的三角学，梅文鼎不但有《平三角举要》和《弧三角举要》介绍基本的性质、定理和公式，而且有《堑堵测量》和《环中黍尺》这两部分别借助多面体模型和投影法来阐述相关算法的优秀作品。

梅文鼎还十分注意对古籍文献的整理与搜集，"凡遇古人旧法，虽片纸如拱璧焉"。他曾亲睹《九章算术》南宋刻本残卷，整理过当时已很珍稀的《欧罗巴西镜录》和前辈学者王锡阐的《圆解》，如今这两种文献都已成了海内外孤本。他对"测算之图与器，一见即得要领"，"西洋简平、浑盖、比例规尺诸仪器书不尽言，以意推广为之，皆中规矩"。他曾亲见元朝赵友钦的石刻星图并留下宝贵记载，又自造璇玑尺、揆日器、侧望仪、仰观仪、月道仪和浑盖新仪等多种天文仪器。

（3）历史地位

梅文鼎生性淡泊，"无时人饾饤裘马之习"，又"不欲自炫其长以与人竞"。他在壮年丧妻之后"遂不复娶，日夜枕藉诗书以自娱"。他后来也认识到科举制度的危害，有一年乡试前几日，他还日夜研读刚获至手的"泰西历象书"，随行的族人将此书偷藏起来，他"艴然曰：余不卒业是书，中怦怦然若有所亡，文于何有？"在数学思想上他强调"数学者征之于实，实则不易，不易则庸，庸则中，中则放之四海九洲而准"。对于当时所谓中西之争，他能够基本持平公允，他说："数者所以合理也，历者所以顺天也。法有可采何论东西，理所当明何分新旧。"

他是一个心理状态相当复杂的历史人物：生于明朝遗民家庭又承受清朝皇帝的礼遇，潜心西学又怯于"弃儒先"和"奉耶教"，这种矛盾的境遇使他成为虚幻的"西学中源"说的理论建树者。在天文学领域，他宣传"地球五带"说即《周髀算经》之"七衡六间"说的变种，"地圆"说早见于《黄帝内经·素问》之"地之为下"一节，"本轮均轮"说实源自《楚辞·天问》之"圜则九重""浑盖通宪"即古代盖天说的产物等。在数学领域，他热衷于论述西方的几何三角等皆源自中国古代的勾股术等。由于时代的局限性，这种与事实不符的"西学中源"说在清朝曾广为流传，成了一些夜郎自大的士大夫拒斥西学的借口和封建统治者维护其王道尊严的思想武器，对此梅文鼎应负有一定的责任。他的这一错误与其卓越学识的不和谐，乃是当时整个中华民族和中国社会在西方科技文明冲击下所面临的两难境地的一种反映。

梅文鼎生前就被同代人视为"中华算学无有过之者"。到了清朝中叶，乾嘉学派的学者们赞誉他为"历算第一名家"和"国朝算学第一"，更有人将他与顾炎武、胡渭、阎若璩、惠栋、戴震等人并列为对弘扬中华"千余年不传之绝学"做出了独创贡献的六位大儒。近人梁启超认为："我国科学最昌明者，惟天文算法。至清而尤盛，凡治经者多兼通之，其开山之祖，则宣城梅文鼎也。"将梅文鼎的科学活动放在整个清朝学术思潮演进和中国科学由传统向近代化转变的背景中加以考察，就会发现他确实占据着一个极为重要的位置。

3. 梅瑴成与《数理精蕴》

（1）继承家学

梅瑴成，字玉汝，号循斋，安徽宣城人，生于康熙二十年（1681）。他的父亲梅以燕也精通历算，只是不如他的祖父梅文鼎那样长寿和出名。梅瑴成自幼跟随祖父学习，"南北东西，未离函丈，稍能窃取绪余"。1702年梅文鼎撰《勿庵历算书目》时，二十一岁的梅瑴成已担任了主要的校订工作。1704年梅文鼎著《平立定三差详说》，也是在他的协助下始克告成。在梅文鼎的著作中，还可以找到许多梅瑴成参与工作的线索，例如《揆日纪要》中的"诸方各节气加时太阳距地平高度表"就是由他按照球面三角法算得的。梅文鼎在为《日差原理》一书所写的提要中以"童乌九岁能与《太玄》"的比喻盛赞他的才智与见地。

1705年梅瑴成的父亲病故。同年康熙皇帝在南巡返都的途中召见梅文鼎，对其历算成就予以褒奖。事后康熙曾对人说："历象算法朕最留心，此学今鲜知者，如文鼎真仅见也。其人亦雅士，惜乎老矣。"这一年梅文鼎七十二岁，而梅瑴成二十四岁。

后来康熙听说梅文鼎身边还有一个能传其学的孙子，就在1712年下诏修纂历算乐律书籍的时候将梅瑴成召到北京，先赐以举人头

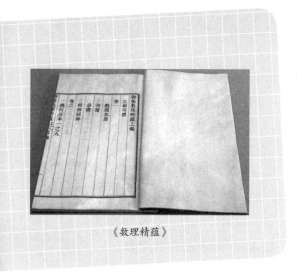

《数理精蕴》

衔，再命其任蒙养斋汇编官。由于工作努力，梅瑴成一再受到康熙的奖励。1715年被赐以进士头衔和宅第，后来做到翰林院编修和《律历渊源》总裁。《律历渊源》共一百卷，其中关于天文历法的《历象考成》四十二卷，关于乐律的《律吕正义》五卷，关于数学的《数理精蕴》五十三卷，主要编纂工作由梅瑴成会同陈厚耀、何国宗等人完成，以康熙"御制"的名义刊行于世。

《律历渊源》完成之后，梅瑴成又先后参加了编修《明史·历志》《时宪志》和《历象考成后编》等工作。同时他在官场上也很得意，在乾隆年间先后担任过顺天府丞、光禄寺卿、鸿胪寺卿、通政司右通政、都察院左都御史等，直到1753年因年老而告退。

梅瑴成到晚年得有空闲整理祖父遗作和生平所学。1757年他将明朝程大位的《算法统宗》重加校勘，删繁就简，改正舛误，增加注解，编成《增删算法统宗》。他又率领族中子弟对梅文鼎生前作品加以整理，于1757年编成《绩学堂诗文钞》、1761年编成《梅氏丛书辑要》刊行。前者是梅文鼎的遗诗佚文，绩学堂是梅文鼎晚年的堂号，取意于康熙亲自书赠给梅文鼎的"绩学参微"四字；梅瑴成所刻各类书籍则以承学堂的名义出现，含有继承祖父学业的意思。《梅氏丛书辑要》共六十二卷，其中前六十卷为梅文鼎的天文、数学著作，附录两卷《赤水遗珍》和《操缦卮言》则是梅瑴成本人的作品。

乾隆二十八年（1763），梅瑴成以八十二岁高龄辞世。

（2）历算著述

《数理精蕴》主要介绍明末以来传入的西方数学，也有不少中国古代数学问题，但多以西法立算。由于这一巨著是由康熙身边的中外学者合作编写的，对梅瑴成在其中的贡献只能根据有关线索提出一些推测。例如，他在《增删算法统宗》中开列了一份"国朝算学书目"，内中《数理精蕴》后就写着"康熙己亥（1719）翰林梅瑴成等编"；考虑到此书名义上由"康熙御制"的事实，如果梅瑴成不是在其中担负最主要的责任并实际参与撰稿的话，是不会这样写的。再如《数理精蕴》下编体部卷二十四的几个公式就是他的研究成果，为此他在《赤水遗珍》中写道："有勾股积及股弦和较求勾股，向无其法，昔在蒙养斋汇编《数理精蕴》，苦思力索，知其须用带纵立方，因立法四条，载入体部中。"

《历象考成》中的许多内容，显然也出自梅瑴成之手。例如在计算月食方位时采用的月面划分法，就采纳了王锡阐在《晓庵新法》中提出，复经梅文鼎在《变食》中加以改进的意见；而两卷关于球面三角知识的叙述，则是依据梅文鼎的《弧三角举要》所写成的。

《赤水遗珍》汇集了梅瑴成的数学研究心得，内中共有十五篇数学札记。"测北极出地简法"记载了法国传教士颜家乐（C. Maigrot，1652—1730）介绍的一种以恒星高度和时角测定地理纬度的方法，清末李善兰在《天算或问》中曾对此法详加讨论并做了推广。"授时历立天元一求矢术"根据梅文鼎所藏《授时历草》来阐释郭守敬所创割圆求矢术。书中又介绍"西士杜德美法"，即由法国传教士杜德美（P. Jartoux，1668—1720）于康熙年间传入中国的三个无穷幂级数公式，它们成了清朝众多数学家研究这一课题的源头。

《操缦卮言》是梅瑴成的天文学研究短文集，共收录了他的十八篇论文或书信，其中有不少真知灼见。《明史馆呈总裁》显然是他供职翰林院时写给上级的一封建议书，其中提出应把"月犯五星"等属于"天行之常"的事和"五星入月"等"必无之事"从《天文志》中摈除出去。在《时宪志用图论》和《上国史馆副总裁书》中，他都提出了在官修历志中采用图示说明立法之原的意见，后来均被定稿的《明史·历志》和清朝《时宪志》所接受。

（3）学术思想

梅瑴成的学术思想深受其祖父梅文鼎的影响。一方面，他能够坚守"数学者征之于实"的信念，在编辑《增删算法统宗》时删去了被奉为数学之源的河图洛书，认为"图书之大用在画卦叙畴，凡阴阳术数之书，莫不援以为重，今发明九章，毋庸效尤"。另一方面，他也是梅文鼎和康熙所阐发的"西学中源"说的信奉者，他在"天元一即借根方解"一文中宣传了康熙所制造的"阿尔热八达"（又译"阿尔朱巴尔""阿尔热巴拉"，即代数学 Algebra 的音译），即东来法的神话，说当时西人所谓"借根方法"就是中国古代的天元术，今日复被传教士带回中土云云。这一错误的说法竟使许多后来的学者信以为真，从而助长了"西学中源"说的流播。

由于身处宦海之中，梅瑴成的学术思想也带有一定的政治色彩，特别表现在他对待西学的态度上，大体上与乾隆的对外政策是呼应的，他与数学家江永的一段公案就颇能说明问题。江永私淑梅文鼎，作书名《翼梅》，但其学比之梅文鼎更多贴近所谓西法，这在妄自尊大风气流行的乾隆时期是不合时宜的。江永早年曾在北京会晤过供职光禄寺的梅瑴成，谈及自己著书动机和对梅氏历算学的景仰，梅瑴成当时颇为赞许，但也对江永过于热衷于西法而流露出担忧。次年江永南归时他就亲书一联相赠，用"殚精已入欧罗室，用夏还思亚圣言"来警告江永不要"主张西学太过"，而应牢记古代圣人关于"夷夏大防"的训语。若干年后，梅瑴成读到江永书中有关行星运动理论的部分，对其与梅文鼎的商榷性意见大为光火，因而痛斥江永对西人"谄而附之"，江永本人则是"入室操戈，复授敌人以柄而助之攻"。本来是纯学术上的争论，梅瑴成这样一来就搞成了事关国家尊严和民族大义的问题。由于他的地位和梅文鼎的影响，许多人对西学也只好望而却步了。

梅瑴成是梅文鼎所开创的历算学派的继承人，同时由于供奉内廷的关系，得以将此源于皖南民间并与传统天文数学有着亲密关系的学术流派的思想融合进由皇帝御制颁行并体现出西方古典天文数学成就的《律历渊源》等著作之中，从而影响了清朝中、晚期中国天文学和数学的发展。

4. 明安图与《割圆密率捷法》

明安图（约 1692—1763），字静庵，蒙古族，蒙古正白旗（今内蒙古锡林郭勒盟南部）人。我国历史上卓越的少数民族数学家和天文学家。

（1）钦天监官学生

明安图生活在清王朝初期，康熙、雍正和乾隆执政统治的时代。当时，国力比较强盛，生产有所发展，科学技术也随之取得进步。

康熙皇帝本人比较注重科学，他经常召集一些来华的西方传教士在皇宫里给他讲解数学、天文学、测量学等自然科学知识，有时还把他自己学到的西方科学知识传授给皇家子弟。

大约在1710年左右，明安图被选入清钦天监（天文历法的官方机构）当官学生，专习历算。此时，正是康熙皇帝热衷于科学的时候，明安图常常以官学生的身份在皇宫听讲，后来明安图的学生陈际新也说："明静庵先生自童年亲受数学于圣祖仁皇帝，至老不倦。"

1712年夏，明安图两次随康熙皇帝到热河避暑山庄。随行者还有清初大数学家梅文鼎之孙梅瑴成（1681—1763），苏州府教授陈厚耀（1648—1722），钦天监五官正何君锡之子何国柱、何国宗，原任钦天监监副成德等。当时，"上（康熙帝）亲临提命，许其问难，如师弟子"。当时明安图只有二十岁左右，是随驾去热河唯一的一名官学生，也是最年轻的一个，可见康熙帝对他的器重和偏爱。

明安图在青少年时代，不仅在钦天监系统地学习了历算知识，而且随驾康熙皇帝，在宫中亲自得到了康熙帝本人和皇帝身边的历算家们的耳提面命，接触到当时比较先进的特别是从西方传入的科学技术知识，这为他今后从事数学和天文历法研究工作打下了良好的基础。

（2）《历象考成》前后编

康熙皇帝在位的最后十年（1713—1722），组织编纂了《律历渊源》一百卷（内含《律吕正义》五卷，讲乐律理论；《历象考成》四十二卷，讲天文历法；《数理精蕴》五十三卷，讲算术、代数、几何、三角，是融汇中西的初等数学大全），于1723年刊刻出版。明安图以"食员外郎俸钦天监五官正"的身份参与该书"考核"工作。该书的分工有纂修、汇编、分校、考测、校算、校录等项。纂修由亲王允禄、允祉挂名，汇编何国宗、梅瑴成是全书的执笔，考测明安图等则负责天文测量工作。

钦天监作为国家的天文历法专门研究机构，时宪科主要负责历书的编制和日月交食的研究。钦天监除监正、监副外，最高的官职就是如明安图这样的时宪科五官正了。明安图担任此职务长达四五十年，主要的工作是颁布每年的日用民历《时宪书》以及向朝廷进呈关于日月食等天文现象的报告。

花费十年工夫编成的《历象考成》，出版不到十年便在实践中发现误差，于是钦天监于 1730 年提出修改《历象考成》，先编制关于太阳运行和月亮运行的《日躔月离表》，由钦天监监正西洋人戴进贤（I. Kögler）主持编撰，1737 年顾琮上皇帝的奏议中称懂得日躔月离表用法的只有监正戴进贤、监副徐懋德（A. Pereira）和五官正明安图，"此三人外，别无解者"。可见，该表在当时只有唯一的一个中国人能使用，那就是明安图。这说明在钦天监里的中国人中，明安图的天文历算水平是首屈一指的了。

从 1737—1742 年的五年间，《历象考成》的修改本《历象考成后编》十卷完成，明安图是最主要的汇编者，即执笔人。《后编》较之前者，能"尽心考验，增补图说"，特别是在我国历法中第一次正式采用了刻卜勒定律。

从 1744—1752 年的八年，钦天监又完成了编修《仪象考成》三十二卷的工作。该书除了讲天文仪器外，还有大量的篇幅是各种星表。星表在全书中占的比重很大，所以数学计算任务十分繁重。明安图名列"推算"者之首，他带领他的学生们共同完成了这一繁重的任务。

从 1713—1752 年的近四十年时间里，明安图大约是从二十岁到六十岁，他长期供职于钦天监，担任时宪科五官正，参与清政府几部大型天文历算书的编写和研究工作，做出了自己的贡献。

（3）《皇舆全图》

早在 1708—1716 年，康熙帝组织了一次全国性的大规模地形测量和地图绘制工作，并于 1717 年完成了我国历史上第一幅采用近代科学方法测绘的全国地图——《皇舆全图》。

1755 年，乾隆帝平息新疆叛乱；1756 年和 1759 年，两次组织

避暑山庄正殿东西两侧墙上挂有《皇舆全图》

新疆地区的测量和绘图工作。

第一次由何国宗、明安图带领，到了新疆西北部地区，设点测量各地的经纬度、方向和距离、昼夜长短以及二十四节气日出入时刻，不仅用于补绘《皇舆全图》的新疆部分，而且也充实了《时宪书》的有关内容。

第二次则完全由明安图负责，对于天山山脉以南的广大地区，包括库车、阿克苏、喀什、和田，最终完成了整个新疆的地图测绘，从而最终完成了自 1708 年以来前后半个多世纪的全国地图绘制工作。

1760 年，年近古稀的明安图升任钦天监监正，位居满族监正觉罗勒尔森之下，西洋人监正刘松龄（Augustin de Hallerstein）之上。他在钦天监的地位是一人之下、举足轻重的。

1762 年秋，乾隆帝去热河，明安图等一些钦天监官员也随行。在热河期间恰好遇上日食。很长时间没有复圆，乾隆帝就问明安图复圆时刻，经明安图悉心推究，很快就算出结果来。

1763 年冬，明安图因病辞去了钦天监监正的职务。其时他已年逾古稀，不久病逝。

（4）《割圆密率捷法》

康熙带组织测绘《皇舆全图》时，曾请1701年来华的法国传教士杜德美到冀北、辽东等地指导大地测量工作。杜德美曾以三个无穷级数（所谓"圆径求周""弧背求正弦""弧背求正矢"）传入中国，用现在通用的算式表达如下：

$$\pi = 3 + \frac{3 \cdot 1^2}{4 \cdot 3!} + \frac{3 \cdot 1^2 \cdot 3^2}{4^2 \cdot 5!} + \frac{3 \cdot 1^2 \cdot 3^2 \cdot 5^2}{4^3 \cdot 7!} + \cdots$$

$$r\sin\frac{a}{r} = a - \frac{a^3}{3! \, r^2} + \frac{a^5}{5! \, r^4} - \frac{a^7}{7! \, r^6} + \cdots$$

$$r\,\mathrm{vers}\frac{a}{r} = \frac{a^2}{2! \, r} - \frac{a^4}{4! \, r^3} + \frac{a^6}{6! \, r^5} - \cdots$$

后两式为J.格列高里所创（1667年），前式为I.牛顿所创（1676年）。当时误称为"西士杜德美法"或"杜氏三术"。

杜德美传来的这三个级数式只有结果，没有证明，明安图认为"惜仅有其法而未详其义，恐人有金针不度之疑"，故刻苦钻研三十余年，创"割圆连比例法"，即利用一连串相似的等腰三角形对应边成比例的关系，用于解决无穷级数的研究，不仅证明上述所谓"杜氏三术"，而且得出并证明了他的另外六个级数式（"弧背求通弦""弧背求矢""通弦求弧背""正弦求弧背""正矢求弧背""矢求弧背"），从而解决了正弦、正矢与弧背互求的问题，开其后董祐诚、项名达、徐有壬、戴煦、李善兰诸家无穷级数研究之先河。

明安图晚年将上述成果撰成《割圆密率捷法》四卷，只写出草稿，未及成书，便与世长辞了。临终前嘱其门人陈际新"与同学者多续而成之，则余志也"。陈际新遵嘱同明安图的儿子明新、弟子张良亭等整理了老师的遗著，直到1774年才最后定稿。其间，有抄本流传于外，但被误传为"杜氏九术"。《割圆密率捷法》于1839年才得以正式刊印出版。

清中叶算学名家名著

1. 汪莱与《衡斋算学》

汪莱（1768—1813），字孝婴，号衡斋，安徽歙县瞻淇人，清乾嘉年间著名数学家，同江苏甘泉（今江苏省邗江区）焦循（1763—1820）、元和（今江苏省苏州市）李锐（1768—1817）有"谈天三友"之称。

（1）生平活动

汪莱祖上为诗书世家，至其父汪昌时家道中落。汪莱出生时，汪昌已五十二岁。汪莱自幼聪颖过人，秉承父教，七岁能诗，十四岁入庠。因家贫，竭尽孝道，侍奉双亲，"恒负米数十里外，尝典衣为犬啮"，甚至"从山氓采石面充腹"，"掘草根以佐食"。汪莱在艰难困苦的环境中经受住了磨炼，能刻苦自励，安贫乐道，"力通经史百家，及推步历算之术"。

汪莱生性狂放，跌宕不羁。早年乡试落第，自云"抱璞而泣"。十八岁时有诗《赠近迂子（即江兼甫）》，称"我亦乡间肆志人"，"兴来大叫鬼神惊"，"高歌恣笑谈"，"悲壮泪纵横"，感情上时常大起大落。

1788 年，汪昌去世。二十岁的汪莱，离家赴江苏苏州，在葑门外设馆谋生。在苏州的三年期间，同比他年长五岁的焦循相识，焦循亦邃于经义，尤精天文历算，两人志趣相投，遂结为好友。焦循有诗赠汪莱云："记得秦淮上，与君初结交。君思入渊襟，余性非鞠翻。悬适臭味合，情谊因投胶。"

至于汪莱与焦循的挚友李锐虽早有书信往来，但汪、李初晤却是 1800 年汪莱赴南京参加恩科亲试的时候了。焦循后来曾回忆道："嘉庆五年，岁庚申，冬十月，为武林之游，寓居御署诚本堂之东偏；……吴门李锐与余同屋居，共论经史，穷天人消息之理，后之居者，亦知居此堂者之有焦李两生耶。"

汪莱与焦循、李锐结为至交，聚首时，朝夕相处，讨论学术；分别后，书信往来，交流问题，互相切磋，共同提高。焦循曾说："予幼好九九之学，而不能得其指归。自交吴中李尚之锐、歙县汪孝婴莱，得两君切磋之益，于此艺少有进。而两君亦时时以所得见示，令商论其可否。"因此，罗士琳《畴人传续编》便说："尚之在嘉庆间与汪君孝婴、焦君里堂齐名，时人目为'谈天三友'。"梁启超《中国近三百年学术史》中称，汪与焦、李"时号为'谈天三友'。三人始终共学，有所得则相告语，有所疑则相诘难，而其公共得力之处，则在读秦（九韶）、李（冶）书而知'立天元一'为算家至精之术"。诚然，"谈天三友"在共同的兴趣爱好，对秦九韶的增乘开方法、大衍求一术和李冶的天元术的共同认识的基础上，使宋元秦李之学在乾嘉古典数学复兴时期复显于世，大放光彩。

（2）《衡斋算学》

汪莱以十年磨一剑的精神，于嘉庆元年至十年（1796—1805）间陆续完成了他的数学著作《衡斋算学》一至七册。其中第五、七两册是研究方程论的力作。第五册（1801年）着眼于对方程的根和根与系数的关系作理论探讨，指出例如三次方程的某种特殊形式

$$ax^3-cx+d=0$$

并非仅有一个正根，但另一种特殊形式的三次方程

$$ax^3-cx-d=0$$

则仅有一个正根（式中a，c，d均为正数）。又如，汪莱指出，三次方程（a，b，c，$d>0$）

$$ax^3-bx^2+cd-d=0$$

如有三个正根x_1，x_2，x_3，则

$$x_1+x_2+x_3=\frac{b}{a}$$

$$x_1x_2+x_2x_3+x_3x_1=\frac{c}{a}$$

$$x_1x_2x_3=\frac{d}{a}$$

这是F.韦达（Vieta）定理的特例。

《衡斋算学》第七册（1805 年）在方程论方面取得了更多的成果。例如，汪莱指出，方程

$$x^m - px^n + q = 0 \ （m > n\text{且}\ p, \ q > 0）$$

存在正根的充分条件是

$$q < \frac{(n-m)\,p}{n} \cdot \left(\frac{mp}{n}\right)^{\frac{m}{n-m}}$$

这与现在代数方程论中导出的结果完全一致。

此外，《衡斋算学》第四册（1799 年）中的《递兼数理》在中国数学史上第一次系统论述了有关组合的理论及性质。他推出的关系式相当于

$$\sum_{i=1}^{n} C_m^i = 2^{n-1}$$

$$C_m^n = C_m^{m-n}$$

$$C_m^n = \frac{m!}{n!\,(m-n)!}$$

汪莱善于作数学理论上的探讨，故当时就有人评价道："孝婴之学主旋约，在发古人之所未发而正其误，其得也精。"

（3）《叁两算经》

在《衡斋算学》以前，汪莱的早期数学著作还有后来收入《衡斋遗书》中的《叁两算经》（1792 年），此乃中国数学史上第一次系统论述非十进制算术。汪莱给出了二至九进制的乘除法法则。例如，九进制的乘法口诀为"八二一七，八三二六，八四三五，八五四四，八六五三，八七六二，八八七一"。

此即

8×2=17	8×3=26	8×4=35
8×5=44	8×6=53	8×7=62
8×8=71		

汪莱在《叁两算经》篇末的"叁两数说"中，还正确地指出了在一些实际应用中，要采用非十进制。例如："造律者因欲以三分

损益为法，故立数于九；近代窥天者因以日十二时为法，故立天数三百六十度"等。

（4）同抱百年心

1805 年，名学者夏銮调任新安（今安徽省歙县、休宁县一带）训导，到任后闻知汪莱博学多才，便亲自前往造访。两人"一见称莫逆，与语终日"，夏銮称汪莱为"天下奇才"，把自己的学生和儿子都送到汪莱那里学习。

1806 年，汪莱应两江总督铁宝之请主持黄河新、旧入海口的高程测算。

1807 年，汪莱在歙县以优行第一的成绩考取八旗官学教习，被选派到北京参与国史馆的修历工作，编纂《天文志》和《时宪志》。

1811 年，汪莱回到安徽石埭（今太平县）任县学教谕。

汪莱的自大才高和狂放不羁，可谓至死不衰。他"碗磊不平之气，往往慷慨悲歌"的气质和他在数学研究中"姿性英锐，最喜攻坚，必古人所未言者乃言之"的学风在当时以考据相标榜的乾嘉学术圈子内难以得到普遍的认同和理解。有人甚至把他和李锐在学术上的争论夸张为"二人龀"。在学术界颇有影响的江藩在《国朝汉学师承记》中也说他们因意见不合"遂如寇仇，终身不相见"。事实上，真正理解和支持汪莱，具有"与君一载别，同抱百年心"之情的，只有李锐、焦循、夏銮等少数学者。汪、李、焦的"谈天三友"中，汪莱最早于 1813 年底去世，终年仅四十五岁。汪莱死后，家徒四壁，囊箧空空，石埭士民感其清廉，输资送其枢归故里，葬于歙县梅岑。焦循有《哭汪莱》诗："脉脉为君思，凄凄为君哭。从此秦淮水，思君不忍游。从此豆花下，虫语声啾啾。思君对饮此，不忍独持瓯。思君风雪中，不忍泛轻舟。不忍开旧笥，愁见君手迹。不忍上小亭，上有君书额。记得前年书，问我注《周易》。《周易》稿未成，稿成用请益。今年稿写成，何处续鬼魄。君魄果续乎，灯花夜幽碧……"追忆了他们之间的学术交往和深情厚谊，从内心深处抒发了自己的哀思。

2. 焦循与代数运算律

焦循是我国清朝著名的数学家。他对我国古代数学进行了比较深入的研究和总结，在我国数学史上第一次系统地提出了数量运算的基本规律，推动了清朝数学的发展，为我国古代数学增添了新的光彩。

（1）生平简历

焦循（1763—1820），字理堂，晚号理堂老人。江苏甘泉（今扬州市）人。生于乾隆二十七年（1763），卒于嘉庆二十五年（1820）。他出生在一个逐渐走向衰落的封建家庭，他的祖先曾拥有比较雄厚的家产，到他父亲时尚有田产八百多亩，生活还是相当宽裕的。后来家境不断衰落，到焦循出世时，生活就比较艰难了，甚至有一段时间，连年饥荒，而且他家屡遭不幸。先是讨债者天天上门催讨，后又有几十亩良田被人勒索买去。由于缺乏稻谷，只好靠吃白薯度日。虽然环境这样艰难，但焦循却从没有放弃读书、学习。他自幼就喜欢读书，学习非常刻苦、用功。在历史、经学、训诂等方面显示了较高的才华。乾隆四十四年（1779），他十七岁时，

焦循画像

通过考试成为一名附学生，学到了各方面知识，乾隆五十二年（1787）他开始外出教书以便能够糊口度日。乾隆六十年（1795）到嘉庆五年（1800）他应当时有名的学者兼官员阮元的邀请，焦循先后到山东、浙江杭州游历学习，在杭州他结识了著名数学家李锐，两人共同切磋，互有启发。嘉庆六年（1801）秋，焦循考中举人，1802 年他又进京参加科举考试，但未能考中，从此他就放弃了科举，专门钻研学术，嘉庆十四年（1809）曾协助他人修纂《扬州府志》，撰写后，他得到酬金。用其中的一部分，他在扬州郊外买了五亩地和一栋楼，从此焦循就基本上专心于读书著述，无有他求，成为当时有名的学者。

焦循学习和研究数学始于乾隆五十二年（1787），这一年，他获

得了清初大数学家梅文鼎的主要著作《梅氏丛书辑要》，读后对数学、天文学产生了很大兴趣，因此开始认真学习、钻研古代数学、天文知识。由于这时他家境贫寒衰落，加上居住比较偏僻，因而不能聘请教师指导，他只好自学，依靠勤奋刻苦自学，使他的学识逐渐丰富、精深，撰写了多部数学、天文著作，成为当时有名的数学家，与著名数学家汪莱、李锐并称"谈天三友"。

（2）《加减乘除释》及其他

焦循在数学上最大的贡献是对我国古代数学在运算规律方面进行了全面总结，提出了数量运算的基本规律。这一成果体现在他的数学著作《加减乘除释》当中。此书初写于乾隆五十九年（1794）秋，第二年因为焦循到山东游历，就中断了写作。嘉庆二年（1797），焦循对古代数学名著《九章算术》《孙子算经》《张丘建算经》等进行了进一步研究、探讨，获得许多新的想法和创见。在此基础上，他将过去写成的草稿进行了详细的修改完善，最终撰成了《加减乘除释》这一数学专著。

《加减乘除释》是一部论述加减运算规则的著作，也是我国古代对数学进行理论性研究的最早著作。全书共有八卷，基本内容为：第一、第五两卷主要讲述数的加减运算规则，第二卷主要讲述二项式的乘方运算，第三卷主要论述数的乘除运算规则，第四、第六卷主要讲述分数的性质和运算规则，第七卷主要讲述各种比例问题，第八卷主要讲述加减乘除四则运算规则。全书共列出有关运算规则九十三条，其中每一条都相当于现代数学书中的一条定理或公式。

焦循在《加减乘除释》中最重要的是提出了有关数量运算的基本规则，这是他的一项卓越创造。从现代数学理论来说，在关于数量运算的众多规则中，最基本、最主要的有五条，这就是：加法交换律、加法结合律、乘法交换律、乘法结合律、乘法对加法的分配律。这些定律在现代数学中有特别重要的地位，是现代数学研究的基础内容和出发点。而这五条基本运算规律，焦循在《加减乘除释》中均作了比较准确的阐述。

关于加法交换律，焦循提出："以甲加乙，或乙加甲，其和数等"

（卷一）。这句话用现代数学符号表示为 $a+b=b+a$。

关于加法结合律，焦循提出："先以甲乙相如，后加以丙；或先以乙丙相加，后加以甲；或先以甲丙相加，后加以乙，其得数皆相同。"（卷三）这句话用现代数学符号表示为 $(a+b)+c=(b+c)+a=(a+c)+b$。

关于乘法交换律，焦循提出："以甲乘乙，尤之以乙乘甲也。"（卷三）。这句话用现代数学符号表示为 $ab=ba$。

关于乘法结合律，焦循提出："三数相乘为连乘，或先以乙乘甲，连以丙乘之；或先以丙乘乙，连以甲乘之；或先以甲乘丙，连以乙乘之，其得数皆等。"（卷三）这句话用现代数学符号表示为 $(ab)c=(bc)a=(ac)b$。

关于加法对于乘法的分配律，焦循提出："以甲中分之，各乘以乙，合之如甲乙相乘；以甲盈朒分之，各乘以乙，合之其数皆等。"（卷八）这句话用现代数学符号表示为 $a=\frac{1}{2}a+\frac{1}{2}a$，或 $a=e+f$，$e\neq f$ 则 $\frac{1}{2}(a\cdot b)+\frac{1}{2}ab=ab=eb+fb$，不过这一条规律的表达和现在表达的 $(a+b)c=ac+bc$ 并不完全一样，但其基本思路和实质是相同的。

可以看出，焦循对于数字运算的基本规律已经大体掌握了。这在当时属于比较先进的数学成果，国外系统地提出数字运算的基本规律大体上也是在这一时期。

此外，焦循书中还提出了其他一些运算规则，这些运算规则从今天来看也是正确的，举例如下：

"减乙于甲而加丙，则甲少一乙丙之差。减丙于甲而加乙，则甲多一丙乙之差。"（卷一）也就是 $(a-b)+c=a-(b-c)$，$(a-c)+b=a+(b-c)$。

"若乙丙之差如甲乙之差，则以乙加乙，以甲加丙，或以乙减甲，以丙减乙，其差皆平。"（卷一）也就是若 $b-c=a-b$，则 $(b+b)-(a+c)=0$，或 $(a-b)-(b-c)=0$。

"甲乙自乘，……甲自乘，乙自乘，又甲乙互乘而倍之，其数等。"（卷二）也就是两数之和的平方公式为 $(a+b)^2=a^2+2ab+b^2$。

"以甲乙自乘，又以甲乙乘之，……以甲自乘再乘，以乙自乘再乘，

103

又以乙乘甲幂，以甲乘乙幂，各三之，其数等。"（卷二）也就是两数和的立方公式为$(a+b)^3=a^3+3a^2b+3b^2a+b^3$。

"以甲除乙，以丙乘之得丁，丁之于丙，尤乙之于甲。"（卷七）也就是若$(b/a)×c=d$，则$d/c=b/a$。

在《加减乘除释》中，焦循还对加减乘除运算之间的关系进行了探讨，提出了不少明确而又恰当的观点和看法。如他在卷二提出：除法不脱离乘法，而乘法实际上是在加法之内；因此，如果明白了加减的道理，乘除的道理自然也就明白了。这一段话深刻说明了加减是乘除的运算基础。在卷三中他对加减乘除的运算作了进一步详细的阐述，他指出：乘法是用来代替比较繁杂的加法，除法是用来代替比较繁杂的减法，因此可以说乘除就是加减的简化算法，但乘除不能完全取代加减的功用。由这些论述我们可以看出焦循对于加减乘除的运算规则和相互关系有着深刻的理解和认识。

由上面的论述我们可以知道，在《加减乘除释》中，焦循是用甲、乙、丙、丁等天干文字来表示数，与直接用具体的数字运算来表示某些运算规则相比要抽象化、一般化，反映了焦循对一般原理的追求。这在中国数学史上也是一项创造。在焦循之前，中国古代数学家都是以具体数字来说明某种运算规则，而焦循则是第一个使用某些抽象符号来表示一些数学运算规律，这与今天我们使用a, b, c, d等拉丁字母来表示一些数学运算规律是相同的。从某种意义上代表了我国古代数学的新发展，为我国传统数学注入了新鲜血液。

焦循在数学上的另一大贡献是对传统数学名著的整理、研究。嘉庆四年（1799）冬，焦循第二次游历浙江时，见到元朝著名数学家李冶撰写的《测圆海镜》和《益古演段》两部数学著作。他对这两部书进行了认真阅读和研究。他觉得这两部书内容比较繁杂，主要部分不太突出，因此对于学生学习不太方便，于是他对其中的主要内容"天元术"进行了通俗易懂的解释，于1800年撰成《天元一释》两卷，此书对于人们学习、掌握李冶所创的天元术很有帮助。在此书末尾，焦循还对过去流行的天元术"李演秦说"进行了详细的比较和考核，他指出虽然秦九韶所著《数书九章》也有"天元一术"

之说，但与李冶所讲的"天元术"根本不是一回事。这一结论纠正了关于这一问题长达几百年的误会。后来焦循又从浙江金山文淙阁借抄到四库全书中秦九韶的《数书九章》，并对其中讲述的开方方法"正负开方术"很感兴趣。他觉得这种开方方法既精到又简便，而李冶的两部数学著作对开方方法论述较少，使读者不知其中奥妙，为了使读者了解到秦九韶的开方方法，焦循于1801年撰写了《开方通释》一卷。书中对秦九韶的"正负开方术"进行了详细的解释和说明，大大方便了读者对开方方法的学习、掌握；而且焦循还利用"正负开方术"对李冶《益古演段》中的六十四个问题——进行了验证，说明了其正确性。李冶、秦九韶是我国13世纪杰出的数学家。他们两人创造的"天元术""大衍求一术""正负开方术"是我国数学史上具有世界意义的突出成就。但长期以来由于人们不重视数学，致使他们的杰出成就很少有人知道，也很少有人进行研究。直到乾隆年间开始撰修《四库全书》，包括李冶、秦九韶等在内的著名数学家的书籍才得以被重新发现。许多数学家对这些数学名著进行了大量整理、校勘工作，焦循就是其中杰出代表之一。经过他们精心校勘、整理研究，这些数学成就才逐渐被人们认识，这其中无疑有焦循的重要贡献。

焦循不但对我国数学研究颇深，而且对当时西方传入的一些数学知识也进行了研究和探讨。乾隆六十年（1795），焦循从山东回到扬州后，详细阅读了清初大数学家梅文鼎的《弧三角举要》《环中黍尺》和著名学者戴震的《勾股割圆记》。这三部书讲述了平面三角和球面三角的若干知识，焦循读后觉得这三部书都有一些缺点。梅文鼎的两部著作不是同一时间写成的，因此内容显得繁杂凌乱，次序不够清楚，而戴震的书文字过于简约，名词、术语也不用约定俗成者，因而读者很难看懂。所以焦循在参考这三部书的基础上，写成《释弧》一书。三年以后，他又觉得书中某些方面阐述不够明白，另外有些内容不够完备，于是又对此书进行了增补、修订。此书共分三卷，上卷主要讲述球面三角形的八个三角函数，中卷讲述了直角三角形的正弦定理、正切定理等，介绍化普通三角形为直角三角形的"垂弧法"。下卷主要介绍球面三角中的多种变换，特别是利用对称、互余、互补等构成新三角形的"次形法"。因此全书论述了三角形三角函数的产生和球面三角形的解法。

嘉庆元年（1796），焦循在研究球面三角的基础上，又对传入我国的丹麦天文学家第谷天文学理论产生了浓厚兴趣，撰写成《释轮》两卷，专门论述第谷天文学理论中的本轮、次轮的几何原理，对于人们了解当时第谷天文学理论很有帮助。同一年，焦循看到康熙时期的历法《甲子历》用的是第谷的诸轮法，而雍正时期《癸卯历》用的是椭圆法，而椭圆法比诸轮法先进，但是椭圆法比较深奥，一般人难以理解，焦循为了便于初学，就选择其中最主要的部分进行深入浅出的解释，撰成《释椭》一卷。此书主要论述了意大利天文学家卡西尼学派天文学中椭圆的几何理论。因此，焦循的《释弧》《释轮》与《释椭》三部论著，基本上总结了当时天文学中的数学基础知识。

焦循是我国清朝有名的学者，一生治学严谨，学问渊博，在经学、史学、天文、数学、训诂等方面均取得了比较出色的成就。在数学研究上更是超越前人，善于创造，是清朝科技史上独具特色的人物。

3. 李锐与传统方程论

李锐，清朝杰出的数学家和天文学家。他在对古典天文、数学的整理、挖掘工作中做了大量工作，并在此基础上，通过科学的研究，又从古老的经典课题上繁衍出新的成果。他一生著述颇丰，涉及数学、天文学和经学，他还是《畴人传》一书的主笔人。他的研究成果在清朝科学史上占有重要的一页。

（1）生平简历与研究成果

李锐，又名向，字尚之，号四香。江苏元和（今苏州市）人，乾隆三十三年十二月八日（1769年1月15日）生，嘉庆二十二年六月三十日（1817年8月

《畴人传》

12 日）卒。李锐先世居住在河南，祖父名熿，父名章埕。李章埕系乾隆十七年（1752）进士，曾任河南伊阳（今汝阳县）知县、兵部主事等职。

李锐生于乾隆、嘉庆年间，当时清政府对外采取了闭关政策，西洋科学知识不像明末清初那样大量地输入；同时，由于满族统治阶级对汉族知识分子采取高压政策，屡次兴起文字狱，遂使一批知识分子只好埋头于故纸堆中，在古代经籍中寻求学问的出路，这就是以考据和复古为特征的乾嘉学风兴起的时代背景。李锐的业师钱大昕，以及他后来所接触的阮元都是乾嘉学派的核心人物，而他本人和焦循、汪莱、李潢等也都是乾嘉学派在天文、数学领域中的杰出代表。

乾嘉学派虽以复兴古学相标榜，但由于他们讲求考据的方法，用分析、归纳的逻辑推理来研究古代经籍，因而在学术上取得了超越前代的成就。在天文学、数学领域，他们的成果主要表现在两个方面：一是，对古典天文、数学工作的整理与发掘；二是，运用科学的研究方法，在某些经典课题上繁衍出新的成果。李锐在这两方面都做了杰出的贡献。

乾隆五十三年（1788），李锐为元和县生员。次年钱大昕来主持紫阳书院，李锐便投在他的门下学习。乾隆五十六年（1791），李锐从紫阳书院肄业，开始跟钱大昕学习天文、数学。钱氏撰成《三统术衍》后，李锐曾为他作跋。钱大昕每天以翻阅群书校订为事，遇到疑难就与李锐商榷，可见他们之间并不是简单的师徒关系了。在钱大昕门下，李锐又钻研了大统历法，以及蒋友仁（M. Benoist，1715—1774）的《地球图说》等。同时，由于钱大昕的介绍，他开始与焦循通信讨论天文、数学问题。

乾隆六十年（1795）阮元任浙江学政，开始筹划编纂《畴人传》一事。李锐随后被邀至杭州，成为这一巨著的主笔。《畴人传》以历法沿革为主线，以人为纲目，共录自远古至当时的中外历算家三百一十六人。其文体分为"传""论"两部分："传"主要由原始文献荟萃而成，"论"则是作者对传主的简短评语。这是中国历史上第一部为科学家立传的著作，所收材料大体能反映中国古代天文、数学发展的面貌。作为该书主编的阮元，在该书编纂时因公事繁忙，故该书的主要编写工作是李锐和周治平完成的。阮元在他为罗士琳《续畴人传》写的序言和他写的《李尚之传》中都承认了这一点。阮元自称不了解天文算术，又认为李锐是江南精于天文算术的第一人，故把该书的具体工作交给李锐做。另外，从该书的具体内容看，其中许多人的传都与李锐有关著作中的文字相同，甚至还可见到"李尚之锐曰"的字样，故华蘅芳《学算笔谈》认为《畴人传》正传成于阮元，而实际上是李锐的手笔。该书于嘉庆四年（1799）秋天完成。

在编纂《畴人传》期间，李锐常往来于苏杭之间，并得以广泛接触江南各藏书名家所收珍籍和文澜阁四库全书的钞本，对中国古代天文、数学中的一些代表作品进行了研究。在数学方面，他先后校勘和整理了李冶的《测圆海镜》《益古演段》、王孝通的《缉古算经》、秦九韶的《数书九章》，又于嘉庆三年（1798）撰成《弧矢算术细草》一书。嘉庆五年（1800），李锐在苏州书肆购得梅文鼎手录《西镜录》一卷，钱大昕见后作了一篇跋文，后来焦循又另抄了一卷，致使这部明清之际的数学珍籍得以留传。在天文学方面，他先后对三统、四分、乾象、奉元、占天、淳祐、会天、大明、大统等历法进行了疏解，其中前五种的书稿得以保存下来。嘉庆四年春（1799）读《宋书·律历志》，对其中周琮转述的何承天调日法有所领悟，撰成《日法朔余强弱考》一书。他在对太初、三统、四分等历书的上元积年数据进行核算后得出了三者一脉相承的结论；他据宋朝王湜《易学》考察五代以后诸代的岁实，解开了钱大昕关于《太乙统宗宝鉴》中数据来源的困惑，这都是在天文学方面有见地的结论。

李锐对天文历法的研究体现了强烈的数理倾向，其代表工作就是《日法朔余强弱考》中关于古代调日法的研究。调日法是古代天文学家以分数来渐近表示朔望月长度的一种数理方法，但是元明以后的畴人子弟都不知道这种方法。对于《宋书·历律志》中何承天"以 $\frac{26}{49}$ 为强率，以 $\frac{9}{17}$ 为弱率，在强弱之间求日法"的这一记载，李锐是元朝以后第一个给予重视并给出正确解释的学者。他指出：分别以 $\frac{26}{49}$ 和 $\frac{9}{17}$ 为强、弱率，何承天将朔望月的奇零部分表示为 $\frac{26\times15+9\times1}{49\times15+17\times1}=\frac{399}{752}$，分子、分母则分别称为"朔余""日法"。以此为契机，李锐又对古代五十一家历法所提供的数据进行考核，企图将每一历法的日法、朔余值表示成上述强、弱率带权加成的形式，并以此来判断其与调日法有无关系。从现代数学观点看，这一设计是有问题的，因为位于 $\frac{26}{49}$ 和 $\frac{9}{17}$ 之间的任何一个分数实际上都可以表示成它们二者的带权加成形式，而许多历法的数据恰好满足这一条件，但这些数据很可能与调日法无关。同时由于精度限制和运算上的繁复，古代天文学家也不大可能全部用这种累加累乘的方法来确定日法和朔余。李锐感到了后一困难，又创造了一种"以日法与强弱（数）"的方法，其目的是把日法和朔余的比值表示为 $\frac{9}{17}$ 和 $\frac{26}{49}$ 的带权加成。若以 A 表示日法，x 和 y 表示强、弱数，该法就相当于求解二元一次不定方程：

$$49x+17y=A$$

这是一种依赖于求一术的简便算法，从而在中国数学史上第一次沟通了不定方程和同余式组理论之间的关系。

嘉庆五年（1800），李锐通过焦循了解到汪莱的工作并与之初次见面。汪莱于嘉庆六年（1801）授馆扬州，并撰成《衡斋算学》第五册，议论秦九韶、李冶开方根是否仅有一个正根的问题。成稿后分别送寄张敦仁和焦循，前者似乎没理解汪氏的意图，后者半年后将书稿给李锐看。李锐看后叹为：其深奥乃数学之最，并将汪稿中所列的是否有一正根的九十六条归纳为三例，其第一例是说系数序列有一次变号的方程只有一个正根；第三例是说系数序列有偶数次变号的方程不会只有一个正根〔它们与 16 世纪意大利数学家 G. 卡尔达诺（Cardano，1501—1576）提出的两个命题极为相似〕，并于嘉庆七年八月九日（1802 年 9 月 5 日）写成跋文一篇。汪莱一年后在焦循的扬州家中见到此文，后将其收入到自己的《衡斋算学》第六册中。

嘉庆十年（1805），李锐前往扬州为张敦仁幕宾。此时焦循、汪莱、凌延堪等学者均在扬州，并经常在一起切磋学问，其中的李、焦、汪被称为"谈天三友"。张敦仁先后撰成《缉古算经细草》《求一算术》《开方补记》等书，均请李锐予以校算。他觅得宋版《九章算术》（前五章）、《孙子算经》《张丘建算经》等珍籍后，李锐也得以阅览并以微波榭刻本《算经十书》加以对校。大约同时汪莱撰成《衡斋算学》第七册，议论三项高次方程正根之有无及其判别式，将他的方程研究又向前推进了一大步。

嘉庆十一年（1806），李锐回到苏州，这一年他相继完成了《勾股算术细草》《磬折说》《戈戟考》等著作，又为张敦仁复校《求一算术》。同时他又从书商处借得梅文鼎亲批的《授时历草》加以摘抄。李锐当时的生活十分贫困，只好靠朋友们接济度日。当时任工部左侍郎的李潢闻其才华，致函张敦仁照顾李锐及其家人，以使他能悉心著书。嘉庆十三年（1808），李锐完成《方程新术草》，即将书稿寄给李潢。李潢对该书及两年前由张敦仁转送的《勾股算术细草》给予了高度评价。

李锐生平多次参加科举考试，但未成功。最后一次应试是在嘉庆十五年（1810），试后第二天便与李潢谈论"合盖容圆"，由此可知李潢关于牟合方盖和祖暅工作的解说中也有李锐的意见。

李锐衰年仍挂念宋元算书的整理和自己所撰《开方说》的定稿，在《开方说》上卷中，李锐对方程根的问题给出了更一般的陈述："凡上负、下正，可开一数""上负、中正、下负，可开两数""上负，次正，次负，下正，可开三数或一数""上负、次正、次负、次正、下负，可开四数或两数"。推而广之，他的意思是说："（实系数）数字方程所具有的正根个数等于其系数符号序列的变化数，或比此数少2的数。"这一认识与 R. 笛卡尔在 1637 年提出的一条关于判断方程正根个数的符号法则是不分上下的。除关于方程正根判定的符号法则外，《开方说》中还有其他许多重要成果：他将正根以外适合方程的解称为"无数"，并指出"凡无数必是两个，没有一个无数存在的可能";他在整数范围内讨论了二次方程和双二次方程无实根的判别条件;他提出了负根的概念;充实完善了宋元数学家关于诸如倍根变换、缩根变换、减根变换、负根变换之类的方程变形法;创造了先求出一根的首位再由变形方程续求其余位数字乃至其余根的"代开法"。这些内容标志着他在方程论领域的工作突破了中国古典代数学的窠臼,成为清朝数学史上一个引人注目的理论成果。

嘉庆十九年(1814),李锐得到一部散乱的《杨辉算法》,遂根据文义,重新排列整齐,成《乘除通变本末》《田亩比类乘除捷法》《续古摘奇算法》共三种六卷。同年他开始向黎应南讲授《开方说》中的主要内容。阮元早年访得朱世杰的《四元玉鉴》并呈入四库,但一直无人问津。李锐通过张敦仁见到抄本之后,于嘉庆二十一年(1816)对其中的"茭草形段"等问题做了注释,可惜体力不支,未能完成此书的全部校释工作。第二年夏天,他的病情恶化,最终咯血而死。他临终前一再嘱托黎应南将其未定稿的《开方说》下卷写好,黎应南遵先生遗命,依法推衍,于嘉庆二十四年(1819)将这部关于方程论的著作最终完成。

(2)著作与影响

李锐的主要著作都被收入《李氏算学遗书》。该书初刊于嘉庆年间,共十八卷十一种,其子目为:《召诰日名考》《三统术注》《四分术注》《乾象术注》《奉元术注》《占天术注》《日法朔余强弱考》《方程新术草》《勾股算术细草》《弧矢算术细草》《开方说》。此外,他还著有《测圆海镜细草》《海岛算经细草》《缉古算经细草》《补宋金六家术》等书,他还是《畴人传》的设计者和主笔人。

李锐的学术思想是与乾嘉学派的宗旨密切相关的。一方面,他学习历算的动机是服从于治经明道这一儒家目标的;另一方面,他在治学方法上汲取了乾嘉学派中科学的、合理的成分,并把它们运用到自己的研究中且取得了超越前人的成就。

清朝中叶,活动于江浙这一学术中心地区的李锐在当时就已享有很高的声名。钱大昕生平不曾赞誉过人,唯独认为李锐比自己强。阮元称赞李锐:天资聪敏,潜心经史,是唐宋人以诗文为雕虫小技所不可比的。罗士琳用时人说法，并称李锐、李潢为"南李北李"，又将李锐、焦循、汪莱并称"谈天三友"。对这三人的得失，罗氏认为汪莱失之于执，焦循失之于平，唯李锐兼二人之长，不执不平，实事求是，尤复求精。可以说，李锐是乾嘉时期在天文、数学领域中影响最大的一位学者，他的研究成果在清朝科学史上有着不可取代的地位。

清末算学名家名著

1. 项名达与《象数一原》

项名达（1789—1850）是清朝杰出的数学家，一生致力于数学研究，他在三角函数及函数的幂级数展开式的研究等方面都有突出的贡献。他是中国第一个提出求椭圆周长的正确方法的数学家，他一生著作颇丰，为中国古代数学的发展做出了卓越的贡献。

（1）生平简历

项名达，原名万准，字步莱，号梅侣，祖籍安徽歙县。他于清乾隆五十四年（1789）出生于浙江省仁和县（在今杭州市）一个比较重视文化素养的盐商家庭，自幼受到良好教育，广读博览，尤好历算。嘉庆二十一年（1816）成举人，考授国子监学正，道光六年（1826）成进士，改官知县，但没有去就职。应考进士期间曾在京逗留数年，与友人研讨数学，后返居故乡。道光十七年（1837）前，主讲于苕南（今杭州市余杭区）。此后在杭州紫阳书院执教并研究数学。道光二十六年（1846）冬天退职回家，集中精力撰著书稿。他一生有各种著作几十卷。

项名达所处时代正值嘉庆末年，清朝统治者为进一步加强中央集权统治，对知识分子采取了高压政策。在封建文化专制主义的压迫下，士大夫们埋头于古典经籍的校订和考释。随着宋、元古典算术的发现，一些人开始从事中国传统教学的整理和研究。总之，中国学术界训诂考据之风仍很盛行，项名达不安现状，决意求有用之学，他结合自己的教学，着力于数学研究，终于成为中国近代初期的著名数学家。

（2）研究成果

项名达研究数学相当刻苦，严寒酷暑，废寝忘食。在研究中，他认为最难能可贵的是要有创新精神，他还注重中西方法的比较研究，力求推见本原，加以融会贯通。在平时他还注意广交习算之士，相互切磋砥砺，共同研究数学。在北京，项名达曾与著名数学家李锐的弟子黎应南来往较多，互相学习、交流，更多地了解并汲取前人的研究成果。

道光五年（1825），项名达撰成《勾股六术》（一卷）。该书讨论直角三角形的勾、股、弦各边互求之法，分有术解和图解两大部分。他在对旧术进行比较研究之后，加以变通，将主题相同的，并归为一类，共列出六术，共计正题二十六个，另有附题五十三个。随后，项名达对其所列六术一一作图详释，图解明晰，比例精简。

项名达《勾股六术》虽是在旧术的基础上稍加变通而成，但它使繁杂的三角和较术变得简洁明了，有条不紊，为初学者省去入门前的障碍提供了有利条件。

道光六年（1826），项名达中进士，改官知县，但他不愿做官，辞职退居家乡，并以主要精力从事数学研究。这期间他继续推广对三角和较术的研究。当时在钦天监任职的朱筠麓以黄赤大距升度差为题，向项名达请求黄赤道。黄道是地球绕太阳公转的轨道平面向外延伸和天球相交的大圆，赤道是过地球中心与地球自转轴垂直的赤道平面延伸出去和天球相交的大圆。由于赤道和黄道不相重合，因此它们之间有一个交角，称为黄赤交角或黄赤大距。黄道各点距离赤道的度数，以往大都是利用二次差的内差法来进行近似计算，至明末西方数学传入我国之后，天文学家开始全面应用球面三角术进行计算，并由此引起数学家们对球面三角术的深入研究。项名达应朱筠麓所请，在研究时从无比例中寻得比例线，进而立出平弧三角（平面三角和弧面三角）和较术六种，并作图解，随后寄给朱筠麓。

从此，项名达对三角和较术展开了全面研究。但由于种种原因，研究的大致轮廓虽然大体确定了下来，但系统的著作却未面世。

道光十七年（1837），项名达应聘为苕南书院主讲。苕南书院设在杭州府余杭县城大东门。项名达在主讲苕南书院时，在教学中采取个别钻研，相互问答，集中讲解的方法，同行中如有疑难问题求教，他都耐心地给予解释，直到对方完全明白，在苕南书院，项名达弟子众多，其中他最得意的两名弟子是夏鸾翔和王大有，一个是数学家，一个是天文学家，两人也对我国科学事业发展做出了巨大贡献。

到苕南书院后，项名达对三角和较术的研究取得了重大进展，道光二十三年（1843）撰成《三角和较术》一卷，该书凝结了他多年的研究成果，内容涉及平三角和较相求、正弦三角和较相求、斜弧三角和较相求等问题，论证极其巧妙。

当代研究中国数学史的专家李俨对此曾评价说："自三角术输入，中算家乃知角度的应用，而说过此义最精的，当数罗士琳、项名达。"

道光二十三年初夏，曾为国子监算学助教的陈杰有事到杭州，听说项名达的平弧三角术研究与自己不谋而合，便冒雨登门拜访。谈论中项名达对自己的研究成果毫无保留，并把自己已初步拟定的平三角两边夹一角径求夹角对边之术与陈杰共同探讨。陈杰对项名达的研究极为赞许，两人由此结为挚友。后来陈杰将项名达的两边夹一角求夹角对边的方法交给自己的学生丁兆庆、张福僖为其作图解，编成《两边夹角迳求对角新法图说》一书，洋洋数千言，并被辑入陈杰《算法大成》（上编卷五）的重刻本。

道光二十五年（1845），项名达与著名数学家戴煦结交，两位数学家一见如故，过往密切，共同研究数学。当年，戴煦写成《对数简法》两卷，项名达随即为之作序，称道戴煦的研究对于对数的旧计算方法"既揭示了其本质又加以变通"。在戴煦研究的启发下，项名达撰成《开诸乘方捷术》一书。他认为：戴煦能找到开平方的简便算法，开任何高次方也应当找出比较简捷的方法。于是，项名达在《开诸乘方捷术》中立出四术，使开平方乃至开任何高次方有了简捷的方法。项名达与戴煦还共同讨论了求二项式 n 次根的简法，在《开诸乘方捷术》中创立了逐次逼近法以及用来开 n 次方的递推公式。他还提出了幂指数为 $\frac{1}{n}$ 的二项式定理，戴煦后来在此基础上发现了有理数指数幂二项式定理。《开诸乘方捷术》后又附有开方表，列出了方根一到九的平方、立方以及十二次方的得数。

项名达还在戴煦研究成果的基础上推而广之，反过来又促进了戴煦对方程论和对数论的研究。戴煦于道光二十六年（1846）撰成《续对数简法》一卷，立出了对数函数的幂级数展开式。项名达与戴煦对函数的幂级数展开式研究所做出的贡献，在中国数学史上有着重要地位，而两位数学家推诚相见，通力合作的精神，在中国近代科学技术史上更是被传为佳话。

项名达在苔南书院执教的同时，也开始了其重要著作《象数一原》的撰述，其主要内容是论述三角函数幂级数展开式问题。早年项名达在读明安图《割圆密率捷法》（1774 年由陈际新最后成书）、董祐诚《割圆连比例术图解》（1819 年）时，认为前者未对方圆率相通之理加以明释，而后者虽立四术，以倍分率、析分率阐明方圆之所以相通，但其中仍有许多问题没有解释清楚，项名达对这些问题一直心存疑问。在去苔南书院的途中，他坐在船上又念及此事，苦思冥想，恍然有得，下船后随即将思考所得记录下来，写成图说两卷，但未及他深入研究，此事便被耽搁下来。

道光二十六年项名达才开始继续撰写《象数一原》，至道光二十八年，粗成六卷，另有《椭圆求周术》附于《象数一原》六卷之后。卷一为整分起度弦矢率论；卷二为半分起度弦矢率论；卷三、卷四为零为起度弦矢率论；卷五为诸术通诠；卷六为诸术明变。在这部著作中，项名达继承和发展了董祐诚的方法，通过科学分析和逻辑推理，把割圆连比例、三角堆及推广的二项式定理系数表联系起来，成功地解决了董祐诚弦矢公式推导中的堆积有倍分无析分、倍分中弦率有奇分无偶分等问题，获得如下结论。

全弧分为 n 分，不论 n 为奇为偶，它的通弦总可以展开为分弧通弦的幂级数，析分弦矢和倍分弦矢从道理上讲是一致的。他把董祐诚的四术，即求倍分弦、矢，求析分弦、矢概括为二术：

$$
\left\{
\begin{aligned}
c_n &= \frac{n}{m}\,c_m + \frac{n\,(m^2-n^2)\;c^3 m}{4\cdot 3!\;\;m^3 r^2} \\
&\quad + \frac{n\,(m^2-n^2)\,(9m^2-n^2)\;c^5 m}{4^2\cdot 5!\;\;m^5 r^4} + \cdots \\
v_n &= \frac{n^2}{m^2}\,v_m + \frac{n^2\,(m^2-n^2)\,(2v_m)^2}{4!\;\;m^4 r} \\
&\quad + \frac{n^2\,(m^2-n^2)\,(4m^2-n^2)\,(2vm)^3}{6!\;\;m^6 r^2} + \cdots
\end{aligned}
\right.
$$

式中设 c_n 和 c_m 分别为圆内某弧 c 的 n 倍和 m 倍弧长，v_n 和 v_m 分别为相应的中矢，r 为圆半径。由这两个公式可推导出明安图的九个公式和董祐诚的四个公式,其中包括正弦和反正弦的幂级数展开式、正矢和反正矢的幂级数展开式以及圆周率 π 的无穷级数表达式等。

项名达的另一项成就就是得到求椭圆周长的公式:

$$
p = 2\pi a\left(1 - \frac{1}{2^2}e^2 - \frac{1^2}{2^2}\cdot\frac{3}{4^2}e^4 - \frac{1^2}{2^2}\cdot\frac{3^2}{4^2}\cdot\frac{5}{6^2}e^6 - \cdots\right)
$$

式中 p 为椭圆周长，e 为椭圆离心率，$e^2 = \dfrac{a^2-b^2}{a^2}$，$a$ 和 b 分别为椭圆半长轴与半短轴。

这是中国在二次曲线研究方面最早的重要成果，也是中国数学家第一次提出求椭圆周长的正确方法，与近代数学用椭圆积分法所得相同。

项名达还根据椭圆周长公式推出圆周率倒数公式:

$$
\frac{1}{\pi} = \frac{1}{2}\left(1 - \frac{1}{2^2} - \frac{1^2}{2^2}\cdot\frac{3}{4^2} - \frac{1^2}{2^2}\cdot\frac{3^2}{4^2}\cdot\frac{5}{6^2} - \cdots\right)
$$

项名达在微积分传入中国（1857 年李善兰翻译出版《代微积拾阶》）之前，就以其独到的思维方式，达到了微积分的思想。这说明即使没有西方微积分的传入，中国数学家也能通过自己的努力，使传统数学逐步由初等数学向高等数学转变。

项名达对他所获得的研究成果也极为自赏，可惜此时项名达已是体弱多病，无力将《象数一原》最后整理定稿。道光二十八年，他嘱好友戴煦代为整理。道光三十年元日（1850年2月12日），项名达病卒于家中，终年六十二岁。

咸丰七年（1857），戴煦向项名达长子锦标索取《象数一原》遗稿，校算增订，补纂完成，并为《椭圆求周术》作图解，列为第七卷。全书及图解共二万五千余字，附图大小共十一幅。定稿之后，由当时任江苏巡抚的数学家徐有壬在苏州刊刻付梓，未及印行，徐有壬兵败身亡。《象数一原》后有1888年刻本传世。

项名达其他数学著作曾校刻付梓，咸丰十年（1860）春，他的旧居遇火焚毁，旧稿也未能幸存。他的教学著作虽也历经磨难，但总算幸运。这年秋天，他的侄子携带他所藏遗书浮海东渡，并于光绪十二年（1886）将项名达所著《勾股六术》《三角和较术》《开诸乘方捷术》重刻复印。它们合刻为《下学庵算术》印行。

项名达在哲学思想上崇尚陆王心学，主静，甘于淡泊，提倡致良知。他一生淡于功名利禄，乐于教授生徒，尤其醉心于数学研究。在数学思想上，他主张中西术相结合，提倡创新精神。从根本上说，他所追求的目标是具有一般性和抽象性的结果，这在推导二项展开式、弦矢公式及椭圆周长公式的思路和方法上都有所体现，并在不少方面接近了微积分学。他关于多维几何体的想法，甚至可以说超越了时代。项名达是一位学识渊博的学者，很受当时学术界，特别是数学界的敬重，清朝晚期最负盛名的数学家李善兰、华蘅芳等都对项名达的工作和著作给予了高度的评价。

2. 戴煦与《求表捷术》

戴煦（1805—1860），我国近代著名的数学家。他的《求表捷术》的发表，轰动了当时中国的数学界。他在对数以及三角函数对数展开式的研究中都取得了突出的成就，曾被誉为"前人所未曾有"的收获，他的研究成果为中国数学中对数研究的发展奠定了基础。

（1）生平活动

戴煦，原名邦棣，字鄂士，一字仲乙，号鹤墅。清朝嘉庆十年五月十四日（1805年6月11日）出生于浙江钱塘（今杭州市）一户封建士大夫家庭。戴煦祖籍安徽休宁。明朝时因始祖一美被派赴浙江做官，才举家迁到钱塘定居。戴煦父名道峻，是郡中的一名庠生，性甘淡泊，终生不求功名。其父有子三人，戴煦排行第三（又一说为次子）。长兄戴熙，字醇士，道光十二年进士，后任翰林院侍讲学士、督广东学政、内阁学士、兵部右侍郎等职，且在书画上颇有造诣，与同时代的画家汤贻汾并称"汤戴"，均为娄东派大家。戴煦淡于功名，他读书兴趣非常广泛，数学、音律、文学、古文字、绘画、篆刻乃至堪舆无不精通，但数学是他最主要的研究领域。十五岁时入杭州府学，以后便致力于数学研究和著述。青年时期与同里谢家禾共同研究数学。1826年，完成《四元玉鉴细草》若干卷。中年后，戴煦进入数学创作的兴旺时期。1837年校刊谢家禾《谢穀堂算学三种》。自1845—1852年，八易寒暑，完成数学著作四种九卷，总名《求表捷术》。1857年为项名达校补《象数一原》六卷，并补《椭圆求周术图解》一卷，使之完璧。1860年3月19日，太平军攻占杭州，其兄于3月21日自尽，这天夜里，戴煦亦随其兄投井而亡。

戴煦家中藏书很多，他在少年时代便大量涉猎经史子集、天文地理和算学等类书籍。尤其是戴煦生活于清嘉庆中叶，接触到的都是经乾嘉时期的乾嘉学派认真校勘和注释过的古典数学书籍，如《九章算术》《海岛算经》《缉古算经》《四元玉鉴》等数学著作，这为他今后在数学上对数的研究奠定了坚实的基础。

戴煦不仅刻苦钻研前人的研究成果，而且富有探索创新的精神。当他读了古代杰出数学家刘徽的《九章重差图》之后，发现李淳风的注释只详细说明了其中数据的由来，却未讲明其中的道理，于是补撰了《重差图说》。道光六年（1826），他读了《四元玉鉴》后，撰写了《四元玉鉴细草》若干卷，此外，他还写成了《勾股和较集成》一卷。当时他只有二十一岁，可惜这些著作都未刊行，只有钞本传世。其中的《四元玉鉴细草》一书，"图解明畅"，显示了青年时代戴煦出众的数学才能。

在家庭和社会的压力下，二十一岁的戴煦不得不去杭州府应试，结果以优异的成绩进入杭州府学，后来又得了个贡生，但他的志向、爱好不在科举功名，而在数学研究。所以他决心放弃仕途，把一生献给数学事业。同年，他的好友谢家禾去世，谢家禾遗有《演元要义》《弧田问率》《直接回求》等数学著作各一卷，都属于未定稿本。他怀着对亡友的诚挚感情，认真整理这些遗著，校刻合为《谢穀堂算学三种》，并为之作序，于道光十七年（1837）付刊印行。

道光二十年（1840），英国发动了侵略中国的鸦片战争，强迫中国签订不平等的《南京条约》，中国开始沦为半殖民地半封建社会。随着西方资本主义的商品源源不断地涌入中国，西学东渐的速度逐步加快，西方近代数学等自然科学也被逐步介绍引进。当时一些开明的士大夫开始接受西学，鄙弃科举，钻研自然科学中的数学、物理、化学等学科。人到中年的戴煦，此时在古典数学方面已有很深的造诣，凡是西人所讲的三角函数、几何等，他都能精通其原理，并且能够抛弃一些庸俗浅近的东西，只吸取西学中最有价值的东西，有选择地汲取西学中的精华，从中得到启示，推动自己的研究。

鸦片战争后不久，其兄戴熙督学广东，他随兄来到广东。戴熙在广东看到英国的战舰上都装着火轮，希望戴煦能予以研究。他因此悉心考校，著有《船机图说》，但为了研究数学，未能完成此书。该书后来由他的门生王朝荣帮助完成。这部书共三卷，是我国近代开端时期有关轮船制造的最初几部著作之一。

道光二十五年（1845），戴煦结识了当时著名的数学家项名达，两人一见如故，从此成为挚友，共同对近代数学中三角函数的幂级数展开式和椭圆求周术进行研究。项名达专攻数学，尤其对三角函数的幂级数展开式有深入研究，撰写了《象数一原》六卷，附《椭圆求周术》，但因体弱多病，尚未来得及定稿，就于道光三十年去世。临终时嘱托戴煦补完此书。戴煦遵故友之托，对原稿进行了校算增订，并补写了第七卷《椭圆求周图解》，阐明了用椭圆积分法求圆周的原则。全书于咸丰七年（1857）定稿，但由于战乱等种种原因，至光绪十四年（1888）才有刻本问世。

（2）《求表捷术》

在和项名达共同研究的同时，戴煦以坚实的功力，百折不挠的精神，独立研究对数及三角函数的幂级数展开式。他成年累月、夜以继日地冥思苦索，连续不断地演算，自1845—1852年八易寒暑，撰写了《对数简法》二卷（1845年）、《续对数简法》一卷（1846年）、《外切密率》四卷（1852年）、《假数测圆》两卷（1852年），四部书稿合刊为《求表捷术》一书，成为他研究数学成果的主要代表作。前两种论对数表造法，第三种论三角函数表造法，第四种论三角函数对数表造法。

戴煦在数学科学中突出的成就，是在对数领域的研究。对数及对数表是由英国数学家 J. 耐普尔（Napier，1550—1617）于1614年发明制定的，并于1653年传入我国，它对数字计算的简化起了重要作用。康熙三年（1664），曾随波兰传教士穆尼阁学习科学的薛凤祚在穆氏死后编成《历学会通》一书，第一次向国内学者系统地介绍了对数和对数表，1723年《数理精蕴》出版，其中也比较详细地介绍了常用对数的求法和造表法，推动了中国数学家对于对数的研究。上述两书中求对数及造对数表的基本方法是"递次开方法"，这种方法是由

$$\frac{a^{\frac{1}{2^n}}-1}{\mathrm{tg} a^{\frac{1}{2^n}}}=\frac{1}{M} \qquad\qquad (A)$$

得

$$\lg a=2^n M\left(a^{\frac{1}{2^n}}-1\right)$$

其中 M 称为"对数根"（今称为"模数"）。

在式（A）中，令 $a=10$，$n=54$，即将10开平方54次，其对数1折半54次，可得 $M \doteq 0.434\ 294\ 481\ 9$。于是对任意 $a>0$，可由式（A）求得 $\lg a$。这种方法的严重缺欠是开方运算量浩繁，需将 a 开平方十几次乃至几十次才能求得合乎要求的（$a^{\frac{1}{2^n}}-1$）的值，如戴氏说的"计算极为繁杂，甚至几个月求不出一个数据，所以使想用它计算的人很

少有不望而生畏的"，这使对数简化计算的优点发挥不出来，并使对数的实用性也大大受阻。

戴煦的《对数简法》和《续对数简法》，就是针对上述问题，寻求对数表造表的简便方法。在《对数简法》中，戴煦提出了他称之为"连比例平方法"，即中国数学史上第一次明确记载的二项式平方根级数展开式，舍弃了计算繁琐的开方法。不仅如此，他还得出了当 $|a|<1$，m 为任意有理数时，总有

$$(1+a)^m=1+ma+\frac{m(m-1)}{1 \cdot 2} \cdot a^2+\frac{m(m-1)(m-2)}{1 \cdot 2 \cdot 3} \cdot a^3+\cdots$$

戴煦经过独立研究创造的这个指数为任意有理数的二项定理，与牛顿二项定理基本上是一致的。

求二项式平方根有了级数展开式后，造对数表即可省力得多，但实际上数字计算仍相当繁重。鉴于此，戴煦又提出了由开方表径求对数法，即用以求对数根亦即造开方表，并指出造十二位对数表，这样无论从开方运算本身还是开方次数上都将造开方表这一步简化了。他先求出下表

假数	次	真数	假数	次	真数
1		10	$\frac{1}{2^8}$	8	1.009 035 044 841 4
$\frac{1}{2}$	1	3.162 277 660 168 4	...	...	...
$\frac{1}{2^2}$	2	1.778 279 410 038 9	$\frac{1}{2^{12}}$	12	1.000 562 312 602 2
...	...	...	...	...	...
$\frac{1}{2^5}$	5	1.074 607 828 321 3	$\frac{1}{2^{18}}$	18	1.000 008 783 703 6
$\frac{1}{2^6}$	6	1.036 632 928 437 7	...	...	...
...	...	...	$\frac{1}{2^{21}}$	21	1.000 001 097 985 7

设 N 是99个数之一，用除法把 N 分解为

$$N=a_1 \cdot a_2 \cdot a_3 \cdot \cdots \cdot a_{n-1} \cdot a_n$$

其中 a_i（$1 \leq i \leq n-1$）属于上表中的21个真数。因而 $\lg N=$

$\lg a_1 + \lg a_2 + \lg a_3 + \cdots + \lg a_{n-1} + \lg a_n$，其中$\lg a_i$由相应的假数给出，$\lg a_n$由式（A）给出，这样戴氏就可利用这个表和对数性质求99个数的对数，将递次开方法完全抛开不用。

继开方表径求对数后，戴煦又作了进一步研究，结果发现："不用开方表也可直接求得对数，方法是用假设对数来求定准对数，这比用开方表法更方便。"也就是说，他不用开方，以"假设对数"求"定准对数"，具体做法是：先求出72个数的对数，然后其他数的对数"都能由此得到"。这72个数是1—9，11—19，101—109，1 001—1 009，10 001—10 009，100 001—100 009，1 000 001—1 000 009，10 000 001—10 000 009各数。在演算时，戴煦先求出"假设对数"，再用10的假设对数除之，便得各数的"定准对数"，即各数的常用对数。求到这72个数的对数，就可进一步求出其他数的对数。这就是现代对数中以10为底的常用对数演算法：$\lg(1+x) = \dfrac{\ln(1+x)}{\ln 10}$。

在《续对数简法》中，戴煦又进一步阐明10的自然对数与任何整数的常用对数，都可用幂级数来计算，提出了由展开式求对数法，并正确地列出了对数的幂级数展开式为

$$\log(1+a) = \mu\left(a - \frac{1}{2}a^2 + \frac{1}{3}a^3 - \frac{1}{4}a^4 + \cdots\right),\ 0 < a < 1$$

用上列级数计算，就可很快得出各数的对数。

戴煦的《外切密率》四卷和《假数测圆》二卷，则是研究三角函数展开式的专著。三角函数，我国古时称八线，用八个函数表示八条线，即正弦（$\sin\theta$）、余弦（$\cos\theta$）、正切（$\operatorname{tg}\theta$）、余切（$\operatorname{ctg}\theta$）、正割（$\sec\theta$）、余割（$\csc\theta$）、正矢（$\operatorname{vers}\theta$）、余矢（$\operatorname{covers}\theta$）。1701年，法国人杜德美应康熙帝之请，在北京绘制地图时，列出了三个三角函数"求周径密率捷法""求弦矢捷法"，但"只有计算方法而没有详细说明其原理"。因为当时解析数学还没传到中国来，所以杜德美无法说明三个展开式的理论根据。清初数学家明安图花了三十余年辛勤劳动，钻研"割圆连比例"，写成《割圆密率捷法》一书，阐明正弦、正矢与弧度的关系。戴煦在前人研究基础上，把自己的钻研成果写成了《外切密率》四卷，主要讨论了正切、余切、正割、

余割四线和弧度之间的相互关系，并正确创立了正切、余切、正割、余割四个级数展开式。有了这些展开式，再加上前人对正弦、余弦、正矢、余矢的展开的研究，中国数学家长期以来关于"方圆"互通的研究大体上有了满意的结果。《假数测圆》两卷，则是结合三角函数和对数函数的幂级数展开式，阐明三角函数对数表的造法。

戴氏的上述研究成果，从具体内容来说，晚于欧洲的同类工作。但由于清朝乾隆朝推行闭关锁国政策以后，中西文化交流受到极大的阻碍和限制，所以戴氏的这些成就，都是在没有受到西方近代数学的启发和影响下，通过自己的独立钻研得到的。他采用自己独创的方法，把开方运算转变为有限次的或无限次的加减乘除运算，二项式展开式和对数展开式是无限四则运算的表现，是戴氏工作的精华。用级数计算自然对数初常用对数，与西方的对数求法不谋而合，取得了殊途同归的结果。

《求表捷术》的发表，轰动了当时中国数学界。戴煦之前，对数表造法虽已传入，但实用价值不高已如上述，三角函数对数表亦已传入，但精确度无法检验长期存疑，戴煦的工作从理论上彻底解决了这两个问题。当其中的《对数简法》和《续对数简法》刚刚写成时，已经患病、身体孱弱的项名达还欣然为两书作序，称：李君壬叔（李善兰）的《对数探源》详细说明了对数计算的原理，而戴煦的这部书，是专门说明假设对数的原理的，它的续编是专门说明对数根的道理的。两人在对数上都有所成就，且互相学习创新，实为后人学习提供了有价值的参考，而戴氏的书更为明快，高度肯定了戴煦的研究成果。徐有壬一向恪守对他人之作"不敢过于赞许"的宗旨，当见到戴煦两书时，也甘愿为之作跋。项名达研究三角函数几十年未能解决的问题，由戴煦在《外切密率》中解决了。对此，项的高足，数学家夏鸾翔在《外切密率》四卷序和《假数测圆》序文中，高度赞扬了戴煦的成就是"揭示前人未能揭示的道理"。《求表捷术》也使外国数学家深为钦佩。英国伦敦会传教士、汉学家艾约瑟和英国学者伟烈亚力在中国著名数学家李善兰家中看到戴煦的著作后，叹为不世之作。伟烈亚力后来把戴煦的主要研究成果写入了他所撰著的《代微积拾级》序言。咸丰四年（1854），艾约瑟专程去杭州求见戴煦，但戴煦"以中外风俗礼节不同"为由托故不见。艾约瑟虽然吃了闭门羹，但还是把戴煦的《求表捷术》译成英文，递交英国数学学会，引起了西方数学家的重视。

《求表捷术》发表后，顾观光、夏鸾翔等数学家都从中得到启示，各自做出了不同程度的研究成果。顾观光关于造对数表的研究和圆面积研究等文，对戴煦的著作提出了一些补充意见；邹伯奇在《续对数简法》基础上，对二项式 n 次根与对数的幂级数展开式作了进一步探索，从而扩大了它们的应用范围；复鸾翔在自己的著作中，推广了项名达、戴煦的椭圆术的应用，解决了许多椭圆积分问题；左潜用"缀术"说明戴煦的《外切密率》等。由此可见，戴煦创立的二项式定理展开式，以及对数函数的幂级数展开式，对中国近代数学的研究起了先导作用，有开山之功，他的成果在对数发展史上占有一定的位置。

研究数学之余，戴煦在书画、篆刻、今古体诗等方面都有成绩。他喜欢遨游河山，目之所击，心之所感，便"手握画笔，淋漓满纸"地作起画来。他的画用笔参错，疏密得宜，神态逼真，评者称"出其兄熙上"。他除数学著作外，还著有《庄子内篇顺文》一卷、《陶渊明集集注》十卷、《元空秘旨》一卷、《鹤墅诗钞》若干卷。此外，他还著有《音分古义》两卷。他研究音律，起因于外甥王朝荣向他请教音律，于是他便对古琴七律的历史演变，运用数学方法重新作了计算，证明了古律七律七同的音分是正确的，《音分古义》就是他研究心得的汇总。

3. 李善兰与《则古昔斋算学》

（1）生平活动

李善兰（1811—1882），字竟芳，号秋纫，浙江海宁人。出身于书香门第，其先祖可上溯至南宋末年京都汴梁（今河南省开封市）人李伯翼，伯翼一生读书论道，不乐仕进。元初，其子李衍举贤良方正，授朝请大夫嘉兴路总管府同知，全家定居海宁县硖石镇。

五百年来，传宗接代至十七世孙，名叫李祖烈，号虚谷先生，治经学。祖烈初娶望海县知县许季溪的孙女为妻，不幸许氏早殇；继娶妻妹填房，又病故。后续弦崔氏，系名儒崔景远之女。崔氏生三子：心兰（善兰）、心梅、心葵，并一女。心梅亦通晓数学。李善兰早年在家乡娶妻许氏，无子；晚年在北京纳妾米氏，仍未得子；乃过继外甥崔敬昌为嗣，敬昌字吟梅，曾任江海关文牍。

李善兰自幼就读于私塾，受到了良好的家庭教育。他资禀颖异，勤奋好学，于所读之诗书，过目即能成诵。

九岁时，李善兰发现父亲的书架上有一本中国古代数学名著——《九章算术》，感到十分新奇有趣，从此迷上了数学。

十四岁时，李善兰又靠自学读懂了欧几里得《几何原本》前六卷，这是明末徐光启、利玛窦合译的古希腊数学名著。欧氏几何严密的逻辑体系，清晰的数学推理，与偏重实用解法和计算技巧的中国古代传统数学思路迥异，自有它的特色和长处。李善兰在《九章算术》的基础上，又吸取了《几何原本》的新思想，这使他的数学造诣日趋精深。

几年后，作为州县的生员，李善兰到省府杭州参加乡试，因为他"于辞章训诂之学，虽皆涉猎，然好之总不及算学，故于算学用心极深"（李善兰《则古昔斋算学》自序），结果八股文章做得不好，落第。但他却毫不介意，而是利用在杭州的机会，留意搜寻各种数学书籍，买回了李冶的《测圆海镜》和戴震的《勾股割圆记》，仔细研读，使他的数学水平有了更大提高。

海盐人吴兆圻《读畴人书有感示李壬叔》诗中说："众流汇一壑，雅志说算术。中西有派别，圆径穷密率。""三统探汉法，余者难具悉。余方好兹学，心志穷专一。"许㵄祥《硖川诗续钞》注曰："秋塍（吴兆圻）承思亭先生家学，于夕桀、重差之术尤精。同里李壬叔善兰师事之。"看来，李善兰曾拜吴兆圻为师，学习过数学。

李善兰在故里与蒋仁荣、崔德华等亲朋好友组织鸳湖吟社，常游东山别墅，分韵唱和，其时曾利用相似勾股形对应边成比例的原理测算过东山的高度。他的经学老师陈奂在《师友渊源记》中说他

"孰习九数之术，常立表线，用长短式依节候以测日景，便易稽考"。余懋在《白岳盦诗话》中说他"夜尝露坐山顶，以测象纬躔次"。至今李善兰的家乡还流传着他在新婚之夜探头于阁楼窗外观测星宿的故事。

1840年，鸦片战争爆发。帝国主义列强入侵中国的现实激发了李善兰科学救国的思想。他说："呜呼！今欧罗巴各国日益强盛，为中国边患。推原其故，制器精也，推原制器之精，算学明也。""异日（中国）人人习算，制器日精，以威海外各国，令震慑，奉朝贡。"（李善兰《重学》序）从此他在家乡刻苦从事数学研究工作。

1845年前后，李善兰在嘉兴陆费家设馆授徒，得以与江浙一带的学者（主要是数学家）顾观光（1799—1862）、张文虎（1808—1885）、汪曰桢（1813—1881）等人相识，他们经常在一起讨论数学问题。此间，李善兰有关于"尖锥术"的著作《方圆阐幽》《弧矢启秘》《对数探源》等问世。其后，又撰《四元解》《麟德术解》等。

1851年，李善兰与著名数学家戴煦相识。戴煦于1852年称："去岁获交海昌壬叔李君，……缘出予未竟残稿请正，而壬叔颇赏予余弧与切割二线互求之术，再四促成，今岁又寄扎询及，遂谢绝繁冗，扃户抄录，阅月乃竟。嗟乎！友朋之助，曷可少哉？"（戴煦《外切密率》自序）李善兰与友人在学术上相互切磋，取长补短，他与数学家罗士琳（1774—1853）、徐有壬（1800—1860）也"邮递问难，常朝复而夕又至"（崔敬昌《李壬叔征君传》）。

1852年夏，李善兰到上海墨海书馆，将自己的数学著作给来华的外国传教士展阅，受到伟烈亚力等人的赞赏，从此开始了他与外国人合作翻译西方科学著作的生涯。

李善兰与伟烈亚力翻译的第一部书，是欧几里得《几何原本》后九卷。在译《几何原本》的同时，他又与艾约瑟合译了《重学》二十卷。其后，还与伟烈亚力合译了《谈天》十八卷、《代数学》十三卷、《代微积拾级》十八卷，与韦廉臣（A. Williamson，1829—1890）合译了《植物学》八卷。以上几种书均于1857—1859年由上海墨海书馆刊行。此外，他还与伟烈亚力、傅兰雅（J. Fryer，1839—

1928）合译过《奈端数理》（即牛顿的《自然哲学的数学原理》），可惜没有译完，未能刊行。

1860 年，李善兰在江苏巡抚徐有壬幕下作幕宾。太平军占领苏州后，他留在那儿的行箧，包括各种著作手稿，散失以尽。从此他"绝意时事"，避乱上海，埋头从事数学研究，重新著书立说。其间，他与数学家吴嘉善、刘彝程等人都有过学术上的交往。

1861 年秋，洋务派首领、两江总督曾国藩（1811—1872）在安徽筹建安庆军械所，并邀著名化学家徐寿（1811—1884）、数学家华蘅芳（1833—1902）入幕。李善兰也于 1862 年被"聘入戎幄，兼主书局"。他一到安庆，就拿出"印行无几而板毁"的《几何原本》等数学书籍请求曾国藩重印刊行，并推荐张文虎、张斯桂等人入幕。他们同住一处，经常进行学术讨论，积极参与洋务新政中有关科学技术方面的活动。

曾国藩画像

京师同文馆

1864 年夏，曾国藩攻陷太平天国首都天京（今南京市），李善兰等也跟着到了南京，他再次向曾国藩提出刻印他所译所著的数学书籍，得到曾国藩的支持和资助，于是有 1865 年金陵刊本《几何原本》十五卷和 1867 年金陵刊本《则古昔斋算学》二十四卷问世。1866 年，在南京开办金陵机器局的李鸿章（1823—1901）也资助李善兰重刻《重学》二十卷并附《圆锥曲线说》三卷出版。

1866 年，在北京的京师同文馆内添设了天文算学馆，广东巡抚郭嵩焘（1817—1891）上疏举荐李善兰为天文算学总教习，但李善兰忙于在南京出书，到 1868 年才北上就任。从此他完全转向于数学教育和研究工作，直至 1882 年去世。其间所教授的学生"先后约百余人。口讲指画，十余年如一日。诸生以学有成效，或官外省，或使重洋"

（崔敬昌《李壬叔征君传》），知名者有席淦、贵荣、熊方柏、陈寿田、胡玉麟、李逢春等。晚年，获得意门生江槐庭、蔡锡勇二人，即致函华蘅芳，称"近日之事可喜者，无过于此，急欲告之阁下也"。这些人在传播近代科学特别是数学知识方面都起过重要作用。

李善兰到同文馆后，第二年（1869）即被"钦赐中书科中书"（从七品卿衔），1871年加内阁侍读衔，1874年升户部主事，加六品卿员外衔，1876年升员外郎（五品卿衔），1879年加四品卿衔，1882年授三品卿衔户部正郎、广东司行走、总理各国事务衙门章京。一时间，京师各"名公钜卿，皆折节与之交，声誉益噪"（蒋学坚《怀亭诗话》）。但他依然孜孜不倦从事同文馆教学工作，并埋头进行学术著述，1872年发表《考数根法》，1877年演算《代数难题》，1882年去世前几个月，"犹手著《级数勾股》二卷，老而勤学如此"（崔敬昌《李壬叔征君传》）。

（2）《则古昔斋算学》

李善兰在数学方面的研究成果主要见于其所著《则古昔斋算学》十三种二十四卷和题为"《则古昔斋算学》十四"的《考数根法》。1867年刊行的《则古昔斋算学》收录他二十多年来的各种天算著作，计有《方圆阐幽》一卷（1845年）、《弧矢启秘》两卷（1845年）、《对数探源》两卷（1845年）、《垛积比类》四卷《四元解》两卷（1845年）、《麟德术解》三卷（1848年）、《椭圆正术解》两卷《椭圆新术》一卷、《椭圆拾遗》三卷、《火器真诀》一卷（1858年）、《对数尖锥变法释》一卷、《级数回求》一卷、《天算或问》一卷。《考数根法》则发表于1872年的《中西闻见录》第二、三、四号上。李善兰的其他数学著述还有《测圆海镜解》《测圆海镜图表》《九容图表》《粟布演草》《同文馆算学课艺》和《同文馆珠算金》等多种。

李善兰的数学成就主要有尖锥术、垛积术、素数论三个方面。

19世纪40年代，在近代数学尚未自西方传入中国的条件下，李善兰异军突起，独辟蹊径，通过自己的刻苦钻研，从中国传统数学中垛积术和极限方法的基础上出发，大胆创新，发明尖锥术，具有解析几何的启蒙思想，得出了重要的积分公式，创立了二次平方根的幂级数展开式，各种三角函数、反三角函数和对数函数的幂级数展开式。这是李善兰也是 19 世纪中国数学界最重大的成就。

李善兰认为："元数起于丝发而递增之而叠之则成平尖锥；平方数起于丝发而渐增之而叠之则成立尖锥；立方数起于丝发而渐增之变为面而叠之则成三乘尖锥；三乘方数起于丝发而渐增之变为面而叠之成三乘尖锥；……从此递推可至无穷。然则多一乘之尖锥皆少一乘方渐增渐叠而成也。"（李善兰《方圆阐幽》，以下引文同此）

因此，"诸乘方皆有尖锥""三乘以上尖锥之底皆方，惟上四面不作平体，而成凹形。乘愈多，则凹愈甚"。

"尖锥之算法"，乃是"以高乘底为实，本乘方数加一为法，除之得尖锥积"。

又，"二乘以上尖锥所叠之面皆可变为线""诸尖锥既为平面，则可变为一尖锥"。

这样，对于一切自然数 n，乘方数 x^n 都可用线段长表示，它们可以积叠成 n 乘尖锥面。这种尖锥面由相互垂直的底线、高线和凹向的尖锥曲线组成。乘数愈多（即幂次愈高），尖锥曲线其凹愈甚。

在《方圆阐幽》中，李善兰取 $x^2=10^{-8}$ 及 $x^2=2\times10^{-8}$，用"分离元数法"归纳得出二项平方根展开式

$$\sqrt{1-x^2} = 1 - \sum_{n=1}^{\infty} \frac{(2n-3)!!}{(2n)!!} x^{2n}$$

然后在四分之一个单位圆内应用尖锥术计算以 x^{2n} 的系数 $\dfrac{(2n-3)!!}{(2n)!!}$ 为底的诸 $2n$ 乘尖锥的合积，得

$$\frac{\pi}{4} = 1 - \sum_{n=1}^{\infty} \frac{(2n-3)!!}{(2n+1)\cdot(2n)!!}$$

从而获得圆周率 π 的无穷级数值。

在《弧矢启秘》中，李善兰又用方内圆外的"截积"与尖锥合积的关系得到"正弦求弧背"即反正弦的幂级数展开式

$$\alpha = \sin\alpha + \sum_{n=1}^{\infty} \frac{(2n-1)!!}{(2n+1)\cdot(2n)!!} \sin^{2n+1}\alpha$$

然后用直除、还原等方法得到其他诸多三角函数和反三角函数的幂

级数展开式

$$\alpha = \operatorname{tg}\alpha - \frac{1}{3}\operatorname{tg}^3\alpha + \frac{1}{5}\operatorname{tg}^5\alpha - \frac{1}{7}\operatorname{tg}^7\alpha + \cdots,$$

$$\alpha^2 = \sec^2\alpha - \frac{6}{9}\sec^4\alpha + \frac{46}{90}\sec^6\alpha - \frac{44}{105}\sec^8\alpha + \cdots,$$

$$\alpha^2 = 2\operatorname{vers}\alpha + \frac{1}{12}(2\operatorname{vers}\alpha)^2 + \frac{1}{90}(2\operatorname{vers}\alpha)^3 + \cdots,$$

$$\sin\alpha = \alpha - \frac{1}{3!}\alpha^3 + \frac{1}{5!}\alpha^5 - \frac{1}{7!}\alpha^7 + \cdots,$$

$$\operatorname{tg}\alpha = \alpha + \frac{1}{3}\alpha^3 + \frac{2}{15}\alpha^5 + \frac{17}{315}\alpha^7 + \cdots,$$

$$\sec\alpha = 1 + \frac{1}{2}\alpha^2 + \frac{5}{24}\alpha^4 + \frac{61}{721}\alpha^6 + \cdots,$$

$$\operatorname{vers}\alpha = \frac{1}{2!}\alpha^2 - \frac{1}{4!}\alpha^4 + \frac{1}{6!}\alpha^6 - \frac{1}{8!}\alpha^8 + \cdots,$$

其中正切、正割、反正切、反正割的幂级数展开式是在中国首次独立得到的。

在《对数探源》中，李善兰列出了十条命题，从各个方面描述对数合尖锥曲线的性质。例如命题九："凡两残积，此残积之高与彼残积之高，彼截线与此截线可相为比例。"即是说，$x_1y_1 = x_2y_2$，或 $xy=c$（这里 $c = bh$ 为常量）。然后，根据这些性质得出了对数的幂级数展开式

$$\lg n = \lg(n-1) + \mu\sum_{k=1}^{\infty}\frac{1}{k\cdot n^k},$$

式中的 μ 即李善兰所谓"诸尖锥定积之根" $\lg e$，亦即 $\frac{1}{\ln 10}$。

从以上可以看出，李善兰所创立的尖锥面，是一种处理代数问题的几何模型。它由互相垂直的底线、高线和凹向的尖锥曲线所围成。并且在考虑尖锥合积的问题时，也是使诸尖锥有共同方向的底线和

高线。这样的底线和高线具有平面直角坐标系中的横、纵两个坐标的作用。

而且，这种尖锥面是由乘方数渐增渐叠而得。因此，尖锥曲线是由随同乘方数一起渐增渐叠的底线和高线所确定的点变动而成的轨迹。由于李善兰把每一条尖锥曲线看作是无穷幂级数中相应的项，这实际上就给出了这些尖锥曲线的代数表示式（以高线为 x 轴，底线为 y 轴）

平尖锥　　$y=\dfrac{b}{h}x$（直线），

立尖锥　　$y=\dfrac{b}{h^2}x^2$（抛物线），

三乘尖锥　　$y=\dfrac{b}{h^3}x^3$（立方抛物线），

……

同样，

对数合尖锥　　$y(h-x)=bh$（等轴双曲线）。

若以底线为x轴，高线为y轴，则对数合尖锥曲线的方程为$xy=bh$。

再则，李善兰的尖锥求积术，实质上就是幂函数的定积分公式

$$\int_0^h ax^n dx = \frac{ah^{n+1}}{n+1}$$

和逐项积分法则

$$\sum_{n=1}^{\infty}(\int_0^h a_n x^n dx) = \int_0^h (\sum_{n=1}^{\infty} a_n x^n)dx$$

特别值得一提的是，李善兰建立在尖锥术基础上的对数论独具特色，受到中外学者的一致赞誉。伟烈亚力说："李善兰的对数论，使用了具有独创性的一连串方法，达到了如同圣文森特的J.格列高里（Gregory,1638—1675）发明双曲线求积法时同样漂亮的结果"，"倘若李善兰生于J.耐普尔（Napier,1550—1617）、H.布里格斯（Briggs,

1556—1631）之时，则只此一端即可闻名于世"。顾观光发觉李善兰求对数的方法比传教士带进来的方法高明、简捷，认为这是洋人"故为委曲繁重之算法以惑人视听"，因而大力表彰"中土李（善兰）、戴（煦）诸公又能入其室而发其藏"，大声疾呼"以告中土之受欺而不悟者"（顾观光《算賸余稿》）。

在李善兰尖锥术的基础上，解析几何思想和微积分方法的萌芽，是可以生根、长叶、开花、结果的。从这个意义上说，中国数学也可能以自己特殊的方式走上近代数学的道路。但是，几年之后，即1852年，李善兰便接触到了大量从西方传进来的近代数学，并参与了把解析几何和微积分学介绍进中国的翻译工作。从此，中国传统数学逐渐汇入世界数学发展的洪流中。

李善兰的另一杰出数学成就是垛积术，见于《则古昔斋算学》中的《垛积比类》。

在中国数学史上，北宋沈括（1031—1095）首创隙积术开垛积研究之先河。元朱世杰《算学启蒙》（1299年）、《四元玉鉴》（1303年）中的垛积问题，分"落一""岚峰"两大类，其垛积公式分别为

$$\sum_{r=1}^{n} \begin{pmatrix} r+p-1 \\ p \end{pmatrix} = \begin{pmatrix} n+p \\ p+1 \end{pmatrix}$$

和

$$\sum_{r=1}^{n} r \begin{pmatrix} r+p-1 \\ p \end{pmatrix} = \frac{(p+1)n}{p+2} \begin{pmatrix} n+p \\ p+1 \end{pmatrix}$$

其中

$$\begin{pmatrix} m \\ n \end{pmatrix} = \frac{m!}{(m-n)!\,n!}$$

清陈世仁（1676—1722）、汪莱（1768—1813）、董祐诚（1791—1823）等人继续研究，有所成就。李善兰集前人之大成，发扬创新，撰《垛积比类》，"所述有表、有图、有法，分条别派，详细言

之"，自成体系，独树一帜。除三角垛和三角变垛包含了朱世杰的落一形和岚峰形两类垛积外，又创造了三角自乘垛和乘方垛两类新的垛积，其求和公式分别为

$$\sum_{r=1}^{n}\begin{bmatrix} r+p-1 \\ p \end{bmatrix}^{2} = \sum_{q=0}^{p}\begin{bmatrix} p \\ q \end{bmatrix}^{2}\begin{bmatrix} n+2p-q \\ 2p+1 \end{bmatrix}$$

和
$$\sum_{r=1}^{n} r^{m} = \sum_{k=0}^{m-1} L_{k}^{m-1}\begin{bmatrix} n+k \\ m+1 \end{bmatrix}$$

其中"李氏数"可作如下归纳定义：

$$L_{k}^{m} = (k+1) L_{k}^{m-1} + (m-k+1) L_{k-1}^{m-1}$$

并有性质

$$\sum_{k=0}^{m} L_{k}^{m} = (m+1)!$$

三角自乘垛的中心，是被称为"李善兰恒等式"的组合公式

$$\begin{bmatrix} n+p \\ p \end{bmatrix}^{2} = \sum_{q=0}^{p}\begin{bmatrix} p \\ q \end{bmatrix}^{2}\begin{bmatrix} n+2p-q \\ 2p \end{bmatrix}$$

该式驰名中外，自20世纪30年代以来不断引起数学界的广泛兴趣。我国数学家章用（1911—1939）、华罗庚（1910—1985）和匈牙利数学家图兰·帕尔（Turan Bal）等人都研究和证明过它。

乘方垛积计算问题相当于求自然数的幂和公式，这在数学史上是一个古老的题目，同时又是通向微积分学最基本和最普遍的公式——幂函数的定积分公式的阶梯。李善兰把 $m-1$ 乘方垛积分解成 m 类共 $m!$ 个三角 m 变垛或者说是 m 类 $m!$ 个组合数之和，从而得出了自然数的 m 次幂和公式。更进一步，李善兰以 $m-1$ 乘方垛积叠成底为 b、高为 h 的 m 乘尖锥，先有

$$V_{\text{垛}} = \sum_{r=1}^{n} b\left(\frac{r}{n}\right)^{m}\frac{h}{n} = \frac{bh}{n^{m+1}}\sum_{k=0}^{m-1} L_{k}^{m-1}\begin{bmatrix} n+k \\ m+1 \end{bmatrix}$$

$$= \frac{bh}{(m+1)!}\sum_{k=0}^{m-1} L_{k}^{m-1}\prod_{i=1}^{m}\left(1+\frac{i-k}{n}\right)$$

然后取极限，即得m乘尖锥积为

$$V_{\text{锥}}=\lim_{n\to\infty}V_{\text{垛}}=\frac{bh}{(m+1)!}\sum_{k=0}^{m-1}L_k^{m-1}=\frac{bh}{m+1}$$

这就是著名的尖锥求积术公式，它的确渊源于中国传统数学中的垛积术和极限方法。

　　李善兰的第三项重要数学成就是他在 1872 年发表的《考数根法》，这是我国素数论上最早的一篇论文。所谓数根，就是素数。考数根法，就是判别一个自然数是否为素数的方法。李善兰说："任取一数，欲辨是数根否，古无法焉"，他"精思既久，得考之法四"，即"屡乘求一"法、"天元求一"法、"小数回环"法和"准根分级"法，用以对已给的数 N，找出最小的指数 d，使 a^d-1 能被 N 整除，这里 a 是与 N 互素的任何自然数。李善兰证明了著名的费马素数定理（P. Fermat，1640 年），并且指出它的逆定理不真。亦即，若 a^d-1 能被 N 整除，而 N 是素数，则 $N-1$ 能被 d 整除；但 d 能除尽 $N-1$，未必 N 一定是素数。李善兰还进一步指出，若 N 非素数而众也能整除 $N-1$，则 N 的因数必具 $kp+1$ 的形式，内 p 为能除尽 d 的数，k 为自然数。只有任何具有 $kp+1$ 形式的数都不能除尽 N 时，N 才肯定是素数。

　　除了上述尖锥术、垛积术和素数论以外，李善兰在其所著《麟德术解》《测圆海镜解》《四元解》和《椭圆正术解》中分别解释唐李淳风（602—670）麟德历中的二次差内插法、金李冶（1192—1279）《测圆海镜》中的天元术、元朱世杰《四元玉鉴》中的高次方程组消元解法和清徐有壬《椭圆正术》中行星椭圆轨道运动问题的比例算法和对数算法。对于后者，李善兰还在《椭圆新术》中首次在我国用无穷级数法求解开普勒方程。他的《火器真诀》则提出别具一格的图解法，以量代算，是我国第一部精密科学意义上的弹道学著作。《级数回求》是通过几个特殊的幂级数 $y=\sum_{i=1}^{\infty}f_i(x)$，以有限步骤经归纳方法反求幂级数 $x=\sum_{i=1}^{\infty}F_i(y)$。《天算或问》以自问自答的形式解决了若干有关中国古代数理天文学中的问题，其中对外国传入的颜家乐利用恒星出地平到上中天的时间和上中天的地平高度求当地的地理纬度，李善兰改进了这一方面的适应性，使能选用任意恒星决定任一地方的纬度，这在中国测纬史上也占有一席之位。

（3）科学译著及其他

李善兰是中国近代科学的先驱者和传播者。他在19世纪50年代与伟烈亚力、艾约瑟、韦廉臣合作，翻译出版了以下关于数学、天文学、力学和植物学的六种西方科学著作。

《几何原本》〔*Elements*，古希腊欧几里得（Euclid）原著，约前300年；英国 I. 巴罗（Barrow）英译本，1660年〕后九卷，与伟烈亚力合译，韩应阶刊本，1857年；金陵书局，1865年。

《代数学》〔*Elements of Algebra*，英国 A. 德摩根（De Morgan）原著，1835年〕十三卷，与伟烈亚力合译，上海墨海书馆，1859年。

《代微积拾级》〔*Elements of Analytical Geometry and of Differential and Integral Calculus*，即《解析几何与微积分初步》，美国 E. 卢米斯（Loomis）原著，1850年〕十八卷，与伟烈亚力合译，上海墨海书馆，1859年。

《谈天》〔*Outlines of Astronomy*，即《天文学纲要》，英国 J. 赫歇尔（Herschel）原著，1851年；第五版，1858年〕十八卷，与伟烈亚力合译，上海墨海书馆，1859年。

《重学》〔*An Elementary Treatise on Mechanics*，即《初等力学》，英国 W. 胡威立（Whewell）原著〕二十卷，附《圆锥曲线说》三卷，与艾约瑟合译，钱氏活字版（仅十七卷），1859年；金陵书局，1866年。

《植物学》〔*Elements of Botany*，即《植物学基础》，英国 J. 林德利（Lindley）原著〕八卷，与韦廉臣合译，上海墨海书馆，1858年。

李善兰和伟烈亚力在徐光启和利玛窦于1607年翻译出版古希腊数学名著《几何原本》前六卷整整二百五十年之后，"续徐、利二公未完之业"（李善兰《几何原本》序），于1857年翻译出版了《几何原本》后九卷，并在曾国藩的资助下，于1865年刊行了十五卷足本《几何原本》，对清末数学界产生了积极的影响。在翻译过程中，李善兰对其底本"删芜正讹","反复详审","以意匡补",多有发挥。如在卷十第一百十七题中加按语讨论无理数的存在问题，这是中国传统数学中从未有过的。《代数学》和《代微积拾级》则是符号代数学、解析几何学和微积分学第一次被介绍进中国，对高等数学在中国的传播做出了开创性的贡献。

李善兰同伟烈亚力合译的《谈天》，内容包括哥白尼日心地动学说、开普勒行星椭圆运动定律和牛顿万有引力定律等，它使中国天文学界耳目为之一新，近代天文知识开始在中国广为传播，中国近代天文事业从此得到发展。从这种意义上讲，李善兰和《谈天》在中国天文学发展史上的转折点地位堪与哥白尼和他的《天体运行论》相比。

李善兰同艾约瑟合译的《重学》，是中国近代科学史上第一部包括运动学和动力学、刚体力学和流体力学在内的力学译著，也是当时最重要、影响最大的物理学译著。其中关于牛顿运动三定律，用动量的概念讨论物体的碰撞，功能原理等，都是首次在中国得以介绍。

1842年5月，英军攻陷江浙海防重镇乍浦。乍浦离李善兰的家乡硖石只有几十里的路程。他耳闻目睹侵略者烧杀淫掠的血腥罪行，满怀悲愤，奋笔疾书《乍浦行》一诗："壬寅四月夷船来，海塘不守城门开。官兵畏死作鼠窜，百姓号哭声如雷。夷人好杀攻用火，飞炮轰击千家灰。""饱掠十日扬帆去，满城尸骨如山堆。朝廷养兵本卫民，临敌不战为何哉？"表达了他对侵略者的刻骨仇恨，对老百姓的深切同情，也表达了他对清政府临敌不战的强烈不满和他对敌主战的鲜明态度。

李善兰遗诗二百余首，多数汇集于《听雪轩诗存》（汲修斋校本）中。而他的文章，见于汲修斋丛书所辑《则古昔斋文抄》以及散见于《中西闻见录》等，计有序跋、书信、传记、杂文等数十篇。

在《谈天》序中，李善兰大力表彰哥白尼、开普勒、牛顿等人不断探索真理、"苛求其故"的科学态度，勇于批判乾嘉学派泰斗阮元（1764—1849）对哥白尼学说的攻击和钱大昕（1727—1804）对开普勒定律的实用主义观点，说阮、钱"未尝精心考察，而拘牵经义，妄生议论，甚无谓也"。在《星命论》中，李善兰揭露"术士专以五行之生克判人一生之休咎"的荒诞无稽，其论透辟，发人深省。

李善兰生性落拓，跌宕不羁，潜心科学，淡于利禄。曾国藩等赏识他，"屡欲列之荐牍，皆力辞"。晚年他虽官居内阁高位，但从来没有离开过同文馆教学岗位，也没有中断过科学研究工作。他自署对联"小学略通书数，大隐不在山林"张贴门上，表明他仍然以在野之隐士自居，而不与贪官污吏同流合污。

读书、著书、译书、教书，这就是李善兰一生的活动。作为中国近代科学的先驱者和传播者，人们将永远纪念他。

4. 华蘅芳与《行素轩算稿》

（1）生平活动

华蘅芳（1833—1902），字若汀，江苏无锡人，出身于官宦人家，世居无锡惠山下。父亲华翼纶（？—1887）为举人，曾任江西永新县知县，后加同知、知府衔，诰封中宪大夫，官至四品。母亲孙兰轩，诰封恭人。弟华世芳（1854—1905）著有《近代畴人著述记》和《恒河沙馆算草》，曾任常州龙城书院山长和上海南洋公学总教习。妻邹佩兰（1834—1873）系广西巡抚邹鸣鹤之女。子华雷彝。

华蘅芳自幼不爱读四书五经，不会做八股文章。他自述道："余七岁读《大学》章句，日不过四行，非百遍不能背诵。十四岁从师习时文，竟日仅作一讲，师阅之，涂抹殆尽。"而"于故书中检得坊本算法，心窃喜之，日夕展玩，尽通其义"。他的父亲见他嗜好数学，也就因势利导，每每回乡省亲，就给他买来一些古算书，使他在青少年时代就比较系统地学习了中国传统数学知识。

华蘅芳不仅博览算书，刻苦自学，还善于寻师访友，求教高明。他得悉家乡附近的无锡县有一位名叫徐寿的人，"性好攻金之事，手制仪器甚多"，便登门造访。徐寿比华蘅芳年长十五岁，素以"不二色，不妄语，接人以诚"为座右铭。两人见面，志趣相投，遂结忘年之交。华蘅芳还专程去上海拜访过正在墨海书馆翻译西方近代科学书籍的数学家李善兰，并与那里的著名学者容闳（1828—1912）和外国传教士伟烈亚力、傅兰雅等人相识。

1861年秋，洋务派首领、两江总督曾国藩在安徽筹建一个试用机器生产的兵工厂——安庆军械所，委派江苏巡抚薛焕邀请华蘅芳和徐寿参与其事。华蘅芳怀着满腔热忱，与徐寿一同于1862年初来到安庆军械所内军械分局，着手机动船只的研制工作。一方面，他们从墨海书馆合信（B. Hobson，1816—1873）的《博物新编》中得到有关蒸汽机方面的知识；另一方面，他们又到当时清政府所购买的外国轮船上实地观察蒸汽机运转情况。经过三个月的努力，他们试制成功了一台船用蒸汽机模型。接着，又在1863年底试制了一艘小型木质轮船。1884年，军械所由安庆迁往南京。华蘅芳和徐寿在试制小轮船取得经验的基础上，继续研究改进，终于在1865年造成了一艘新的木壳大轮船"黄鹄"号。这艘轮船，载重二十五吨，时速十余千米，除回转轴、烟囱和锅炉所用的钢铁系国外进口以外，其他一切工具和设备，完全用国产原料自己加工制造。其间，"推求动理，测算汽机"，华蘅芳"出力最多"。

江南制造局海军部旧址

1865年，曾国藩、李鸿章于上海创办江南制造局，"建筑工厂，安置机器"，华蘅芳"经始其事，擘划周详"。后来，局里设龙华火药厂，专门配制火药，但每年要耗费大量白银从国外进口原料"强水"（硝酸）。华蘅芳为节省资金，主持试制硝酸，几经失败，最后终于成功。

为了传播近代科学知识，上海江南制造局于1868年开设翻译馆。在此以前，从1867年起，华蘅芳、徐寿就开始同外国人合作翻译西方近代科技书籍了。华蘅芳分工翻译有关数学、地学方面的书，徐寿则侧重于化学、蒸汽机等方面。至1877年，华蘅芳与玛高温（D. J. Macgowan，

《金石识别》

1814—1893）等人合译并刊行了《金石识别》《地学浅释》等五种关于矿物、地质、军事和气象等方面的书。自 1872—1899 年，华蘅芳又与傅兰雅合译并刊行了《代数术》《微积溯源》《决疑数学》等七种数学书籍。

1876 年，徐寿、傅兰雅等人在上海邀集中西绅商捐资创办格致书院，延聘中外名人学士讲演科学知识，还设有博物院、藏书楼作为学生实习和阅览之所，已初步具有近代科学研究机关的性质。格致书院成立后，华蘅芳曾来此讲学。1879 年还一度住进书院，不受薪水管理院务。

在译书和讲学的同时，华蘅芳还孜孜不倦地进行数学研究工作。1882 年，他编辑其旧日著述汇刻《行素轩算稿》问世。1893 年、1897 年又两次增订，再版刊行。

1886 年，李鸿章创办天津武备学堂。这是一所新型陆军学校，为清末北洋军阀培养了不少军事人员。1887 年，华蘅芳曾到该处担任教习。

1892 年，年届花甲的华蘅芳远涉湖北武昌，主讲两湖书院的数学课程。1893 年，湖广总督张之洞（1837—1909）和湖北巡抚谭继洵在武昌建立新型的自强学堂，分方言（外语）、算学、格致（自然科学）、商务四科，第二年所设的算学一科也移至两湖书院由华蘅芳讲授。

1898 年，六十五岁的华蘅芳回到家乡，执教于无锡埃实学堂。他晚年投身教育界，在数学普及和人才培养方面贡献颇多，成为清朝晚期数学教育的一代宗师。

（2）《行素轩算稿》

华蘅芳在数学方面的研究成果主要见于其所著《行素轩算稿》一书中。该书于 1882 年初版时收入《开方别术》一卷、《数根术解》一卷、《开方古义》两卷、《积较术》三卷、《学算笔谈》前六卷，计五种十三卷。1893 年续成《学算笔谈》后六卷，《算草丛存》前四卷（包括《抛物线说》《平三角测量法》《垛积演校》《盈朒广义》《积较客难》《诸乘方变法》《台积术解》《青朱出入图说》八篇零星数学著作）。

1897 年再续《算草丛存》后四卷（包括《求乘数法》《数根演古》《循环小数考》《算斋琐语》），共计六种二十七卷。此外，华蘅芳的数学著作还有《算法须知》（1887 年收入傅兰雅主编的《格致须知》中）和《西算初阶》（1896 年收入冯桂芬等辑的《西算新法丛书》中）。

华蘅芳的数学成就主要有开方术、积较术和数根术三方面。

在《开方别术》等著作中，华蘅芳提出求整系数高次方程的整数根的新方法——"数根开方法"，被李善兰评价为："并诸商为一商，故无'翻积''益积'；不特生面独开，且较旧法简易十倍。"但是，诚如华蘅芳自己所说："凡正负诸乘方其元之同数若非整数及分数者，则数根开方之术不能驭"，即不能求方程的无理数根。

在《积较术》等著作中，华蘅芳讨论招差法在代数整多项式研究和垛积术中所起的作用。其中，"诸乘方正元积较表"和"和较还原表"分别定义了两种计数函数，与所谓第一、二种斯特林数（the stirling numbers of the first and second kind）都有关系，从而给出一组乘方乘垛互反公式和若干组合恒等式，是为计数理论的中心问题，在组合数学和差分理论中都有一定的意义。

在《数根术解》等著作中，华蘅芳指出："有单位之数根（即素数），即可求两位之数根；有两位之数根，即可求四位之数根。"他的具体方法是："以单位之数根 3，5 与 7 连乘，得 105，以与两位之数求等（即公约数），其有等者可以等数约之，故非数根；其无等者除 1 之外俱不能度，故为数根。"此即今日之"筛法"，如是便得到两位数的素数 21 个。华蘅芳还指出，随着自然数的位数增加，素数的间隔愈稀，但素数的个数是无穷的。他用诸乘尖堆法证明了费马（P. Fermat，1640）素数定理与 L. 欧拉（Euler，1707—1783）证法相似。可惜他未能像李善兰《考数根法》中那样指出费马定理的逆定理不真。

华蘅芳的数学成就受到当时数学界的高度评价。李善兰赞他"独务精深""空前绝后"；吴嘉善誉他"独树一帜，卓然成家"。不过平心而论，华蘅芳的开方术、积较术、数根术，比起李善兰的尖锥术、垛积术、素数论来讲，当略有逊色。他关于数学理论、数学思想和数学教育等方面的评论性著作《学算笔谈》则独具特色。

在《学算笔谈》中，华蘅芳指出："一切算法，其初皆从算理而出。惟既得其法，则其理即寓于法之中，可以从法以得理，亦可舍理以用法。苟其法不误，则其理亦必不误也。"正确地阐述了数学理论与方法之间的辩证关系。他又说："凡天文之高远，地域之广轮，居家而布帛粟菽，在官而兵河盐漕，以至儒者读书考证经史，商贾持筹权衡子母，莫不待治于算，此又算之切于日用，斯须不可离者也。"对于数学应用的广泛性，其认识又是唯物的。对于数学教学和学习的方法，他有许多具体的论述，如"论看题之法""论驳题之法"等。他对学生作数学习题的规定要求遵循的步骤为："一必详载题目；二必解明算理；三必全写算式，与其简也宁繁；四必用格式影写，与其作草书宁可作正书。"这样的严格要求也颇中肯綮。

华蘅芳的《学算笔谈》在 19 世纪 90 年代被各地再版多次，作为许多学院和新式学堂的数学教材。如陕西刘光（1843—1903）于1897 年序刻《学算笔谈》前六卷，为其主讲之味经书院的教本，湖南王先谦（1842—1917）主办、梁启超（1873—1929）主讲之长沙时务学堂算学课也学习《学算笔谈》。

（3）科学译著及其他

同华蘅芳的数学著述相比，他对西方近代科学包括近代数学的翻译工作有更大的成就和影响。

华蘅芳与 D. J. 玛高温(Macgowan,1814—1893)合译的第一部书，是《金石识别》十二卷，1869 年译成，1872 年上海江南制造局初刊。原著是美国著名地质学家和矿物学家 J. D. 代那（Dana，1813—1895）的《矿物学手册》(*Manual of Mineralogy*，1848 年)。这是首次将近代矿物学和晶体物理学知识系统介绍到我国。译完《金石识别》之后，华蘅芳认为"金石与地学互相表里，地之层累不明，无从察金石之脉络"，于是再接再厉，仍与玛高温合作，译英国著名地质学家赖尔（Lyell，1797—1875）的《地学浅释》(*Elements of Geology*，即《地质学纲要》，第六版，1865 年)三十八卷，1871 年上海江南制造局初刊。这在中国最早介绍了赖尔的地质进化均变说和达尔文的生物进化论，对中国思想界产生了积极的影响。

此外，华蘅芳还同傅兰雅合译了比利时 V. 谢里哈（Scheliha）《防海新论》（*A Treatise on Coast Defence*，1868 年）十八卷，1871 年上海江南制造局初刊。此书联系战争实际介绍了水路攻守之法。他同金楷理（C. T. Kreyer）则合译了《御风要素》三卷（1871 年上海江南制造局初刊）和《测候丛谈》四卷（1877 年上海江南制造局初刊），分别介绍了海洋台风和大气现象及其变化的知识。译成未刊的还有《风雨表说》和《海用水雷法》。

在同外国人合作译书的过程中，华蘅芳发觉傅兰雅精于数学，又"深通中国语言文字"，于是决定继李善兰、伟烈亚力翻译《代数学》《代微积拾级》之后，同傅兰雅合译西方近代数学书籍，以"补其所略"。二十余年间，出版了以下七种。

《代数术》〔*Algebra*，英国人 W. 华莱士（Wallace）撰，原载《大英百科全书》第八版，1853 年〕二十五卷，1872 年初刊。

《微积溯源》（*Fluxions*，华莱士撰，同前）八卷，1874 年初刊。

《三角数理》〔*A Treatise on Plane and Spherical Trigonometry*，英国人 J. 海麻士（Hymers）撰，1858 年〕十二卷，1878 年初刊。

《代数难题解法》〔*A Companion to Wood's Algebra*，英国人 T. 伦德（Lund）撰，1878 年〕十六卷，1879 年初刊。

《决疑数学》〔*Probabilities*，英国人 T. 加洛韦（Galloway）撰，原载《大英百科全书》第八版，1853 年；*Probabilities, Chances, or the Theory of Averages*，英国人 R. E. 安德森（Anderson）撰，《钱伯斯（Chambers）百科全书》新版，1860 年〕十卷，1880 年初刊。

《合数术》〔即《代数总法》，*Dual Arithmetic*，美国人 O. 白尔尼（Byrne）撰，1863 年〕十一卷，1888 年初刊。

《算式别解》〔一作《算式解法》，*Algebra Made by Easy*，美国人 E. J. 休斯敦（Houston）、A. E. 肯内利（Kennelly）合撰，1898 年〕十四卷，1899 年初刊。

译成未刊者还有《相等算式理解》《配数算法》等。

在上述各书中，华蘅芳介绍西方数学家的代数学、三角学、微积分学和概率论，所含数学知识比李善兰的书丰富得多，内容也比较新颖。如《决疑数学》是中国第一部编译的概率论著作，介绍了人口估测、人寿保险、预求定案准确率和统计邮政、医疗事业中某些平均数的方法，令人耳目一新；还详细叙述了西方概率论史，涉及著名数学家约三十人，这就增进了中国数学界对西方数学界的认识和了解。《代数难题解法》和《算式别解》都是原书刚刚出版，第二年就译出刊行，及时反映了当时西方数学的水平。

在翻译技巧方面，华蘅芳主张"其文义但求明白晓畅，不失原书之真意"，后人称赞他"译书文辞朗畅，足兼信、达、雅三者之长"。他所译的关于数学、地学等方面的书都得以广泛的传播，在中国科学现代化的进程中起了启蒙的作用。

华蘅芳的一生，是勤奋读书、著书、译书、教书的一生。他"平生受各大吏知遇，币聘争先，未尝一涉宦途"，而"澹忘荣利，务崇敛抑"，"暮年归隐，惟以陶育后进为事"，"敝衣粗食，穷约终身"，体现了中国知识分子的传统美德。

华蘅芳的一生，还有一个显著的特点，那就是凡事须经"目验手营"的"实事实证"精神。早在青少年时代，他在家乡同徐寿一同研究光学时就动手把水晶图章磨制成长条三棱镜作过白光的分色实验，为验证弹道呈抛物线则在野外进行过实弹射击。中年时代，则在南京设计制造成功了我国第一艘以蒸汽为动力的轮船，试制成功了硝酸。到了晚年，他曾在天津自制并放飞了我国航空史上的第一个氢气球，亲手操作过德国新式试弹速率电机。1889 年他送表弟赵元益（1840—1902）出洋时，写下了"经过赤道知冬暖，渐露青山识地圆"的诗句，用生动的譬喻说明了科学知识来源于对自然现象的实际观察和科学归纳。我们知道，两千多年来，中国封建社会的学术传统一贯是重文轻理,重书本轻实践。科学技术及其有关知识，不是被视为三教九流、旁门左道，就是被视为雕虫小技、奇技淫巧，而为士大夫知识分子所不齿。自古"君子动口不动手"，"劳心者治人，劳力者治于人"，"玩物"被认为是"丧志"，脱离实际成了旧知识分子的通病。在这种社会风气下，主要是作为数学家的华蘅芳，却能崇尚实验，躬身实践，这代表了中国知识界冲破旧学术传统、投身于近代科学研究新潮流的正确方向。

5. 夏鸾翔与《致曲术》

夏鸾翔（1823—1864），字紫笙，浙江杭州人，项名达的学生，对中、西数学均有研究，并能融会贯通，造诣很深。可惜过世太早，未能做出更多成就。遗稿有《少广缒凿》《洞方术图解》《致曲术》《致曲图解》后合成《夏氏算书四种》，另有《万象一原》。

在《洞方术图解》中，夏鸾翔创造了一种用差分法制造正弦表和正矢表的方法。用这种方法，只需预先计算好表中所列的正弦值成正矢值和逐次差数，然后用加减法就可以造成全表。假如所造的正弦值是 $\sin na$，$n=1$，2，3，4……计算出 $\sin na$ 的逐次差数 $\Delta^0 \sin na = \sin na$，$\Delta^1 \sin na = \sin na$，$\Delta^2 \sin na = \sin na$，$\Delta^3 \sin na = \sin na$……以后，一张正弦表就可用加减法造出来了。因为

$$\sin na = na - \frac{1}{3!}n^3 a^3 + \frac{1}{5!}n^5 a^5 \cdots\cdots \qquad (*)$$

各项都有 n^p 的因数，求 $\sin na$ 的函数差数，应先 n^p 的逐次差数：Δn^p，$\Delta^2 n^p$，$\Delta^3 n^p$……$\Delta^p n^p$。在《洞方术图解》中夏鸾翔列出了一张表示 $\Delta^p n^p$ 的所谓"单一起根诸乘方诸较图"（见表 1.3）。

表1.3 《洞方术图解》中的 $\Delta^p n^p$ 表

	Δ^0	Δ^1	Δ^2	Δ^3	Δ^4	Δ^5	Δ^6	……
n^0	1							
n^1	1	1						
n^2	1	3	2					
n^3	1	7	12	6				
n^4	1	15	50	60	24			
n^5	1	31	180	390	360	120		
n^6	1	63	602	2 100	3 360	2520	720	
⋮								

其中 $$\Delta^k n^p = k\Delta^{k-1}n^{p-1} + (k+1)\Delta^k n^{p-1}$$

因此知道了 n^{p-1} 的逐次差数以后，np 的逐次差数就可以依据上式计算出来。

因 $n^p = 1 + C_1^{n-1}\Delta n^p + C_2^{n+1}\Delta^2 n^p + \cdots\cdots + C_p^{n-1}\Delta^p n^p$

将 $p=1$，$2\cdots\cdots$ 所得的各数代入（*），就可分别算得 $\Delta^0\sin na$，$\Delta^1\sin na$，$\Delta^2\sin na\cdots\cdots$ 从而也就可以用加减法算出正弦表中相应的数值。

《致曲术》是一篇很有创新价值的论文，文中夏鸾翔推广了戴煦的椭圆求周术和李善兰的尖锥求积术，研究二次曲线，并解决了不少椭圆积分的问题，例如，他利用级数

$$S = x + \frac{1}{3!a^2}x^3 + \frac{1^2 \cdot 3^2}{5!a^4}x^5 + \frac{1^2 \cdot 3^2 \cdot 5^2}{7!a^6}x^7 \cdots\cdots$$

$$- c^2\left(\frac{1}{2\cdot 3}\frac{x^3}{a^4} + \frac{1}{2\cdot 2\cdot 5}\frac{x^5}{a^6} + \frac{1\cdot 3}{2\cdot 2\cdot 4\cdot 7}\frac{x^7}{a^8} + \cdots\cdots\right)$$

$$- c^4\left(\frac{1}{2\cdot 4\cdot 5}\frac{x^5}{a^8} + \frac{1}{2\cdot 4\cdot 2\cdot 7}\frac{x^7}{a^{10}} + \cdots\cdots\right)$$

$$- c^6\left(\frac{1}{2\cdot 4\cdot 6\cdot 7}\frac{x^7}{a^{12}} + \cdots\cdots\right)$$

求椭圆 $\frac{x^2}{a^2} + \frac{y^2}{b^2} = 1$ 从点（0，b）到点（x，y）一段曲线的长。这相当于得用椭圆积分

$$S = \int_0^x \frac{\sqrt{a^4 - c^2 x^2}}{a\sqrt{a^2 - x^2}}dx = \int_0^x \frac{\sqrt{1 - \frac{c^2 x^2}{a^4}}}{\sqrt{1 - \frac{x^2}{a^2}}}dx$$

的级数展开式求椭圆弧长。

此外，夏鸾翔又创立了利用级数计算椭圆弧线其轴旋转所成曲面面积的方法，其中椭圆 $\frac{x^2}{a^2} + \frac{y^2}{b^2} = 1$ 从点（0，b）到点（x，y）弧绕长轴旋转所成面面积为

$$A = 2\pi b \int_0^x \sqrt{\left(1 - \frac{c^2 x^2}{a^2}\right)} dx$$

$$= 2\pi b \left(x - \frac{c^2 \cdot x^3}{3! a^4} - \frac{1 \cdot 3 \cdot c^4 \cdot x^5}{5! a^8} \right.$$

$$\left. - \frac{1 \cdot 3^2 \cdot 5 c^6 \cdot x^7}{7! a^{12}} \cdots \cdots \right)$$

而绕短轴旋转所成曲面的面积为

$$A = 2\pi a \int_0^y \sqrt{\left(1 + \frac{c^2 y^2}{b^4}\right)} dy$$

$$= 2\pi a \left(y + \frac{c^2 \cdot y^3}{3! b^4} - \frac{3 c^4 y^5}{5! b^8} + \frac{3^2 5 c^6 y^7}{7! b^{12}} \cdots \cdots \right)$$

《致曲术》还解决了一些对数曲线、抛物线和螺线的计算问题。

《致圆曲线》是夏鸾翔对圆锥曲线综合研究的成果。通过对平面截圆锥所得的圆锥曲线的分析，揭示了"抛物线之面为椭圆之极"与"双曲线之面为椭圆之反"的结论，在一定程度上表达了圆锥曲线的连续性原理。利用这个原理夏鸾翔对不同圆锥曲线的性质进行了类比推测，得出了不少正确的结果，但由于缺乏论证，有些结果就难免有些肤浅和不严密。所以，钱宝琮先生评论说："他的《致曲图解》是一项瑕瑜互见的著作"[1]。

除了项名达、戴煦、李善兰、华蘅芳、夏鸾翔之外，在近代数学研究中有成就的 19 世纪中国数学家还有徐有壬、顾观光、邹伯奇、骆腾凤、丁取忠、时曰醇、黄宗宪、左潜、曾纪鸿、刘彝程、周达等人，他们的研究大多集中在函数的幂级数展开，对数术以及中国传统数学中的一些内容，突出的成就是关于不定分析的研究。

---

① 钱宝琮. 中国数学史［M］. 北京：科学出版社，1964：333.

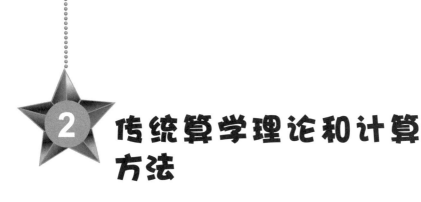

2 传统算学理论和计算方法

数字与记数法

数字在中国的最早出现，是在新石器时代晚期，距今大约六千年左右。在这之前，我们的祖先采用“结绳”“契木”等办法来表示数的概念，实现记数，即所谓的“结绳记事”“契木为文”的传说。其实，甲骨文中的“数”字就取自结绳的形象。这种情况在世界的其他一些民族中也有发生，有的甚至到近代还保存着结绳记数的方法。

结绳记事

契木或其他形式的刻画记数是数字产生的基础。当人们觉得可以通过按某种规则的刻画来表达数的时候，数字也就自然而然地产生了。

根据现有的资料来看，最迟在半坡时代我国已经有了可以称得上数字的刻画符号，如见之于半坡出土的陶片上的数目字：

彩陶残片上的刻画符号

×	∧	+	)(	|	‖
5	6	7	8	10	20

虽然字形没有那么整齐，但已十分规范。后来的考古发现，除了进一步加强上述考证外，还充实了一些数字。例如，与半坡遗址差不多时代的陕西姜寨遗址中出现了“–”（1）、“Ⅲ”（30）；距今四千年前的上海马桥遗址出现了“+”（5）；稍晚的山东城子崖遗址中出现了“⊨”（12），还有“∪”（20）、“ψ”（30）。“∪”是将二个

"｜"（10）合在一起；"山"是将三个"｜"（10）合在一起。这种合写形式的出现不仅标志了数的概念的发展和表数能力的提高，而且证实了十进制记数法已经使用。

甲骨文

进入商朝以后，随着农业成为社会生产的主要成分，手工业的分工和商业的产生，相应地产生了高度发展的殷商文化。这时，已有了所谓"卜""史""巫""祝"这样的文化官。他们作为社会的管理人员，负责记人事、观天象与熟悉旧典。专职书记人员的出现，使得原先零星粗疏的表数符号得到提炼和整理，进而创设出系统数字和记数法来。商朝产生的甲骨文数字就是目前所知我国最早的完整记数系统。

甲骨文是商周时期刻在龟甲兽骨上的文字，是"巫""史"们为商王室占卜记事的主要手段。从现在发现并已认识的一千七百多个甲骨文字中，能够清理出的整套数目字，共十三个。前九个是数字，后四个是位值符号。与其他甲骨文字一样，甲骨文数字采用了会意、形声、假借等比较进步的文字构造法，说明它是一种具有严密文字规律的古文字。

甲骨文记数系统属于十进制乘法分群数系。这种数系由 1 至 9 九个数字和若干十进制的位值符号组成，记数时先将两组符号通过乘法结合起来以表示位值的若干倍（也有例外，如"∪"（20）、"山"（30）、"山"（40）是重复书写，而不分别写成⊥、⊑、≡）如"X"（5）与表示 10 的符号"｜"通过乘法结合起来，写成，表示 10 的 5 倍，即 50；又如"≡"（3）与表示 100 的符号"古"通过乘法结合起来，写成"畜"，表示 100 的 3 倍，即 300；同样，"辛"表示 2 000；"犬"表示 20 000。然后将分群后的位值符号组合（相加）起来，达到完整表数的目的。例如，"畜十三"，表示 673；"辛畜大介"，表示 2 356 等。现已发现

金文毛公鼎铭

的最大的甲骨文数字是 30 000。写作"𤔲"。

甲骨文记数方法一直沿用到现代，其间字体虽有变化，但记数原则不变，仍然是乘法分群原则。将商朝甲骨文、周朝金文、秦朝篆文以及现代数字加以比较和分析，从中可以发现一些变化规律。

周朝金文记多位数的方法，原则上与甲骨文一样，如 659，记作"𤔲𤔲𤔲𤔲𤔲"。其中"𤔲"是又字，写在数字之间起隔开位值的作用，这在商朝甲骨文记数中已有出现，因此，形式上差异仅是 50 的写法不同，金文是"𤔲"，甲骨文是"𤔲"。汉朝以后，多位数记法废弃了用"𤔲"字隔开的做法，位值的倍数也不采取合写，而是采取位值符号紧接在数字后表示，如 300，不写成"𤔲"，而写成"≡𤔲"。但记数系统仍是乘法分群系，如 2 356，被写成"≡𤔲≡𤔲𤔲|∧"，即现在的二千三百五十六的前身。

这种表数制度还算不上是位值制记数法，但它确实向位值制靠近了一步。如果把"𤔲""𤔲""|"等符号删去，再引入表示 0 的符号，那就是完全的十进位值制记数法了。

现代中国数字实际在唐朝以前已经形成。由于这 10 个字简单明了，我国少数民族记数时也常采用它，或者把这 10 个数字稍作变动。北京图书馆藏有一本苗文的历书，全部用了汉文的 10 个数字，并且以两个十作二十，三个十作三十。唐朝还全面使用了所谓的大写数字，即：大写数字常出现于比较严肃的场合，所以后来人们把这些大写数字叫作"官文书数目字"。

算具与算术

1. 算筹与筹算

记数与计算不是一回事，单有记数法不足以构成数学。数学至少是计算的学问。只有进入专门的算的实践，揭示其规律，总结出技术，进而形成算理，才能称得上有了算术——一种初级的数学理论。中国古代数学是随着算筹的发明而形成的。算筹，简称"算""筹""策"等，亦称"筹策"，是中国古代用于计算的工具。一般用竹制

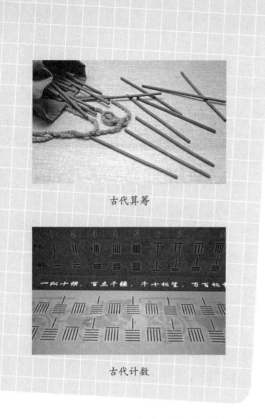

古代算筹

古代计数

成，也有用铁制、骨制或象牙制的。20世纪50年代以来陆续出土了一批算筹，形状大小与文献资料记载相仿。战国算筹平均长19.5厘米，西汉算筹约长13厘米，径粗0.3厘米。算筹太长太细不便摆动，所以后来的算筹逐渐改短、增粗。横截面形状也有由圆形变为正三角形或正方形的。算筹产生于何时，至今未能有一个比较确切的说法。有的说大约从西周开始已经使用竹筹，在毡毯上或在算板上进行各种运算；有的则说算筹是长期演变而成的，至迟在西汉时已普遍使用。各种说法在措辞上都比较慎重，时间幅度也很大，彼此互不矛盾。从先秦典籍中的记载来看，算筹很可能起源于原先用于占卜的蓍草。由于占卜过程中，需借助于蓍草来表示数和简单的计算，久而久之，蓍草就成了计算工具。"算"字古体作"祘"，由二"示"合成。"示，神事也。"这又一次说明，古代算术与占卜的关系。从时间上说大约可以认为算筹作为人造计算工具的产生是在西周或更早些，而普遍深入使用是在秦汉。

用算筹摆成教字进行计算称之为筹算。所以"算术"的原义是指筹算的技术。这本是中国数学特有的名称，现在含义有了变化。算术这一名称恰当地概括了中国数学依赖于算筹，且以算为中心的特点。从一定意义上说，中国古代数学史就是中国筹算史。

2. 整数四则运算

筹算数目是由算筹摆出来的，九个基本数的摆法有两种，一种是纵式，一种是横式，如右图所示。

在这基础上，利用位值原理和纵横相间的办法可摆出一切多位数。例如，248可摆成

纵式	｜ ｜｜ ｜｜｜ ｜｜｜｜ ｜｜｜｜｜ Ｔ Ｔｉ Ｔｉｉ Ｔｉｉｉ
横式	一 二 三 亖 亖 ⊥ ⟂ ⊥ ⊥
	1 2 3 4 5 6 7 8 9

9个基本数的摆法

||三Ⅲ，6 803可摆成⊥Ⅲ　Ⅲ，其中空位处表示"0"。可见，我们中国很早就发明和使用十进位制记数法了。把筹的排列形式记下来，就成了算码。明朝珠算盛行以后，筹算逐渐淘汰，这时，筹算算码在数学中起了很大的作用。

与笔算一样，筹算的基础是加减乘除四则运算。筹算四则运算的程序与珠算基本相同，从高位向低位进行。加减法最简单，摆上两行数字，从左到右逐位相加或相减就可以了，和或差置于第三行中。乘除法也不难，基本过程仍然是放筹与运筹两个过程。乘法分三层放筹：上下层放乘数（无被乘数与乘数之区别），中间放积。运算时由上层乘数的高位起乘下层乘数，乘完后去掉这位的算筹，再用第二位数去乘，最后将逐次相乘之积的对应位上的数相加即可。例如，36×28。

当然也可以将第二次乘得的结果随时加到中层之中。

筹算把除法看作乘法的逆运算，如《孙子算经》所说："凡除之法，与乘正异"。基本步骤也是放筹与运筹。放筹时也分三层：上层放商，中间放被除数（古时称实），下层放除数（古时称法）。除数摆在被除数够除的那一位之下，除完向右移动，例如，4391÷78。

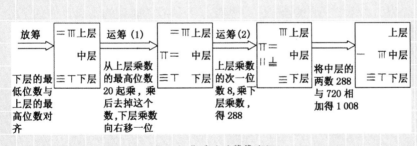

"36×28"乘法的筹算过程

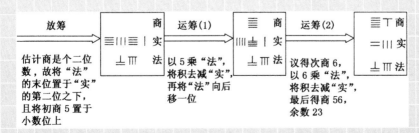

"4391÷78"除法的筹算过程

《荀子》

《淮南子》

九九口诀砖

乘除运算需要口诀，古时称之为"九九表"，从"九九八十一"起到"二二得四"止，共三十六句。没有"一九如九"到"一一如一"等九句，顺序也与现今流行的相反。九九表产生的时间不会晚于春秋时期。有故事说，春秋时期，齐桓公（公元前685—前643）招聘了一个以九九表自荐的粗野汉子。其实，春秋战国时期的不少著作如《荀子》《淮南子》《管子》等都已提到了九九表，足见它当时已为常识。

3. 算码

筹算数字是摆成的，如果将摆成的数字写在纸上或者竹片等物上，就成了数码。中国古代称用作书写的竹片叫作竹简，木片叫作木简或牍。在已发现的居延汉简和敦煌汉简中都可以看到这种筹码数字。宋朝司马光（1019—1086）著《潜虚》，其中数码字即以纵式的筹码为基本样式，对笔画较多的"‖‖‖"（5），代之以"×"；为避免与"｜"（1）混淆，将纵式筹码的"｜"（10），代之以"+"，这样1—10的数码就成为如下图样：

｜	‖	‖‖	‖‖‖	×	丅	丅丅	丅丅丅	丅丅丅丅	+
1	2	3	4	5	6	7	8	9	10

竹简 　　　　　　　　　　　　　简牍

此后,各家又对笔画较多的"⫼⫼⫼"和"𝕿"作了修改。以"×"代"⫼⫼⫼",这是因为"×"可表示四方之形;于是"𝕿"被自然地改成"ㄨ"或"ㄨ",仍然表示 5+4 的结果。根据这个原则,5 被写成"ᅙ"或"ᄋ̇"。"ᅙ"和"ᄋ̇"下面的"○"是"0"的记号。

数码不像筹码那样受筹的限制,其形式会受书写者的习惯而改变。如"ᄋ̇"(5)与"ㄨ"(9),各人写法时有不同,其中"ᄋ̇"常被便捷地写成"ʮ",而"ㄨ"则被便捷地写成"ㄨ"。

数码,尤其是便写数码的出现不仅方便了日常的记数,而且方便了数学著作的撰写,为中国古代数学在民间的传播起到了积极的推动作用。

4. 珠算盘与珠算术

珠算盘在中国究竟起源于何时,至今尚未定论。但普遍使用上二珠下五珠中间隔横梁的珠算盘是在明朝,那是没有多大争议的。

中国珠算是由筹算发展而来的。7—14世纪,中国筹算算法一直在进行着改进,唐中叶发明的简化筹算四则运算,变三列筹码为一列筹码的做法在计算形式上已经为珠算打下了基础。14世纪产生了归除、撞归、起一、化零等口诀,为算法机械化创造了条件。口诀的快速思维,势必与算筹拨动不便产生

清朝虬角算盘

矛盾，从而促使计算器具的改进，珠算盘也就在这种情况下应运而生。

　　从珠算中可以发现，中国算盘的结构原理以及珠算记数形式和四则运算方法都与筹算十分相同。中国珠算记数，完全取之于传统的筹算布数法。我国古代算盘，有上一珠下五珠的和上二珠下五珠两种。下五珠都用于记 1 ~ 5，它是仿照筹算用积聚方法记数 一 二 三 亖 亖；用上一珠和下五珠记 6 ~ 9，是仿照筹算记数 ⊥ ⊥ ⊥ ⊥ 也较明显。至于下珠串有五个而不是四个，那是由于受筹算"五不单张"的影响。记数时似乎上一珠下五珠就足够了，但计算时却仍有不便之处。因为应用乘除口诀，在多位数乘、除的演算过程中，有时某一位数码大于 9 而不便进左边一位的情况，在筹算中须要多用表示 5 的算筹来表示这个数码，例如"亖"或"开"表示 14。所以创制算盘时就采取上边安放二珠，下边安放五珠的制度，使每档的算珠表示的数码可以多到 15，这样一般的乘除演算就没有困难了。

　　现在所知，有关珠算盘的记载最早见于元末陶宗仪的《南村辍耕录》（1366 年），而现代样式的上二珠和下五珠中间隔横梁的算盘图式，见之于柯尚迁的《数学通规》（1578 年）。这是一个有十三档的算盘图，被称之为"初定算盘图式"，可见，这种样式在当时才出现不久，此后，有关珠算的记载和专门的珠算书籍就逐渐多起来了。明朝影响最大的珠算著作是程大位的《直指算法统宗》，这本书不仅在中国，在国外尤其是日本影响也很大。

数的概念的扩展

　　中国古代数学中，数的概念的扩展首先是从自然数向分数和负数进行的，这与希腊数学中由自然数首先向无理数扩展不一样。造成这种情况的原因是中、希数学的不同性质。中国是算法化数学，希腊则是演绎化数学。

1. 分数
　　分数概念起源于对整体剖分后对其部分的表示。将物体一分为二，便出现半、大半或小半（中国古时称大半为太半，小半为少半）的说法，这就是原始的分数概念，或者说分数概念的雏形。它几乎也是世界各民族分数概念的共同渊源。部分相对整体而言，作为独立的存在，其自身又是一个整体，这种直觉的认识有利于度量制度的建立，却不利于分数概念数学化的进程。中国从西周时已出现了具有分数意义的专用量名，如后来在战国铜器铭文上所见到的仐、料、秚、夯、罞等。仐、料、秚一般用作半字，在数量上表示二分之一（$\frac{1}{2}$）。夯，意为三分，指三分之一（$\frac{1}{3}$）；罞，意为四分，指四分之一（$\frac{1}{4}$）。它们可以作为原始分数概念形成的佐证。但在度量意义上，仍然是被当作一个整体来看待的，不便参与数学活动。

东周时期，分数的概念和记叙法有了发展，其意义突破了度量单位的细分之一范围，出现了"三分取一""十分一"等说法。"三分取一"和"十分一"已是脱离了单位意义的分数记叙，与常用的"三分之一""十分之一"说法的意义是一样的。而现在常用的"几分之几"的记叙形式，至迟在东周后期也已经出现，如公元前 5 世纪的《孙子兵法》中就有"则三分之二至"（《军事篇》），"杀士三分之一而城不拔"（《谋攻篇》）等。

《孙子兵法》陶简

分数的发达与律吕和历学有很大关系。律吕，泛指乐律和音律，古代采用律管的长度来决定基本音程。一般都以三分损益法来推算律管长度，即将某一律管的长度分成三份，去其一份为损，增其一份为益，逐步得到其他律管的长度。这里碰到的计算即是分数的四则运算。历学则更需分数作支撑。由于历法中的数据都采用分数，为了制定出合乎农事的历法，历算学家总是设法使他的数据整齐划一，这就势必造成对分数及其计算方法的研究，促进了分数理论的发展。

除法运算为分数概念的数学化铺平了道路。在中国古代数学中，除法被说成"实如法而一"。其中"实"指被除数，"法"指除数，所谓"实如法而一"，即"以法量实"，"实"中有等于"法"的量，所得是一，"实"中有几个"法"，所得就是"几"。这表明，除法被理解成求一个数（被除数）包含几个另一个数（除数）的运算。这与原始分数概念中的"几分之几"的意义是相通的。因此，除法运算的表达式可看成一个分数表示式，而除法运算可以理解成是将假分数化成整数或带分数的过程。中国古代采用的是筹算，所以除法的筹式就是分数筹式。

也许由于分数式与除式相一致的缘故，古算书中没有对分数的表示法作专门的介绍。从《孙子算经》关于筹算除法的阐述中，可以推断，一般分数的筹算形式应该是分子在上、分母在下；若是带分数，则整数部分在上、分子居中、分母在下。如 $3\frac{4}{7}$，表作 但这种表示法不是唯一的。在《孙子算经》《张丘建算经》等书中还出现过分子在左、分母在右的形式。这似乎表明，中国古代分数中的分子与分母，像除法中的被除数与除数一样，具有相当的独立性。它给分数运算带来了灵活性。[①]

分数线（分子、分母间的一条横线）起源于 10 世纪左右的阿拉伯。由于不用分数线的记法并不妨碍分数运算的准确性和简捷性，所以直至 17 世纪以前分数线在中国还不流行。

2. 小数

小数的实质是十进分数。当人们采用十进制度量方法，计量单位以下部分势必会碰到小数。由于中国古代采用十进制记数，因此计量单位也自然采纳十进制。西汉贾谊（公元前 200—前 168）的《新书·六术》中记有："数度之始，始于微细，有形之物，莫细于毫，是故立一毫以为度始，十毫为发，十发为厘，十厘为分。"这是把毫作为最小单位，逐次以十为进率递进为"发""厘""个"等。若以

---

① 李继闵. 中国古代的分数理论 [M]. 北京：北京师范大学出版社，1982：190-209.

贾谊塑像

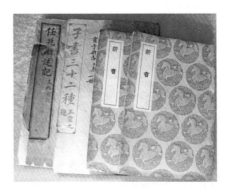

《新书》

厘为单位记录,那么厘以下部分（数字）就是小数。虽然从数学上说,严格的小数概念和记号尚未出现,但它已经明显地蕴含着小数概念的萌芽,随着计量活动的深入,小数的概念和记法必然会随之出现。

3. 负数

中国数学中,正、负相对应同时被明确提出是在《九章算术》的方程章。为了配合"方程"的解法,书中还提出了正负数之间的加减运算法则——正负术。"负"表示亏欠、损失等,很早就应用于表数和计算。

在居延汉简中出现了不少关于"负××算"和"负××筹"的实例。例如,"……相除以负百二十四筹。"其中"相除",即相减;筹,即算筹。相除以负百二十四筹,是说相减后还差一百二十四。又如,"负四筹,得七筹,相除得三筹"。这里将"负"与"得"对应起来,同时用于表示相反意义的量,不能不说是数学思想的进步。

"负"字在数学上的应用是值得重视的,但不能因此认为负数已经被引入教学。负数在数学上的确立需要经历一个由感性认识到知性认识再到理性认识的过程。后面将会提到,即使在《九章算术》中,对正负数的认识也只是处于知性阶段。由此而言,先秦时期出现的"负算"这一名称,只能算是对负数意义的一种感性认识。

几何问题与勾股测量

1. 几何图形观念的形成

贺兰山岩画

图形的观念是在人们接触自然和改造自然的实践中形成的。从对今天仍处于狩猎阶段的部落的了解中可以发现,人类早期是通过直接观察自然、效仿自然来获得图形知识的。这里所谓的自然,不是作一般解释的自然,而是按照对人类最迫切需要,以食物为主而言的自然。人们从这方面获得有关动物习性和植物性质的知识,并由祈求转而形成崇拜。几乎所有的崇拜方式都表现了原始艺术的特征,如兽舞戏和壁画。可以相信,"我们确实依靠原始生活中生物学方面,才有用图达意的一些技术。这不但是视觉艺术的源泉,也是图形符号、数学和书契的源泉"。①

随着生活和生产实践的不断深入,图形的观念由于两个主要的原因而得到加强和发展。一是,出现了利用图形来表达人们思想感情的专职人员。从旧石器时代末期的葬礼和壁画的证据来看,好像那时已经很讲究幻术,并把图形作为表现幻术内容的一部分。幻术需要有专职人员施行,他们不仅主持重大的典礼,而且充当画师,这样,通过画师的工作,图形的样式逐渐由原来直接写真转变为简化了的图像和符号,有抽象的意义。二是,生产实践所起的决定性影响。图形几何化的实践基础之一是编织。据考证,编篮的方法在旧石器时代确已掌握,对它的套用还出现了粗织法。编织既是技术又是艺术,因此除了一般的技术性规律需要掌握外,还有艺术上的美感需要探索,而这两者都必须先经实践,后经思考才能实现。这就替几何学和算术奠定了基础。因为所织花样的种种形式和所含经

① J. D. 伯纳尔. 历史上的科学 [M]. 北京: 科学出版社, 1984: 37.

158

纬线的数目，本质上都属于数学性质，因而引起了对于形和数之间一些关系的更深认识。当然，图形几何化的原因不仅在于编织，轮子的使用、砖房的建造、土地的丈量，都直接加深和扩大了对几何图形的认识，成为激起古人建立几何的基本课题。如果说，上述这些生产实践活动使人们产生和深化了图形观念，那么，陶器花纹的绘制则是人们表现这种观念的场合。在各种花纹，特别是几何花纹的绘制中，人们再次发展了空间关系——图形间相互位置关系和大小关系。

20世纪以来的多次考古发现证实，早在新石器时代，中国人已经有了明显的几何图形观念。新石器时期西安半坡遗址构形及出土的陶器上，已出现了斜线、圆、方、三角形、等分正方形等几何图形。在所画的三角形中，又有直角、等腰和等边三种不同形状。稍晚期的新石器时代的陶器，更表现出一种发展了的图形观念，如在江苏省邳州市出土的陶壶上已出现了各种对称图形，磁县下潘汪遗址出土的陶盆沿口花纹上，表现了等分圆周的花牙。

自然界几乎没有正规的几何形状，然而人们通过编织、制陶、造房等实践活动，造出了或多或少形状正规的物体。这些不断出现且世代相传的制品提供了把它们互相比较的机会，让人们最终找出其中的共同之处，形成抽象意义下的几何图形。今天我们所具有的

马家窑文化出土的编织纹双耳罐

半坡文化出土的几何纹彩陶盆

各种几何图形的概念，也首先决定于我们看到了人们做出来的具有这些形状的物体，并且我们自己知道怎样来做出它们。

2. 规矩等工具的发明和使用

原始作图肯定是徒手的。随着对图形要求的提高，特别是对图形规范化要求的提出，如线要直、弧要圆等，作图工具的创制也就成为必然的了。中国古代很早就有“规”“矩”“准”“绳”的传说，如《史记 · 夏本纪》记载夏朝的一次治水工程时说：“陆行乘车，水行乘舟，泥行乘橇，山行乘檋，左准绳，右规矩，载四时，以开九州，通九道，陂九泽，度九山。”这里所说的准、绳、规、矩都是测量和作图的工具。不过“准”的样式有些像现在的丁字尺，从字义上分析它的作用大概是与绳一起，用于确定大范围内线的平直。

“规”和“矩”的作用，分别是画图和定直角。这两个字在甲骨文中已有出现，规写作“𣏟”，取自用手执规的样子；矩写作“匚”，取自矩的实际形状。矩的形状后来有些变化，由含两个直角变成只含一个直角，即“乚”的样子。规、矩、准、绳的发明，应该是有一个在实践中逐步形成和完善的过程，不像战国时期《尸子》中所说“古者，倕为规、矩、准、绳使天下倣焉”，把发明权归于倕一人，但这些工具形成得很早倒是事实。

作图工具的产生有力地推动了与此相关的生产发展，也极大地充实和发展了人们的图形观念和几何知识。例如，战国时期已经出现了很好的技术平面图。在一些漆器上所画的船只、兵器、建筑等图形，其画法符合正投影原理。在河北省出土的战国时期中山国墓中的一块铜片上有一幅建筑平面图，表现出很高的制图技巧和几何水平。

战国出土漆器后羿弋射图木衣箱

3. 测量

规、矩等早期测量工具的发明，对推动中国测量技术的发展有直接影响。秦汉以后，测量工具逐趋专门化和精细化。为量长度，人们发明了丈杆和测绳，前者用于测量短距离，后者则用于测量长距离。还有用竹篾制成的软尺，全长和卷尺相仿。矩也从无刻度的发展成有刻度的直角尺。另外，还发明了水准仪、水准尺以及定方向的罗盘。测量的方法自然也更趋高明，不仅能测量可以到达的目标，还可以测量不可到达的目标。测量方法的高明带来了测量后计算的高超，从而丰富了中国数学的内容。

清朝铜镀金比例规

汉朝铜矩尺

航海罗盘

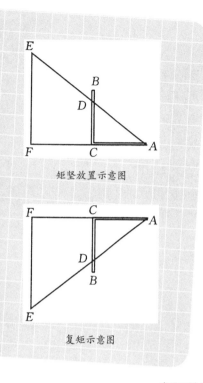

矩竖放置示意图

复矩示意图

据成书于公元前 1 世纪的《周髀算经》记载，西周开国时期（约公元前 1000）周公姬旦与商高讨论用矩测量的方法，其中商高所说的用矩之道，包含了丰富的数学内容。商高说："平矩以正绳，偃矩以望高，复矩以测深，卧矩以知远……"所谓"偃矩以望高"是说，若把矩竖着放置，如右上图所示，从矩的一端 A，仰望高处 E，视线 AE 与 CB 交于 D，那么根据相似三角形的关系，可得高 $X = AF \cdot \dfrac{CD}{AC}$。这里，$\dfrac{CD}{AC}$ 是仰角 EAF 的正切值，但中国古代对它没有给予专门的关注。若把矩尺 BC 复过来往下垂（如右下图所示），即所谓复矩，那么根据同样的原理，就可以测得深处目标的距离。同样，把矩尺 CB 平放在水平面上，就可以测得远处目标之间的距离。商高所说用矩之道，实际就是现在所谓的勾股测量，勾股测量涉及勾股定理，因此，《周髀算经》中特别举出了勾三、股四、弦五的例子。

秦汉以后，有人专门著书立说，详细讨论利用直角三角形的相似原理进行测量的方法。这些著作中较著名的有《周髀算经》《九章算术》《海岛算经》《数术记遗》《数书九章》《四元玉鉴》等，它们组成了中国古代数学独特的测量理论。

4. 对角的认识和应用

中国很早就以农为本，农业和手工业发展得相当早。成熟的农业和手工业随之带来了先进的技术，其中不少包含着数学知识。据战国时成书的《考工记》记载，那时人们在制造农具、车辆、兵器、乐器等工作中，已经对角的概念有了认识和应用。《考工记》说："车人之事，半矩谓之宣，一宣有半谓之欘，一欘有半谓之柯，一柯有半谓之磬折"。其中，"矩"指直角。由此推算，"一宣"是 45 度，一"欘"是 67.5 度，一"柯"是 101 度 15 分，而一"磬折"该是 151 度 52.5 分。不过，这不是十分确切的。因为就在同一本书中，"磬折"的大小也有被说成是"一矩有半"，这样它就该是 135 度了。

各种角的专用名词的出现虽然表现了在手工业技术中对角的认识和应用，但是也反映了这种认识的原始性和局限性以及中国古代对角的数学意义的不重视。后面我们将会看到，中国古代数学之所以没有发展出与角相关的数学理论，如一般三角形的相似理论、平行线理论、三角形边角关系以及三角学等，很重要的原因就是因为对角概念的认识不足。它使中国古代数学以另一种方式来解决实践中所出现的问题。

5. 有关圆和球的计算

（1）圆周率计算

现在，圆周率的计算已不是数学上的大问题，但在15世纪以前，圆周率的精度曾作为各时代数学水平的度量。祖冲之这一方面的工作，使中国数学在该领域内遥遥领先达一千年之久。

在圆周率的近似值计算方面，原先古希腊是一直走在中国前面的。公元前5世纪，当古希腊数学家阿利亚布哈塔曾算得圆周率3.141 6时，我国还停留在"古率"$\pi=3$上，而且一直被沿用至汉朝。入汉以后，圆周率的计算才为较多数学家所注意，先是刘歆（？—23）算得3.154 7或3.166，有效数字为3.1。后来，东汉天文学家张衡（78—139）又用$\sqrt{10}$和$\frac{92}{29}$作圆周率，虽然数字简明但精度仍不高。张衡之后，蔡邕（133—192）、王蕃（219—257）也由于天文研究的需要，计算

张衡画像

蔡邕画像

王蕃塑像

了 π ，但有效数字仍只有两位。

中国数学史上第一个给圆周率的计算打下坚实基础的是刘徽，而在这个基础上建造大厦的巨匠就是祖冲之。祖冲之运用刘徽的先驱性工作，对圆周率进行了更加细密深入的计算，他不仅使中国取得了圆周率计算的世界领先地位，而且揭开了中国数学史上大放异彩的一页。

祖冲之首先利用刘徽的方法，通过计算圆内接正 1 536 边形的面积算出圆周率 3.141 6，用分数表示为 $\frac{3\ 927}{1\ 250}$，这在当时已经是够出色的了，但祖冲之并不满足，他"更开密法"，进一步提高了圆周率的精度

$$3.141\ 592\ 6<\pi<3.141\ 592\ 7$$

且不说祖冲之一下子把圆周率的精度提高了万倍，仅就他用"盈朒二限"的方法给出了一个无理数值的变化范围就十分了不起了，这种方法除了古希腊最大数学家阿基米德曾用过外，用得最出色的就要数祖冲之了，它是现代关于无理数表示的一个基本方法。

由于中国古代惯于用分数表示数值，因此祖冲之又在上述圆周率的基础上，得出了两个圆周率的分数值：$\frac{22}{7}$ 和 $\frac{355}{113}$，前者称为约率，后者称为密率。欧洲通常称圆周率的分数值 $\frac{355}{113}$ 为安托尼斯（Anthonisz，1527—1607）率，这是为纪念荷兰工程师安托尼斯于1585年左右得到这个值而命名的。其实，在欧洲，它更早的发现者是德国的奥托（Otto Valentin，1550? —1605），他在1573年已经发现了 π 的这个数值，但是比起祖冲之来，这两人却要晚十一个世纪之久。

祖冲之的密率是 π 的一个很好的分数近似值，如以它来计算半径为 10 千米的圆面积，其误差不会超过几个平方毫米，有人证明，在所有分母小于 16 604 的分数中，$\frac{355}{113}$ 是最接近 π 的一个分数，比它更精确的分数将是 $\frac{52\ 163}{16\ 604}$。可见，$\frac{355}{113}$ 不仅精确度高，而且简单。1，3，5 三个数字各出现两次（113 355），对半后排列于分数线上下，可谓美矣。

1913 年, 日本著名数学史家三上义夫建议称祖冲之的密率为" π

的祖冲之分数值"，后来又改称"祖率"，以表彰祖冲之的功绩，这一倡议很快得到人们的赞同。

（2）**球体积计算**

自从刘徽得出 $V_{球}=\dfrac{\pi}{4}V_{牟}$ 之后，一直没有人算出牟合方盖的体积 $V_{牟}$，所以球体积的计算也一直没有解决。问题最终还是由祖暅解决的。为算出牟合方盖的体积，祖暅深入分析了牟合方盖的八分之一。立方体之内有一块称为外棊的立体（如左上图所示）。设立方体边长为 $\dfrac{D}{2}$，在 $OP=Z$ 处过 P 作立方体的水平截面，截得正方形 $PQRS$ 和折角矩形 $QRST$。其中正方形 $PQRS$ 的面积是牟合方盖的一个水平剖面面积的四分之一，由勾股定理得 $PS^2=PQ^2=\left(\dfrac{D}{2}\right)^2-Z^2$，而在同一位置上折角矩形 $QRST$ 的面积为 $\left(\dfrac{D}{2}\right)^2-\left[\left(\dfrac{D}{2}\right)^2-Z^2\right]=Z^2$。这说明外棊有这样的性质：在高度为 Z 处的截面面积正好等于 Z^2。这个性质也是倒置的正方锥体所具有的（如左下图所示）。这就是说，外棊与底面积为 $\left(\dfrac{D}{2}\right)^2$ 的倒

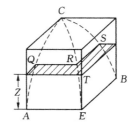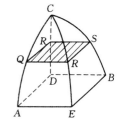

外棊

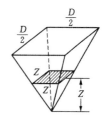

倒置的正方锥体

置正方锥在等高处的截面面积相等。于是，根据刘祖原理，外棊的体积与底面为 $\left(\dfrac{D}{2}\right)^2$ 正方锥体积相等，即 $V_{外}=\dfrac{1}{3}\left(\dfrac{D}{2}\right)^2\cdot\dfrac{D}{2}=\dfrac{D^3}{24}$，将以 $\dfrac{D}{2}$ 为边长的正方体体积减去外棊的体积，就是八分之一牟合方盖的体积，即 $\dfrac{1}{8}V_{牟}=\left(\dfrac{D}{2}\right)^2-\dfrac{D^3}{24}=\dfrac{D^3}{12}$

所以 $$V_{牟}=\dfrac{2D^3}{3}$$

于是得出 $$V_{球}=\dfrac{\pi}{4}\times V_{牟}=\dfrac{\pi}{4}\left(\dfrac{2}{3}D^3\right)=\dfrac{\pi}{6}D^3$$

这就是球体体积的正确公式。当时祖氏父子取 $\pi = \dfrac{22}{7}$ 入算，所以公式记为

$$V_{球} = \frac{11}{21}D^3$$

（3）会圆术和割圆术

会圆术是由沈括提出的由弦和矢的长度来求弧长的近似公式。如左下图设圆直径为 d，半径为 r，弦（BC）为 a，矢（AD）为 h，弧（$\overgroup{BC}$）为 S，则会圆术公式为

$$a = 2\sqrt{r^2 - (r-h)^2}\,; \quad S = a + \frac{2h^2}{d}$$

沈括画像

王恂、郭守敬等人在《授时历》中反复应用了沈括的"会圆术"，并结合相似三角形各线段之间的比例关系，创立了他们的"弧矢割圆术"，成为中国数学中特有的球面三角方法。它相当于球面三角中求解直角形的方法。假设 c 表示黄径 AB 弧，b 表示赤径 AC 弧，a 表示赤纬 CB 弧，a 表示黄赤交角 $\angle EOD$，则应用王、郭等人的方法，可得出下列球面三角公式。

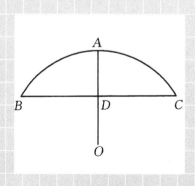

会圆术图解

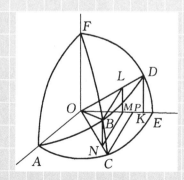

割圆术图解

郭守敬画像

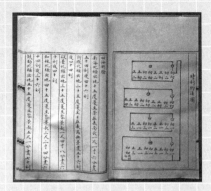
《授时历》

$$sin\ a = sin\ csin\ \alpha$$

$$cos\ b = \frac{cos\ c}{\sqrt{sin^2 c\ cos^2 \alpha\ cos^2 \alpha}}$$

$$sin\ b = \frac{sin\ ccos\ \alpha}{\sqrt{sin^2 c\ cos^2 \alpha\ xcos^2 c}}$$

由于会圆术误差较大，王、郭等人又以 $\pi=3$ 入算，因此尽管他们在推算时所用的方法和步骤都正确无误，但结果却并不是很精确。这就引起后来赵友钦应用和刘徽大致相同的割圆术以求 π 较好的近似值。他再次得出 $\pi=\dfrac{355}{113}$。

（4）勾股容圆术

勾股容圆术是李冶在其《测圆海镜》书中介绍的求解直角三角形及其内切圆问题的方法。

《测圆海镜》卷首列有一张"圆城图式"，实际是一张直角三角形及其内切圆的关系图。李冶由假设大直角形（即 $\triangle$ 天地乾）的各边为 680、320、600 起算，算得下述十五个三角形的各边之长，并且给出了这个三角形的容圆公式（见表 2.1），同时还算出了每个三角形的"勾股和""勾弦和"以及"勾股差""勾弦差"等。在图式的十五个直角三角形的基础上，李冶又列出了图中各线段之间以及各线段的和、差、乘积等之

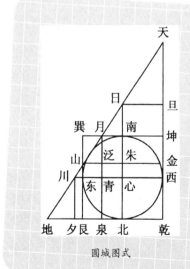
圆城图式

间的相互关系，即所谓的"识别杂记"，共七类六百九十二条。每一条相当于一个定理，作为演算时的根据。

表2.1　直角三角形的容圆公式

	弦 c	勾 a	股 b	容圆名称及容圆直径公式
⊿天地乾	680	320	600	勾股容圆 $d=2ab/a+b+c$
⊿天川西	544	256	480	勾上容圆 $d=2ab/b+c$
⊿日地北	425	200	375	股上容圆 $d=2ab/a+c$
⊿天山全	510	240	450	
⊿月地泉	272	128	240	
⊿天日旦	255	120	255	
⊿日山朱	255	120	255	
⊿月川青	136	64	120	
⊿川地夕	136	64	120	
⊿天月坤	408	192	260	勾外容圆 $d=\dfrac{2ab}{b+c-a}$
⊿山地艮	170	80	150	股外容圆 $d=2ab/a+c-b$
⊿日川心	289	136	255	勾股上容圆 $d=2ab/c$
⊿月山巽	102	48	90	弦外容圆 $d=2ab/a+b-c$
⊿日月南	153	72	135	勾外容圆半 $d=2ab/c-a$
⊿山川东	34	16	30	股外容圆半 $d=2ab/c-b$

高次方程数值解法

中国古代，把开高次方和解二次以上的方程，统称为开方。在《周髀算经》和赵爽注，以及《九章算术》和刘徽注中，已经有了完整的开平方法和开立方法，在二次方程 $x^2+px=N$ 的数值解法和求根公式这两个方面都取得了一定的成就。后来，祖冲之创"开差幂"和"开差立"在解三次方程方面做出重要的推进，可惜算书失传，其内容也不得而知了。唐朝，王孝通采用几何方法建立三次方程 $x^3+px+q=N$，同时发展了三次方程数值解法。正是在这个基础上，宋元时期的数学家们开创了增乘开方术和正负开方术，使得中国数学关于高次方程的理论取得了更加辉煌的成就。

1. 贾宪三角

中国数学中关于开平方、开立方的方法不仅出现得早而且方法合理，与今天我们通用的开方法基本一致，都是二项式展开式的原则运用。如开平方（即求方程 $x^2=N$ 的正数根），就是利用

$$(x_1^2+x_2^2)^2=x_1^2+2x_1x_2+x_2^2=x_1^2+(2x_1+x_2)x_2$$

这一展开式，确定初商 x_1 后，则是利用 $(x_1+x_2)^2-x_1^2=(2x_1+x_2)x_2$ 来确定次商 x_2 的。可以看出，这一运算实质是应用了二项式展开式中的系数 1、2、1。同样，开立方要用到展开式 $(x_1+x_2)^3=x_1^3+3x_1^2x_2+3x_1x_2^2+x_2^3$，实际也是利用了展开式右端的四个系数 1、3、3、1。显然，同样的步骤对于任意次幂的开方都是适用的。因此，找出二项式展开式中系数的规律就可以利用它来进行对高次幂的开方。中国数学史上，较早认识这一点，并给出二项式展开式中系数规律的是北宋数学家贾宪。

11 世纪上半叶，贾宪给出了一张二项定理展开式（指数是正整数）的系数表，附在他的《黄帝九章算经细草》之中，贾宪称此为"开方作法本源图"，意思是说，这是用作进行开方的基本图式。现在所说的"杨辉三角"就是指贾宪的这张图。因为贾宪的《黄帝九章算经细草》已经失传，我们所见的图是从杨辉的《详解九章算法》中出现的，所以称它为杨辉三角。不过杨辉说得很明白，他书中的这张图来自贾宪书中，因此我们应该称它为贾宪三角才对。

开方作法本源图

欧洲人一般称这种三角形表为巴斯卡三角，巴斯卡发表它是在 1665 年。在国外，比巴斯卡早知道这种三角形的是阿拉伯数学家阿尔·卡西（Alkashi，？—1429），他给出了二项式系数的一般式子并加以证明。

前面指出，贾宪造表的宗旨是在用它来求高次幂的根，而不仅是为了求二项展开式中各项的系数。那么怎样使用呢？贾宪在他的开方作法本源图上有一段说明，其中前两句说，"左表乃积数，右表乃隅算"，其中"表"本应作表、斜的意思。这两句是指图中最外

的左右两斜线上的数字，都分别是（x_1+x_2）^{n}展开式中"积"（x_1的最高次项）与"隅算"（x_2的最高次项）的系数，第三句"中藏者皆廉"是说明图中间所藏的数字"二""三、三""四、六、四"等分别是展开式中的"廉"（除x_1、x_2最高次系数以外的各项的系数）。最后两句"以廉乘商方，命实而除之"则直接点穿了用展开式中的系数进行开方的方法，就是以各廉乘商（即根的一位得数）的相应次方，然后从"实"（被开方数）中减去。实际步骤就是前面讲过的开平方的过程，只是贾宪已经把《九章算术》中的开方原理，推广到了开高次幂上，这不能不说是一大创造。

2. 增乘开方术

贾宪三角虽只七行，但按贾宪的造表方法，要任意扩大是不成问题的。贾宪的造表方法叫"增乘方法求廉草"。"草"，文稿的意思；求廉就是求贾宪三角中的除左右两斜行"一"以外的数字；增乘方法是指使用方法的名称。用增乘法求廉大致可分为如下几步。

① 先列六个 1，如图 A。

② 从最底下的一个 1 起，自下升增上一位，递增到首位，得 6 而止，如图 B。

③ 再如前面样升增，到第二位得 15 而止，如图 C。

④ 再如上进行升增，但分别逐到第三位得 20，到第四位得 15，第五位得 6 止，如图 D、图 E、图 F。

第一位	1	1+5=6				
第二位	1	1+4=5	10+5=15			
第三位	1	1+3=4	6+4=10	10+10=20		
第四位	1	1+2=3	3+3=6	4+6=10	5+10=15	
第五位	1	1+1=2	1+2=3	1+3=4	1+4=5	1+5=6
底　位	1	1	1	1	1	1
	（图 A）	（图 B）	（图 C）	（图 D）	（图 E）	（图 F）

显然，这就是旋转了 90 度后的贾宪三角。容易发现，贾宪三角中的廉，即除了两旁的 1 以外的中间的数字，都等于它肩上的两个数相加。例如 2=1+1，3=1+2，4=1+3，6=3+3……按增乘法的说法，就是自下而上随乘随加的结果，这也就是贾宪三角的作成规则。自然，有了这个规则，只要在（图 A）中多添几个 1，那么就可得到扩大了的贾宪三角，或者说可以推广到求开任意位高次幂的"廉"。

然而，增乘方法的杰出之处还不在于求两项式系数，而在于它可被用来直接进行开高次幂，也就是贾宪所说的"增乘开方法。"

增乘开方法不是一次运用贾宪三角中的系数 1、2、1；1、3、3、1；1、4、6、4、1；……而是用随乘随加的办法得到和一次运用上述系数同样的结果。

比如，在杨辉《详解九章算法》中有一个相当于求解方程 x^4 = 1 336 336 的问题，用的就是增乘开方法。因为方程的根 x 是两位数，故设 $x=10x_1$，将原方程改作 10 000x_1^4=1 336 336。具体过程用现在的算式表示为

10 000	+			−1 336 336
	+30 000	+90 000	+270 000	+810 000 ⬜3 〔1〕
10 000	+30 000	+90 000	+270 000	−526 336
	+30 000	+180 000	+810 000	
10 000	+60 000	+270 000	+1 080 000	
	+30 000	+270 000		
10 000	+90 000	+540 000		
	+30 000			
10 000	+120 000	+540 000	+1 080 000	−526 336 〔2〕
1	+120	+5 400	+180 000	−526 336 ⬜4〔3〕
	+4	+496	+23 584	+526 336
1	+124	+5 896	+131 587	+0

算式中〔1〕所表示的是方程 10 000x_1^4=1 336 336，议初商为 3，经增

乘开方后算式〔2〕表示方程

$1\,000\,(x_1-3)^4+120\,000\,(x_1-3)^3+540\,000\,(x_1-3)^2+1\,080\,000\,(x_1-3)=526\,336$

令$x_2=10\,(x_1-3)$，于是上述方程即变成由〔3〕所表示的

$$x_2^4+120\,x_2^3+5\,400\,x_2^2+108\,000\,x_2=526\,336$$

最后用增乘方法确定次商4，因而得 $x=3\times10+4=34$

　　显然，这个方法由于运算程序整齐，又十分机械，没有什么需要多费周折的地方，因此比起直接用二项式系数求解要简捷。更重要的是由于它容易被推广到求任意高次方程的数值解，所以在数学上也就具有更重要的地位。

　　第一个将增乘开方法用于求任意高次方程数值解的是北宋数学家刘益（12世纪）。在刘益著的《议古根源》一书中给出了一个用增乘方法求方程数值根的例子：

$$-5x^4+52x^3+128x^2=4\,096\;(x=4)$$

这道题突破了以往方程只取正数系数的限制，在系数不拘正负的情况下求解一般方程，它可以说是中国数学史上的一项杰出成就。

　　在方程的解法上，刘益把原来用于开高次幂的"增乘开方术"，引入到了求高次方程的数值解上，从而为秦九韶开创"正负开方术"解决求一般高次方程的数值根问题奠定了基础。

3. 正负开方术

　　1247年，南宋数学家秦九韶著《数书九章》。书中秦九韶用高次方程的筹式表示一些特殊形式方程的区分，以及用"正负开方术"解高次方程的具体步骤作了系统的阐述。

　　对于形如 $a_0x^n+a_1x^{n-1}+a_2x^{n-2}+a_3x^{n-3}+\cdots\cdots+a_{n-1}x+a_n=0$ 的方程，秦九韶采用古代在开方中所使用的列筹方法：将商，即根置于筹式的最上方，然后依次列常数项（实）、一次项、二次项等各项的系数（各"廉"），最下一层放置最高次项系数——"隅"。

　　对于方程中的各项系数，除常数项规定了"实常为负"以外，其余可正可负，不受任何限制。方程中的缺项表示该项系数为零。

　　中国古代注重求方程的数值解，而不注重对方程的分类和讨论，

但秦九韶不同，他开始注意了对某些特殊形式的方程做出区分，加之他称 $|a_0| \neq 1$ 的方程为"连枝某乘方"，称仅有偶次项的方程为"玲珑某乘方"。不过这些区分还尚未构成对方程分类的程度，理论上进取仍显不够。

但是，在应用增乘开方法求方程数值解方面，秦九韶是研究得相当系统而彻底的。他称增乘开方法为"正负开方术"，这种方法与通常所谓的霍纳方法基本一致。例如，《数书九章》卷五第一题"尖田求积"列出方程为

$$-x^4 + 763\,200x^2 - 40\,642\,560\,000 = 0$$

秦九韶在列出筹式后，依次用二十一个筹算图式来详细说明运算的每一个步骤。下面我们改用阿拉伯数字并用横式抄录其主要图式如表2.2所示[①]。

表2.2　正负开方术的筹算图示（程序）

程序	隅	下廉	上廉	方	实	商
1	−1	0	763 200	0	−40 642 560 000	
2	−10 000	0	76 320 000	0	−40 642 560 000	
3	−100 000 000	0	7 632 000 000	0	−4 064 560 000	800
4	−100 000 000	−800 000 000	1 232 000 000	9 856 000 000	38 205 440 000	
5	−100 000 000	−1 600 000 000	−11 568 000 000	−82 688 000 000	38 205 440 000	
6	−100 000 000	−2 400 000 000	−30 768 000 000	−82 688 000 000	38 205 440 000	
7	−100 000 000	−3 200 000 000	−30 768 000 000	−82 688 000 000	38 205 440 000	
8	−10 000	−3 200 000	−307 680 000	−8 268 800 000	38 205 440 000	840
9	−10 000	−3 240 000	−320 640 000	−9 551 360 000	0	

程序 1 相当于列出方程：

$$-x^4 + 763\,200x^2 - 40\,642\,560\,000 = 0 \qquad\qquad (\mathrm{i})$$

① 沈康身. 增乘开方法源流［M］. 北京：北京师范大学出版社，1987.

程序2相当于对上式（i）进行$x=100x_1$的变换，得

$$-(10)^4x_1^4+763\,200\,(10)^2x_1^2-40\,642\,560\,000=0 \qquad (\text{ii})$$

当求得$8<x_1<9$，确定出第一位数为8之后，程序3至6就是用增乘方法的步骤进行，当经$x_2=x_1-8$的代换后程序7所应得的新方程为

$$-(10)^8x_2^4-3\,200\,(10)^6x_2^3-3\,076\,800\,(10)^4x_2^2-826\,880\,000\,(10)^2x_2+$$
$$38\,205\,440\,000=0 \qquad (\text{iii})$$

程序8相当于对（iii）式进行了$x_3=10\,x_2$的变换后得出的新的方程：

$$-(10)^4x_3^4-3\,200\,(10)^3x_3^3-3\,076\,800\,(10)^2x_3^2-826\,880\,000\,(10)\,x^3+$$
$$38\,205\,440\,000=0 \qquad (\text{iv})$$

最后求得$x_3=4$，故得

$$x=100x_1=100\,(8+x_2)=100\left(8+\frac{x_3}{10}\right)=840$$

秦九韶还对运算过程中所产生的某些特殊情况进行了讨论。特别是当开方得到无理根时，秦九韶改变唐宋数学家不重视十进分数的做法，积极采用刘徽的十进分数法来表示无理根的近似值，从而使高次方程数值解的范围扩展到最大限度。另外，秦九韶对常数项绝对值增大或减小，符号从负变正也不像以前的数学家那样畏惧，而将它们视为理所当然，并不影响算法的正确性，这就充分发挥了他的"正负开方术"解各种类型方程的有效性。

天元术和四元术

1. 天元术

宋元时期高度发达的高次方程数值解法，使得列方程方法显得相对落后。唐朝王孝通的列三次方程方法已使后来的学习者望而生畏，不要说对需要用高次方程解决的虚用问题的列式了。增乘开方法发明以后，经过一段时期的摸索，于13世纪左右，中国数学家终于发明了一种根据问题给出的条件，来列方程的一般方法——天元术。"天元"相当于未知数x，用天元术列出的式子叫"天元开方式"，它就是一元高次方程式。与现今代数学的一元高次方程所不同的是，古代方程中不出现符号，而直接用系数列式，如$a_0x^n+a_1x^{n-1}+\cdots\cdots+$

$a_{n-1}x+a_n=0$ 相应的天元开方式为

a_n	
a_{n-1}	元
$\vdots$	
$\vdots$	
a_2	
a_1	
a_0	

或

a_n	太
a_{n-1}	
$\vdots$	
$\vdots$	
a_2	
a_1	
a_0	

其中“元”即“天元”,表示未知数的一次项;“太”表示常数项,古代称之为“实”。

从数学史上看,天元式乃是古代开方图式的一个发展。早在《九章算术》中，在开平方或开立方时所列出的图式基本上也就是自上而下的系数排列。如《九章算术》少广章中开 55 255 的平方，在求得根的第一位数字以后，图式表示为

商			2		
实	1	5	2	5	5
法	4				
借算			1		

这个图式的意义为

$$100x^2+40\ 000x=15\ 255$$

很明显,“借算”表示了根的平方项;“法”表示一次项;“实”表示常数项。在“勾股章”还有开带从平方，即解具有正一次项的二次方程，它的解法和开平方求得根的第一位数以后的方法完全一样。

开立方也是如此，如求 1 860 867 的立方根，先布算的图式表示为

商	
实	1 860 867
法	
中行	
借算	1

相当于方程 $1\,000\,000x_1^3 = 1\,860\,867$，求得根的第一位数字后，图式表示为

商	1
实	860 867
法	3
中行	3
借算	1

其中"借算"表示根的三次项；"中行"表示二次项；"法"表示一次项；"实"表示常数项。

从上可以看出，只要确定未知数 x 某次幂的位置，写出天元开方式是不难的，而解这个天元开方式只要运用增乘开方法就可以了。

现在的问题是怎样从应用问题的已知条件来列出含有未知数的方程呢？这并不简单。严格地说，欧洲代数学上真正解决这个问题是在 17 世纪。中国数学家虽然很早就知道怎样利用代数方法解应用问题，但将未知数参与列方程却是在出现了天元术以后。

最初的有关天元术的著作都已失传，创作者的名字和年代也不可详考。现流传下来的书有李冶的《测圆海镜》十二卷、《益古演段》三卷、朱世杰的《算学启蒙》三卷、《四元玉鉴》三卷等。

天元术与现在的代数教科书中列方程的方法极为相似。它首先是"立天元一为某某"，相当于现代的"设 x 为某某"的意思。其次根据问题给出的条件列出两个相等的多项式，令二者相减即可得出

一个一端为零的方程。这种以相等的多项式相减,而列出方程的步骤,被称为"同数相消"或"如积相消"。

在天元术中写出一个多项式后,常常要在一次项旁记入一个"元"字,或者是在常数项旁记一个"太"字。下面举李冶《测圆海镜》卷七第二题为例说一下用天元术列方程的方法。

这个问题的原文是:"假令有圆城一所,不知周径。或问丙出南门直行一百三十五步而立,甲出东门直行十六步见之,问径几何?"

从以上的叙述中,还可以看到宋元时期数学家已经熟练地掌握了多项式的加、减、乘、除(只限用 x 的整数幂来除)。其中多项式的乘法是用"增乘"(随乘相加)的方法进行的。

用天元术表示出的方程都是有理整式。在无理式的情况下,总是用乘方消去根号;在分式情况下,总是先通分化为整式之后,再来进行求解。

"草曰:立天元一为半城径,副置之,上加南行步得

　　　为股

下位加东行步得

　　　为勾

勾股相乘得

　　　为直积一段

以天元除之得

　　　为弦

设 x 为圆城半径,

则 OA(股)$=x+135$

　　OB(勾)$=x+16$

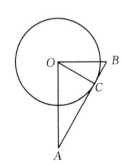

$OA \cdot OB = (x+135)(x+16)$

$\qquad = x^2+151x+2\,160$

以 $x=OC$ 除之得

AB(弦)$= \dfrac{OA \cdot OB}{OC}$

177

以自之得

为弦幂寄左

乃以勾自之得

又以股自之得

二位相并得

为同数

与左相消得

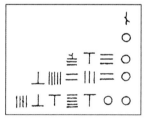

开益积（首项系数是负数的）三乘方,得一百二十步,即半城径也。"

$$=x+151+2\ 160x^{-1}$$

（因　$AB \cdot OC=OA \cdot OB$）

自乘之得：$(AB)^2=(弦)^2=$
$x^2+302x+27\ 121+652\ 320x^{-1}+$
$4\ 665\ 600x^{-2}$
置于左边。

又 $(勾)^2=OB^2=x^2+32x+256$

$(股)^2=OA^2=x^2+270x+18\ 225$

则 $(弦)^2=(勾)^2+(股)^2=$
$$2x^2+302x+18\ 481$$

与前式相减得

$-x^2+8\ 640+652\ 320x^{-1}$
$+4\ 665\ 600x^{-2}=0$

亦即

$-x^4+8\ 640x^2+652\ 320x+4\ 665\ 600=0$

解之得 $x=120$，即为圆城半径。

2. 四元术

把天元术的原理应用于联立方程组，先后产生了二元术、三元术和四元术。这是 13 世纪中到 14 世纪初中国数学又一辉煌成就。现有传本的朱世杰的《四元玉鉴》就是一部杰出的四元术著作。

所谓四元术，就是用天、地、人、物四元表示四个未知数来列高次方程组的方法。它是在常数右侧记一太字，天、地、人、物四元和它们乘幂的系数分别列于"太"字的下、左、右、上，相邻两个未知数和它们乘幂的积的系数，记入相应的夹缝中。我们用 x、y、z、u 分别表示天、地、人、物四元，那么它们在四元式中的位置如下图所示。

$$
\begin{array}{ccccccc}
\vdots & \vdots & \vdots & \vdots & \vdots & \vdots & \vdots \\
\cdots y^3u^3 & y^2u^3 & yu^3 & u^3 & u^3z & u^3z^2 & u^3z^3\cdots \\
\cdots y^3u^2 & y^2u^2 & yu^2 & u^2 & u^2z & u^2z^2 & u^2z^3\cdots \\
\cdots y^3u & y^2u & yu & u & uz & uz^2 & uz^3\cdots \\
 & & & & \boxed{yz} & & \\
\cdots y^3 & y^2 & y & 太 & z & z^2 & z^3\cdots \\
 & & \boxed{xu} & & & & \\
\cdots xy^3 & xy^2 & xy & x & xz & xz^2 & xz^3\cdots \\
\cdots x^2y^3 & x^2y^2 & x^2y & x^2 & x^2z & x^2z^2 & x^2z^3\cdots \\
\cdots x^3y^3 & x^3y^2 & x^3y & x^3 & x^3z & x^3z^2 & x^3z^3\cdots \\
\vdots & \vdots & \vdots & \vdots & \vdots & \vdots & \vdots
\end{array}
$$

由不相邻两个未知数的乘积所构成的各项（如 yz、xu），则记入图中相应带框的位置上。

如《四元玉鉴》卷一"假令四草"中的"三才运元"一题得出的方程组为

$$-x-y-xy^2-z+xyz=0 \qquad\qquad （ⅰ）$$

$$x-x^2-y-z+xz=0 \qquad\qquad （ⅱ）$$

$$x^2+y^2-z^2=0 \qquad\qquad （ⅲ）$$

按四元筹式记法则为

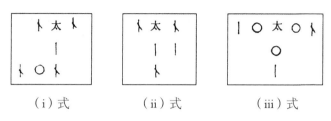

（i）式	（ii）式	（iii）式

这实际上是多元高次方程组的分离系数表示法。

四元术用四元消去法解题，把四元四式消去一元变成三元三式，再消去一元变成二元二式，再消一元，就得到一个只含一元的天元开方式，然后用增乘开方法求正根。这与今天解方程组的方法基本一致。在欧洲，直到18世纪才由法国数学家贝祖（Bezout）系数叙述了解高次方程组的消元法。

高阶等差数列

1. 隙积术与垛积术

垛积，即堆垛求积（聚集）的意思。由于许多堆垛现象呈高阶等差数列，因此垛积术在中国古代数学中就成了专门研究高阶等差数列求和的方法。

北宋沈括（1031—1095）首先研究垛积术，他当时称之为"隙积术"。沈括说："算术中求各种几何体积的方法，例如刍童、堑堵、鳖臑、圆锥、阳马等，大致都已具备，唯独没有隙积这种算法。……所谓隙积，就是有空隙的堆垛体，像垒起来的棋子，以及酒店里叠置的酒坛一类的东西。它们的形状虽像覆斗，四个侧面也都是斜的，但由于内部有内隙之处，如果用刍童方法来计算，得出的结果往往比实际为少。"这段话把隙积与体积之间的关系讲得一清二楚。同样是求积，但"隙积"是内部有空隙的，像累棋、层坛；酒家积坛之类的隙积问题，不能套用"刍童"体积公式。但也不是不可类比，有空隙的堆垛体毕竟很像"刍童"，因此在算法上应该有一些联系。

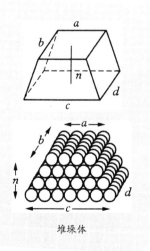

堆垛体

设一个长方台垛积的顶层宽(上广)为 a 个物体,长为 b 个,底层宽(下广)为 c 个,长为 d 个,高共 n 层:如视物体的个数为长度整尺数(例如 a 个物体视为 a 尺),按求解刍童(长方台)体积的公式来计算,其体积当为

$$\frac{n}{6} \left[(2b+d)\, a + (2d+b)\, c \right]$$

假如把这一结果就算作是垛积总和的物体数目,那么,正如沈括所指出:"常失于数少"。但如果在这个基础上,再加上一个修正值 $\frac{(c-a)n}{6}$ 那么由此而得出的就正好是垛积总和。

$$S=ab+ (a+1)(b+1) + (a+2)(b+2) +\cdots\cdots$$
$$+ (a+n-1)(b+n-1)$$
$$=\frac{n}{6} \left[(2b+d)\, a + (2d+b)\, c \right] +\frac{n}{6}(c-a)$$

而这正是二阶等差数列的求和公式。

沈括用什么方法求得这一正确公式的,《梦溪笔谈》中并没有详细说明。现有多种猜测,有的认为是对不同长、宽、高的垛积进行多次实验,用归纳方法得出的;有的则认为可能是用"损广补狭"办法,割补几何体得出。

沈括的这一研究构成了其后二三百年间关于垛积问题研究的开端。他所创造的将级数与体积类比,从而求和的方法为后

《梦溪笔谈》

人研究级数提供了一个方向。南宋末的杨辉就曾在这条路上获得过许多成就。

杨辉在《详解九章算法》(1261 年)"商功章"第五题中,于体积问题之后附在垛积问题的共有六问,其中与级数求和有关的共有四个问题,即:

① 果子垛（与"刍童"类比，与沈括刍童垛相同）

$$S=a \cdot b+(a+1)(b+1)+(a+2)(b+2)+\cdots$$
$$+(c-1)(d-1)+c \cdot d$$
$$=\frac{n}{6}[(2b+d)a+(2d+b)c]+\frac{n}{6}(c-a)$$

② 又，果子垛（与"方锥"类比）

$$S=1^2+2^2+3^2+\cdots+n^2=\frac{n}{3}(n+1)(n+\frac{1}{2})$$

③ 方垛（与"方亭"类比）

$$S=a^2+(a+1)^2+(a+2)^2+\cdots+(b-1)^2+b^2$$
$$=\frac{n}{3}(a^2+b^2+ab+\frac{b-a}{2})$$

④ 三角垛（与"鳖臑"类比）

$$S=1+3+6+10+\cdots+\frac{n(n+1)}{2}$$
$$=\frac{1}{6}n(n+1)(n+2)$$

上面四个公式互有联系，其中①式就是沈括的"刍童"垛公式，当①式中 $a=b=1$，$c=d=n$，即得②式；当①式中 $a=b$，$c=d$ 时即得出③式；当①式中 $a=1$，$b=2$，$c=n$，$d=n+1$ 时，由①式可知

$$1 \cdot 2+2 \cdot 3+3 \cdot 4+\cdots+n(n+1)=\frac{1}{3}n(n+1)(n+2)$$

两端除以2，即可得出④式。这就是说，杨辉书中的各种公式均可由沈括的长方台垛公式导出。

元朝数学家朱世杰在其所著的《四元玉鉴》一书中，把中国宋元数学家在高阶等差级数求和方面的工作向前推进了一步。在朱世杰的著作中可以看到更为复杂的求和问题，这一类问题也有了较为系统、普遍的解法。

在朱世杰的许多求和问题中，下述的一串三角垛公式有着重要意义。其他的求和公式都可以从这串公式演变出来。这串公式为

一阶等差数列（茭草垛）

$$\sum_{1}^{n} r=1+2+3+\cdots\cdots+n=\frac{1}{2!}n(n+1)$$

二阶等差数列（三角垛）
· · · · · · ·

$$\sum_1^n \frac{1}{2!} r(r+1) = 1+3+6+\cdots+\frac{1}{2}n(n+1)$$

$$= \frac{1}{3!}n(n+1)(n+2)$$

三阶等差数列（撒星形垛）
· · · · · · · ·

$$\sum_1^n \frac{1}{3!} r(r+1)(r+2) = 1+4+10+\cdots\cdots$$

$$= \frac{1}{4!}n(n+1)(n+2)(n+3)$$

四阶等差数列（三角撒星形垛）
· · · · · · · ·

$$\sum_1^n \frac{1}{4!} r(r+1)(r+2)(r+3) = 1+5+15+\cdots\cdots$$

$$= \frac{1}{5!}n(n+1)\cdots(n+4)$$

五阶等差数列（三角撒星更落一形垛）
· · · · · · · ·

$$\sum_1^n \frac{1}{5!} r(r+1)+\cdots\cdots+(r+4) = 1+6+21+\cdots$$

$$= \frac{1}{6!}n(n+1)\cdots(n+5)$$

从这一串公式，朱世杰归纳得出一般公式

$$\sum_{r=1}^n = \frac{1}{p!} r(r+1)(r+2)\cdots\cdots(r+p-1)$$

$$= \frac{1}{(p+1)!}n(n+1)(n+2)\cdots(n+p) \qquad （A）$$

上述一串三角垛公式恰好是（A）式当 p=1，2，3，4，5 时的情况。

值得注意的是，在上述一串等差数列求和公式中，除第一个等差数列外，每一个数列的通项都是它上一数列前 n 项之和。从垛积的意义上讲来，这相当于把前式至第 r 层为止的垛积，落为一层，作为后式所表示垛积中的第 r 层（即式中第 r 项）假如我们把这一点和各公式的名称对照起来看时，不难看出朱世杰经常将公式称为前式的"落一形"的意义。"落为一层"，大概就是朱世杰所用各种名目中"落一"的意义。这也证明了朱世杰曾对这一串三角垛公式的前后式之间的关系进行了研究和比较。

朱世杰是如何得出这一串高阶等差数列求和公式的，古书上没有记载。但如果将这等差数列与贾宪三角作一比较，可以发现：这一串数列及它们的和都可以从斜视贾宪三角而看出。所谓斜视贾宪三角，是将贾宪三角中的数右图那样由斜线串联起来，自上而下地看。这样，无论是撒向（八）看，还是捺向（八）看，都可以发现如下一组公式：

$$
\begin{array}{ccccccc}
 & & & & 1 & & \\
 & & & 1 & & 1 & \\
 & & 1 & & 2 & & 1 \\
 & 1 & & 3 & & 3 & & 1 \\
 1 & & 4 & & 6 & & 4 & & 1 \\
1 & 5 & & 10 & & 10 & & 5 & & 1 \\
1 & 6 & 15 & & 20 & & 15 & 6 & 1
\end{array}
$$

$$\cdots\cdots\cdots\cdots$$

$$1\quad C_n^1\quad C_n^2\cdots\cdots\cdots\cdots 1$$
$$1\quad C_{n-1}^1\quad C_{n-1}^2\quad C_{n-1}^3\cdots\cdots\cdots 1$$
$$1\quad C_{n+2}^1\quad C_{n+2}^2\quad C_{n+2}^3\quad C_{n-2}^4\cdots\cdots 1$$
$$1\quad C_{n+3}^1\quad C_{n-3}^2\quad C_{n-3}^3\quad C_{n-3}^4\quad C_{n+3}^5\cdots\cdots 1$$
$$1\quad C_{n-4}^1\quad C_{n-4}^2\quad C_{n-4}^3\quad C_{n-4}^4\quad C_{n-4}^5\quad C_{n-4}^5\cdots 1$$
$$1\quad C_{n-5}^1\quad C_{n-5}^2\quad C_{n-5}^3\quad C_{n-5}^4\quad C_{n-5}^5\quad C_{n-5}^6\quad C_{n+5}^7\cdots 1$$

斜视贾宪三角

〔1〕$1+1+\cdots\cdots+1=C_n^1$　　或 $1+1+\cdots\cdots+1=n$

〔2〕$1+2+\cdots\cdots+C_n^1=C_{n+1}^2$　　或 $1+2+\cdots\cdots+n=\dfrac{1}{2!}-n(n+1)$

〔3〕$1+3+6+\cdots\cdots+C_{n+1}^2=C_{n+2}^3$　　或 $1+3+6+\cdots+\dfrac{1}{2!}n(n+1)$
$$=\dfrac{1}{3!}n(n+1)(n+2)$$

〔4〕$1+4+10+\cdots\cdots+C_{n+2}^3$　　或 $1+4+10+\cdots\cdots+\dfrac{1}{3!}n(n+1)$
$$=C_{n+3}^4$$
$$(n+2)(n+3)$$
$$=\dfrac{1}{4!}n(n+1)(n+2)(n+3)$$

〔5〕$1+5+15+\cdots\cdots+C_{n+3}^4$　　或 $1+5+15+\cdots\cdots+\dfrac{1}{4!}n(n+1)$
$$=C_{n+4}^5$$
$$(n+2)(n+3)$$

$$[6] \quad 1+6+21+\cdots\cdots+C_{n+4}^5 \qquad = \frac{1}{5!}n(n+1)(n+2)(n+3)(n+4)$$

$$\text{或}1+6+21+\cdots\cdots+\frac{1}{5!}n(n+1)$$

$$=C_{n+5}^6 \qquad \cdots(n+4)=\frac{1}{6!}n(n+1)\cdots(n+5)$$

这正好就是朱世杰得出的一串三角垛公式。朱世杰的确是从贾宪三角中发现他的三角垛公式的[①]，在朱世杰的《四元玉鉴》中确实附有一张与贾宪三角同样的图表，并且数与数之间都用斜线联系着。

2. 招差术

宋元时期天文学与数学的关系更为密切。许多重要的数学方法，如高次方程的数值解法，以及高次等差数列求和方法等，都被天文学所吸收，成为制定新方法的重要工具。元朝的《授时历》就是一个典型。

《授时历》是由元朝天文学家兼数学家王恂（1235—1281）、郭守敬（1231—1316）为主集体编写的一部先进的历法著作,先进之一,就是其中应用了招差术。《授时历》用招差术来推算太阳逐日运行的速度以及它在黄道上的经度，还用招差术来推算月球在近地点周日逐日运行的速度。

招差术属现代数学中的高次内插法。元朝以前，隋朝天文学家刘焯在《皇极历》中给出了等间距的二次内插公式。由于太阳的视运动对时间来讲并不是一个二次函数，因此即使用不等间距的二次内插公式也不能精确地推算太阳和月球运行的速度等。宋朝以后，由于对高阶等差级数的研究，招差术有了新的发展。王恂和郭守敬等人根据"平、定、立"三差创造了三次内插法推算日月运行的速度和位置。

设在等间距的时间为 t、$2t$、$3t$ …内的观察结果分别为 $f(t)$、$f(2t)$、$f(3t)$…，则计算日月在 $t+s$ 时（$0<s<t$）的精确位置可用下列公式：

---

① 杜石然.朱世杰研究［M］.北京：科学出版社，1966：188-189.

$$f(t+s) = f(t) + s\Delta + \frac{1}{2!}s(s-1)\Delta^2 + \frac{1}{3!}s(s-1)(s-2)\Delta^3$$

式中 Δ、Δ^2、Δ^3 如设

$\Delta_1^1 = f(2t) - f(t)$，$\Delta_2^1 = f(3t) - f(2t)$，$\Delta_3^1 = f(4t) - f(3t)$

则 $\Delta_1^2 = \Delta_2^1 - \Delta_1^1$，$\Delta_2^2 = \Delta_3^1 - \Delta_2^1$，$\Delta_1^3 = \Delta_2^2 - \Delta_1^2$

招差术在朱世杰的时候得到了更深入的发展。《四元玉鉴》"如象招数"（卷中之十）一门共五问,都是和招差有关的问题。在这里,朱世杰在中国数学史上第一次完整地列出了高次招差的公式。这正是因为他比较完善地掌握了级数求和方面的知识,特别是掌握了各种三角垛求和方面知识的缘故。

例如,书中的第五题:"今有官司依立方招兵,初（日）招方面三尺,次（日）招方面转多一足,……已招二万三千四百人。……问招来几日?"

题目指示第一日招 3^3=27 人, 第二日招 4^3=64 人, 第三日招 5^3=125 人等。问几日后共招 23 400 人。依据朱世杰的"自注"知道他是用招差术立出解题的方程式。先列表如下（见表2.3）:

下差是常数,故是最后的差数。依招差术计算,到第 n 日招到的总人数为

表2.3　招差术公式表

积数	s_0	s_1	s_2	s_3	s_4	s_5	s_6
上差（三阶等差）	27	64	125	216	343	512	
二差（二阶等差）		37	61	91	127	169	
三差（一阶等差）			24	30	36	42	
下差（公差）				6	6	6	

表内: s_0=0, s_1=27, s_2=27+64, s_3=27+64+125, …

上差: s_1-s_0=27, s_2-s_1=64, s_3-s_2=125, …

二差: 64−27=37, 125−64=61, 216−125=91, …

下差: 30−24=6, 36−30=6, 42−36=6, …

$$Sn=27n+37\frac{n(n-1)}{2!}+24\frac{n(n-1)(n-2)}{3!}$$

$$+6\frac{n(n-1)(n-2)(n-3)}{4!}$$

表内各项的系数27、37、24、6是表内上差、二差、三差、下差各行的第一个数字。朱世杰设$m=n-3$，已知$s_n=23\,400$，上式化为

$$27(m+3)+\frac{37}{2!}(m+3)(m+2)+\frac{24}{3!}(m+3)(m+2)(m+1)$$

$$+\frac{6}{4!}(m+3)(m+2)(m+1)m=23\,400$$

化简得

$$m^4+22m^3+181m^2+660m-92\,736=0$$

用增乘开方方法求得$m=12$，故$n=15$（日）。

在《四元玉鉴》卷中"茭草地段"门，朱世杰扩充了杨辉的三角垛求和公式，建立起属于

$$\sum_{r-1}^{n}\frac{r(r+1)(r+2)\cdots(r+p-1)}{p!}$$

$$=\frac{n(n+1)(n+2)\cdots(n+p)}{(p+1)!}$$

类型的一系列公式，作为研究一般高阶等差级数的基本公式。

在欧洲，首先对招差术加以说明的是格列高里，后来又由牛顿加以发展，推出著名的牛顿-格列高里内插公式。

同 余 式 理 论

1. 大衍求一术

《孙子算经》之后，一次同余式理论成了中国古代数学中一个十分引人注目的内容。从西汉到宋朝的千余年间，有很多天文学家和数学家进行了这方面的研究，终于在秦九韶手中发展成一个系统的

理论——"大衍求一术"，并且推广其应用范围，取得了举世公认的杰出成就。

秦九韶首先提出了一些有关的概念。以"物不知数"题为例，他把题中的 3、5、7 这类数叫作"定母"；把它们的最小公倍数 105 称为"衍母"；把用 3、5、7 除 105 所得的商 35、21、15 称为"衍数"，通过分析而得到的数字 2、1、1 称为"乘率"。计算的关键实质上就是求"乘率"，即求第三章介绍的孙子剩余定理中的 α、β、γ，因为有了这三个数，答案 N 通过公式是不难算出的。

秦九韶在创立剩余定理时的主要功绩之一是给出了一个求"乘率"的方法，即他所谓的"大衍求一术"。

设 A 和 G 是两个互质的正整数，所谓"乘率"α，其应满足 $\alpha G \equiv 1 \pmod{A}$。按"大衍求一术"，如果 $G > A$，设 $G = Aq + G_1 G_1 < A$，那么，同余式 $\alpha G_1 \equiv 1 \pmod{A}$ 和 $\alpha G \equiv 1 \pmod{A}$ 是等价的。于是将 G_1、A 二数辗转相除，得到一连串的商数 q_1、$q_2 \cdots \cdots q_n$，同时按一定的规则，依次计算 K_1、$K_2 \cdots \cdots K_n$

$$A = G_1 q_1 + r_1 \qquad\qquad K_1 = q_1$$
$$G_1 = r_1 q_2 + r_2 \qquad\qquad K_2 = q_2 K_1 + 1$$
$$r_1 = r_2 q_3 + r_3 \qquad\qquad K_3 = q_3 K_2 + K_1$$
$$\vdots \qquad\qquad\qquad\qquad \vdots$$
$$r_{n-2} = r_{n-1} q_n + r_n \ (r_n = 1) \qquad K_n = q_n K_{n-1} + K_{n-2}$$

当 $r_n = 1$ 而 n 是偶数时，最后得出的 K 就是所要求的"乘率"α，如果 $a_n = 1$ 而 n 是奇数时，那么再往下除一次，即计算 $r_{n+1} = r_n q_n + r_{n-1}$，由于 $r_n = 1$，所以若令商数 $q_{n+1} = r_{n+1} - 1$，则余数 r_{n+1} 仍旧是 1。这时作 $K_{n+1} = q_{n+1} K_n + K_{n-1}$，因为 $n+1$ 是偶数，所以 K_{n-1} 就是所求的乘率。

求出乘率，问题便迎刃而解了。因此说秦九韶的"大衍求一术"是解决一闪同余式问题的关键方法，在使用上很有价值。《数书九章》中秦九韶举了许多需要用大衍求一术解决的应用问题，如"古历会积""积尺寻源""推计土功""程行计地"等，广泛用于解决历法、工程、赋役和军旅等实际问题。有些问题中的模 A、B、C 还不是两两互质的，对此秦九韶也给出了正确的计算程序，通过适当地选用因子使两两不互质的模转化为两两互质的情况，所有这些计算方法都十分合理正确，形式也特别整齐、简明，可以看出秦九韶在数学上的造诣之深。

中国古代的同余式理论一直与历法中推算上元积年相联系。因此从元朝《授时历》取消了推算上元积年以后，大衍术从此也就在历法中消失了，而且由于"上元之法久不行用，于是……五百年来无有知其说者矣"。明清两代大衍术大多成了普及数学游戏的内容，在数学上没有重大的建树。

2. 不定分析

不定分析是中国传统数学中的一个古老问题，是最具有独创性的杰出成就之一。以"百鸡问题"和"历元推算"开其源。宋以前，有张丘建、甄鸾、杨辉等先后提出各种百鸡问题。后来，明清数学家还曾提出多于三元的"百鸡"类问题，但都没有给它一个一般的解法。1843年骆腾凤著《艺游录》提出了一种将百鸡类分为同余问题的方法，然后，用大衍术解百鸡问题的一般方法，成为近代对不定分析做出最重要贡献的数学家。

1851年，丁取忠著《数学拾遗》，讨论了古代百鸡术原旨。1861年，又有时曰醇著《百鸡术衍》，从张丘建百鸡问题出发，推衍变化为二十八道百鸡类问题。时曰醇将百鸡类问题概括为如下数学模型。

"设大物 n_1 值 m_1，中物 n_2 值 m_2，小物 n_3 值 m_3。共物 N，共值 M。问大，中，小各几何？"其中 n_1，n_2，n_3 称为物率，m_1，m_2，m_3 称为值率，用现代数学记号表示，问题相当于解不定方程

$$\begin{cases} n_1x+n_2y+n_3z=N \\ m_1x+m_2y+m_3z=M \end{cases}$$

不过，尚未提出不定方程这个名称。时曰醇的《百鸡术衍》可看作是集前人之大成之作。它不仅使古代处理百鸡问题的方法趋于系统和完整，而且

丁取忠像

将不定方程问题与同余问题结合起来，从而用求一术给出问题的一般解法。

时日醇之后，丁取忠的学生黄宗宪于 1874 年撰《求一术通解》用将模数分解成素因数的方法，改进了秦九韶化元数为定数的化约方法，使求大衍总数术臻于完整。《求一术通解》除了解答一次同余式组问题外，还用求一术解决二元一次不定方程问题。

19 世纪 70 年代，以知弥的《不定方程解法十三式》为标志，陆续出现了一些以西方代数方法为旨趣的不定方程解法，其中有陈志坚的《演无定方程》、张世尧的《无定方程式细草》等。这些著作明确地把中国传统数学中的"百鸡问题"归并到了不定方程之中。在方法上，注重方程解的构造与一般性质的讨论，表现了中西数学不定方程理论的一些特色。

八卦与幻方

1. 八卦

早期积累的数学知识缺乏理论的系统性，受实用和意识的影响很大。如因历法的需要，商朝创造了一种所谓"天干地支"六十循环记日法，即将十个天干：甲、乙、丙、丁、戊、己、庚、辛、壬、癸；十二个地支：子、丑、寅、卯、辰、巳、午、未、申、酉、戌、亥依次组合成六十个序数：甲子、乙丑……癸亥等，以表示日期的先后。六十也就成了殷人一周的日数。将这些不同的甲子排列成表，也就是"甲子表"：甲子、乙丑、丙寅、丁卯、戊辰、己巳、庚午、辛未、壬申、癸酉；甲戌、乙亥、丙子、丁丑、戊寅、己卯、庚辰、辛巳、壬午、癸未；甲申、乙酉、丙戌、丁亥、戊子、己丑、庚寅、辛卯、壬辰、癸巳；甲午、乙未、丙申、丁酉、戊戌、己亥、庚子、辛丑、壬寅、

八卦图

癸卯；甲辰、乙巳、丙午、丁未、戊申、己酉、庚戌、辛亥、壬子、癸丑；甲寅、乙卯、丙辰、丁巳、戊午、己未、庚申、辛酉、壬戌、癸亥。

从甲子表中，又可看出他们的记旬法：从甲日起到癸日止，刚好为十日，于是就以从甲到癸的十日为一旬。表上所到的为六旬，所以甲子表又可称为六旬表。"天干地支"记日法属历法现象，但它反映了一种原始的组合思想。这种组合思想后来在八卦和幻方中有较大的发展。

八卦是《周易》中提出的八种基本图形，用以代表天、地、雷、风、水、火、山、泽八种自然现象。这八种基本图形是以阳爻"–"和阴爻"– –"两种符号组合而成的。将阳爻和阴爻按不同次序进行排列，每次取两个，有四种排法，即所谓四象。

每次取三个，有八种排列，即八卦。

每次取六个，即两卦相重，则有六十四种排列，也即六十四卦。古人主要根据卦爻的变化来推断天文地理和人事关系，未必对其中的数学道理有自觉的认识，但作为中国数学早期积累时期的一种知识，它是值得注意的。

人的认识本来就是由感性、知性和理性三个环节构成。对爻卦中排列组合现象的认识可说是一种知性认识，它为认识的最终理性化奠定了基础。事实上，宋、明两代数学家由对易图的研究而揭示出《周易》中所蕴含着包括二进制数码构成规律在内的某些数学性质和数学结构，就可称之为是一种理性化的认识。

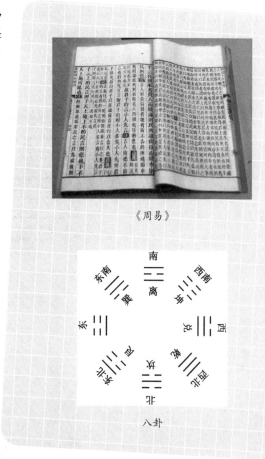

《周易》

八卦

2. 幻方

先秦时期组合数学的主要内容是幻方。最早的幻方即"九宫"，就是划有九个方格的正方形，将1至9九个数字按某种规则填入各方格内而成。北周甄鸾说："九宫者，即二四为肩，六八为足，左三右七，戴九履一，五居中央。"在南宋杨辉研究幻方之前，人们对幻方的注意力集中在它的哲学和美学意义上。由于三阶幻方配置九个数字的均衡性和完美性，产生了一种审美的效果，使得古人认为其中包含了某种至高无上的原则，便把它作为容纳治国安民九类大法的模式，或把它视为举行国事大典的明堂的格局。因而，最早出现的幻方，既是古代数学的杰作，也是具有哲学意义的创造。

元朝幻方铁板

4	9	2
3	5	7
8	1	6

九宫

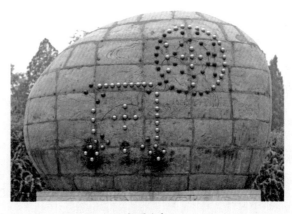

河图洛书

这方面最生动的例证是将传说中的河图、洛书与幻方联系起来。特别经宋朝理学家们的渲染，河图洛书竟倒过来成了幻方的根源。洛书被人认为是一个三阶幻方，在这个幻方中，数字按对角线、横线或竖线相加，结果都等于15，如下图"洛书数"所示。河图则是这样排列的数字图：在抛开中间的5和10时，奇数和偶数各自相加都等于20，如下图"河图数"所示。理学家的这两张图可谓极富想象力的创造，偶（阴）数用黑点表示，奇（阳）数用白点表示，黑白相对，奇偶有别，均衡对称。难怪现在的一些组合数字著作中也喜欢用古代洛书图来做装饰，以示它渊源的古远。

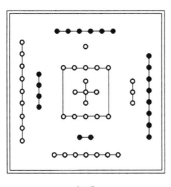

河图

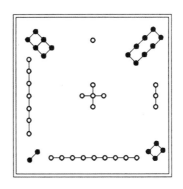

洛书

洛书数

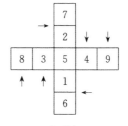

河图数

13 世纪,幻方的数学意义由南宋杨辉加以阐发。杨辉在他的《续古摘奇算法》中列出了直到 10 阶的幻方（见下表），并对它们的构成进行了研究，从而开创了明清两代数学家对幻方的深入研究。

1	20	21	40	41	60	61	80	81	100
99	82	79	62	59	42	39	22	19	2
3	18	23	38	43	58	63	78	83	98
97	84	77	64	57	44	37	24	17	4
5	16	25	36	45	56	65	76	85	96
95	86	75	66	55	46	35	26	15	6
14	7	34	27	54	47	74	67	94	87
88	93	68	73	48	53	28	33	8	13
12	9	32	29	52	49	72	69	92	89
91	90	71	70	51	50	31	30	11	10

（杨辉的10阶幻方，纵横可合505，对角线不可合）

3 中国古代历法计算中的数学方法

上元积年的计算和一次同余式组解法

古人治历，首重历元，所谓"建历之本，必先立元，元正然后定日法，法定然后度周天以定分、至，三者有程，则历可成也"①。年始于冬至，月始于朔旦，日始于夜半，甲子日夜半朔旦冬至，其时日分、月分、甲子、食分，乃至日月五星行度均同，以此作为历法中节气、朔望、日月食和五星的共同起算点，是为上元，"当斯之际，日月五星同度，如合璧连珠然"②。从上元到治历某年的岁数，称为上元积年。"昔人立法，必推求往古生数之始，谓之演纪上元"③。这种以各个周期和相应的差数来推算上元积年在数学上是整数论中的一次同余式组求解问题。

自东汉刘洪乾象历（206 年）首载"上元己丑以来，至建安十一年丙戌，岁积七千三百七十八年"④，其后各历家大多列出上元积年数字为历法的第一条，直至元王恂、郭守敬《授时历》（1281 年）"不用积年日法"⑤为止，上元积年在中国古历法中共行用了一千余年。

乾象历以前，尚有古四分历（战国时期黄帝、颛顼、夏、殷、周、鲁等六历）、西汉太初历（公元前 104 年）、三统历（1 世纪初）和东汉四分历（85 年）。唐瞿昙悉达《开元占经》载有：

---

① 史记·历书. 历代天文律历等志汇编（五）[M]. 北京：中华书局，1976：1490.
② 元史·历志. 历代天文律历等志汇编（九）[M]. 北京：中华书局，1976：3357.
③ 同上。
④ 晋书·律历志. 历代天文律历等志汇编（五）[M]. 北京：中华书局，1976：1585.
⑤ 元史·历志. 历代天文律历等志汇编（九）[M]. 北京：中华书局，1976：3357.

古今历上元已来至今开元二年甲寅岁积

黄帝历上元辛卯至今二百七十六万八百六十三算外；

颛顼历上元乙卯至今二百七十六万一千一十九算外；

夏历上元乙丑至今二百七十六万五百八十九算外；

殷历上元甲寅至今二百七十六万一千八十算外；

周历上元丁巳至今二百七十六万一千一百三十算外；

鲁历上元庚子至今二百七十六万一千三百三十四算外。[①]

其中，对于周历，西汉刘歆（？—23）提出了另外一个上元积年数字：

四分，上元至伐桀十三万二千一百一十三岁。[②]

对于颛顼历，东汉班固（32—92）则云"上元泰初四千六百一十七岁"[③]。至于西汉太初历（公元前104），则"于元封七年，复得阏逢摄提格之岁，中冬十一月甲子朔旦冬至，日月在建星，太岁在子，已得太初本星度新正"[④]，而"太初上元甲子夜半朔旦冬至时，七曜皆会聚斗、牵牛分度，夜尽如合璧连珠也"[⑤]，并无积年数字记载。刘歆《世经》：

汉历太初元年，距上元十四万三千一百二十七岁。[⑥]

是三统历上元积年数的确切记载，并有：

三统上元至伐桀之岁，十四万一千四百八十岁[⑦]，

三统上元至伐纣之岁，十四万二千一百九岁。[⑧]

等记载作佐证。最后是东汉四分历（85），史载有一近距元及二上元积年数：

四分历仲纪之元，起于孝文皇帝后元三年，岁在庚辰。上四十五岁，岁在乙未，则汉兴之年也。又上

班固画像

① 徐友壬. 开元占经推步（三卷）（卷一〇五），日本京都大学人文科学研究所所藏抄本.

② 汉书·律历志. 历代天文律历等志汇编（五）[M]. 北京：中华书局，1976：1440.

③④ 同上书，第1401页。

⑤ 同上书，第1403页。

⑥ 同上书，第1449页。

⑦ 同上书，第1439页。

⑧ 同上书，第1440页。

二百七十五岁，岁在庚申，则孔子获麟。二百七十六万岁，寻上之行，复得庚申。……此四分历元明文图谶所著也。……其元则上统开辟，其数则复古四分。①

从上元太岁在庚辰以来，尽熹平三年，岁在甲寅，积九千四百五十五岁也。②

前者系东汉顺帝汉安二年（143），"太史令虞恭、治历宗䜣等议"③补，后者系东汉光和元年（178），"议郎蔡邕、郎中刘洪补续律历志"④所追加。

由此可见，上元积年的计算，当始于1世纪初西汉刘歆三统历。

1. 汉历上元积年的计算

对于上面所列古六历、三统历和东汉四分历的各个上元积年数字的来源，其中的三个主要数据最近已有人作了如下的推测⑤。

$$三统历 \quad 4\,617p \times \frac{145}{144} = 12q + \frac{135}{144} \tag{i}$$

$$古四分历 \quad 1520p \times \frac{145}{144} = 12q + \frac{128}{144} \tag{ii}$$

$$东汉四分历 \quad （1\,520p+57）\times \frac{93}{92} = 12q + \frac{69}{92} \tag{iii}$$

式中p、q为待定正整数，$4\,617p$、$1\,520p$和（$1\,520p+57$）分别表示三历上元至太初元年的积年数。这里除用了三统元法4617年、四分纪法1520年，三统以岁星144年超一次、东汉四分则92年超一次等数据外，关键是用了《汉书·律历志》中太初元年"岁在星纪婺女六度"这一重要数据。因为据此，在$4\,617p$年内，岁星运行

① 汉书·律历志.历代天文律历等志汇编（五）[M].北京：中华书局，1976：1490-1491.
② 同上书，第1536页。
③ 同上书，第1490页。
④ 同上书，第1573页。
⑤ 李文林，袁向东.论汉历上元积年的计算[M].上海：上海科学技术出版社，1980，3：70-76.
李文林，袁向东.中国古代不定分析若干问题探讨[M].上海：上海科学技术出版社，1982，8：106-122.

班固撰写《前汉书》

$(4\ 617p \times \dfrac{145}{144})$ 次而至于星纪婺女6度，故以12除之，所得的余数应恰好与之相符。三统历载星纪之次始于斗12度而终于婺女7度计约30度，故婺女6度当一次之 $\dfrac{28}{30}$，约为 $\dfrac{135}{144}$，于是得式（i）。类似地，可得（ii）和（iii）。

这是一种很有见解的探索。但是，我们在这里需要提出一些商榷性的意见。

查《汉书·律历志》所载三统历法，共分七章：一统母，二纪母，三五步，四统术，五纪术，六岁术，七世经。统母、纪母为立法之源；五步乃实测五星；统术、纪术、岁术是推算日月五星及岁星之所在次；而世经实为一部年代学著作，其中除了少数用殷历、周历外，大部分用三统历术推算古传史料中的岁星纪年和朔旦冬至，考古之纪年，以证明其术。例如，《世经》所载：

三统上元至伐桀之岁，十四万一千四百八十岁，岁在大火房五度，故传曰：大火，阏伯之星也，实纪商人。①

三统上元至伐纣之岁，十四万二千一百九岁，岁在鹑火张十三度，……自文王受命而至此十三年，岁亦在鹑火，故传曰：岁在鹑火，则我有周之分野也。②

釐公五年正月辛亥朔旦冬至，……是岁距上元十四万二千五百七十七岁，……是岁，岁在大火，故传曰：……岁在大火。后十二年，釐之十六岁，岁在寿星，故传曰：……岁复于寿星。……③

襄公……二十八年距辛亥百一十岁，岁在星纪，故经曰：春无冰，传曰：岁在星纪，而淫于玄枵。④

昭公八年，岁在析木；十年，岁在颛顼之虚，玄枵也；……

---

① 汉书·律历志.历代天文律历等志汇编（五）[M].北京：中华书局，1976：1439.
② 同上书，第1440页。
③ 同上书，第1444-1445页。
④ 同上书，第1446页。

三十二年，岁在星纪，距辛亥百四十五岁，盈一次矣，故传曰：越得岁，吴伐之，必受其咎。①

　　汉高祖皇帝著《纪》，伐秦继周，……天下号曰汉，距上元年十四万三千二十五岁，岁在大棣之东井二十二度，鹑首之六度也。故汉志曰：岁在大棣，名曰敦牂，太岁在午。②

对于上述记载，同《世经》中关于岁在星纪婺女六度的记载：

　　汉历太初无年，距上元十四万三千一百二十七岁，前十一月朔旦冬至，岁在星纪婺女六度，故汉志曰：岁名困敦，正月岁星出婺女。③

我们来看三统"岁术"

　　推岁所在，置上元以来，外所求年，盈岁数，除去之，不盈者以百四十五乘之，以百四十四为法，如法得一，名曰积次，不盈者名曰次余。积次盈十二，除去之，不盈者名曰定次。数从星纪起，算尽之外，则所在次也。④

推算过，无不相合。例如，后者依"岁术"算得

$$143\ 127=82\times1\ 728+1\ 431$$

　　　　上元积年　　岁数

$$1\ 431\times145＝1\ 440\times144+135$$

　　　　　　积次　　　次余

$$1\ 440=110\times12+120$$

　　　　　　　　　定次数（星纪）

$$135\times30÷144=28.125$$

　　　　　　　　（婺女六度）

是先有上元积年数，后有岁星所在次宿度，以验汉志上的记载，证明"岁术"的正确。"婺女六度"似不能当作实测数据反推上元积年数。

　　况且，依据上元积年数字和"岁术"推算出来的"岁所在"次

① 汉书·律历志.历代天文律历等志汇编（五）[M].北京：中华书局，1976：1447.
② 同上书，第1448页。
③ 同上书，第1449页。
④ 同上书，第1430页。

宿度常有奇零部分，满度进一，故为约数。若据此约数反推上元积年数时，不得不人为地对该约数进行修改。如式（ⅱ）之 128 本应为 135，式（ⅲ）之 69 本应为 86。于是，这种推测不仅得出了汉朝历算家已能处理和求解形如

$$ap-bq=r \qquad (ⅳ)$$

的一次不定方程式形如

$$ap \equiv r \,(\bmod b) \qquad (ⅴ)$$

的一次同余式的结论，而且还必须认为汉朝历算家已有判断（ⅳ）或（ⅴ）有无整数解的知识，即调整余数r使其可被 a 与 b 的最大公因数 d 整除。这一点也缺乏史料依据，并同当时《周髀算经》《九章算术》所代表的中国古代数学的发展水平不相一致。

日本学者新城新藏曾经探讨过三统历与古四分历中上元积年的计算方法①。他不用《汉书·律历志》中太初元年"岁在星纪婺女六度"的数据，而用《汉书·天文志》中"汉元年十月,五星聚于东井"②等实测数据，其推算的出发点是正确的，但由于现有的当时实测天文数据的资料不够充分，他又另加"三统上元与太初元年之岁名具为丙子"等条件，以不定方程推算出上元积年数与《世经》所载相符，这也只能是一种猜测。

还须指出，西汉时期对上元的要求，在《考灵曜》中已称"日月首甲子冬至，日月五星俱起牵牛初，日月若合璧，五星如联珠"③，《周髀算经》亦云"日月星辰,弦望晦朔,……皆复始"④；东汉《续汉书·律历志》则说"甲子夜半朔旦冬至，日月闰积之数皆自此始，……而月食五星之元，并发端焉"⑤，只考虑木星或土星的周期，也是不全面的。

我们认为，太初历利用实测元丰七年十一月甲子朔旦夜半冬至的特殊天象，断取近距，"其更以七年为太初元年"⑥，月食五星的

① 东洋天文学史研究［M］.上海：中华学艺社，1933：475-481.
② 汉书·天文志.历代天文律历等志汇编（一）［M］.北京：中华书局，1975：96.
③ 钱宝琮.周髀算经.算经十书（上册）［M］.北京：中华书局，1963：77.
④ 同上。
⑤ 续汉书·律历志.历代天文律历等志汇编（五）［M］.北京：中华书局，1976：1537.
⑥ 史记·历书.历代天文律历等志汇编（五）［M］.北京：中华书局，1976：1352.

计算，必另有近元。东汉"四分因太初法，以河平癸巳为元，施行五年"①，是指推月食。三统袭太初，仍以太初元年为近距元，因其元法 4 617 年已含"朔望之会百三十五"②月的交食周期，故以 4 617p 为上元积年数，并从五星近元出发逆推试求合于五星周期的年数，"追太初前卅一元，得五星会庚戌之岁，以为上元"③，即得上元积年数为 4 617×31=143 127 年。东汉四分历则以"元和二年，太初……后天四分之日三，晦朔弦望差天一日"④的实测数据为依据，将太初元年（公元前 104）上推三章（3×19＝57 年），即"追汉四十五年（公元前 161）庚辰之岁，追朔一日，乃与天合，以为四分历元"⑤为近距元，所以说"当汉高皇帝受命（公元前 206）四十有五岁，阳在上章，阴在执徐，冬十有一月甲子夜半朔旦冬至，日月闰积之数皆自此始，立元正朔，谓之汉历"⑥。东汉四分历的两个上元数据，一是"从上元太岁在庚辰以来，尽熹平三年（174），岁在甲寅，积九千四百五十五岁"⑦，显然为"光和元年（178）中，议郎蔡邕、郎中刘洪补续律历志"⑧时所追加，也是考虑交食五星周期自近距元逆推，"又上两元，而月食五星之元，并发端焉"⑨而得到

$$2×4 560+161+174＝9 455$$

据《续汉书·律历志》论月食所记载，此元当在光和三年（180），施行宗诚"以百三十五月二十三食为法"⑩后才采用的。东汉四分历的另一个上元数据，即所谓"上统开辟"取"孔子获麟"（公元前481）前276万年，是汉安二年（143）"太史令虞恭、治历宗诉等

① 续汉书·律历志.历代天文律历等志汇编（五）[M].北京：中华书局，1976：1494.
② 汉书·律历志.历代天文律历等志汇编（五）[M].北京：中华书局，1976：1418.
③ 续汉书·律历志.历代天文律历等志汇编（五）[M].北京：中华书局，1976：1536.
④ 同上书，第 1480 页。
⑤ 同上书，第 1537 页。
⑥ 同上书，第 1511 页。
⑦ 同上书，第 1536 页。
⑧ 同上书，第 1537 页。
⑨ 同上书，第 1511 页。
⑩ 同上书，第 1495 页。

议"①加的，此由东汉四分历仲纪之元（公元前161），岁在庚辰，上320年（公元前481）"孔子获麟"，岁在庚申，又上2 760 000年（公元前2760481年），复得庚申，因

$$2\ 760\ 000+320=2\ 760\ 320 = 1\ 816\times1\ 520$$

正好是四分纪法1 520的整数倍而得。这种傅会谶纬之说的数字游戏，后来受到司马彪（？—306）的批判：

加六百五元一纪（605×3+1=1 816），上得庚申。有近于纬，而岁不摄提，以辨历者得开其说，而其元尠与纬同，同则或不得于天。然历之兴废，以疏密课，固不主于元。②

同样，唐《开元占经》所载古六历的上元积年数字，大多在孔子获麟前276万年左右，《五经算术》李淳风注也列有其中周历的上元积年数字，如：

从周历上元丁巳至僖公五年丙寅，积二百七十五万九千七百六十七算，③从周历上元丁巳至鲁文公元年岁在乙未，积二百七十五万九千七百九十八算，④从周历上元至昭公十九年岁在戊寅，积二百七十五万九千九百一算，⑤从周历上元丁巳至昭公二十年己卯，积二百七十五万九千九百二十算，⑥从周历上元丁巳至哀公十二年岁在戊午，积二百七十五万九千九百四十二算。⑦

李淳风塑像

与《开元占经》所列周历上元数据相同。古六历的近距元可取为

黄帝历	公元前 1350 年
颛顼历	公元前 1506 年
夏　历	公元前 1076 年

① 续汉书·律历志.历代天文律历等志汇编（五）[M].北京：中华书局，1976：1536.
② 同上书，1537 页。
③ 钱宝琮.五经算术.算经十书（下册）[M].北京：中华书局，1963：475.
④ 同上书，第 477 页。
⑤ 同上书，第 481 页。
⑥ 同上书，第 482 页。内"二十算"疑为"二算"之误。
⑦ 同上书，第 483 页。

殷　历　　公元前 1567 年

周　历　　公元前 1624 年

鲁　历　　公元前 1841 年

其中周历的上元数据，刘歆《世经》另列有一个

四分上元至伐桀十三万二千一百一十三岁，其八十八纪，甲子府首，入伐桀后百二十七岁。[①]

故得出

$$132\ 113 + 127 = 132\ 240 = 87 \times 1\ 520$$

恰为上列周历近距元，再加一纪 1520 年，至于公元前 104 年，因此，刘歆认为周历上元至太初元年的积年数为

$$88 \times 1\ 520 = 133\ 760$$

合于元起丁巳和僖公五年正月辛亥朔旦冬至。注意到此数与三统会元数（2 626 560）之和恰为《开元占经》所载周历至太初元年的积年数 2 760 320，东汉人用这个庞大数字加上古六历的近元积年数制造其上元，而后为《开元占经》等所记载，这是很有可能的。[②]

参与补修《续汉书·律历志》的刘洪，"密于用算"[③]"以历后天，潜精内思二十余载，参校汉家太初、三统、四分历术"[④]"更以五百八十九为纪法，百四十五为斗分，作乾象法"[⑤]。"洪加太初元十二纪"[⑥]"以追日、月、五星之行"[⑦]于乾象历（206 年）首列上元积年数字：

上元己丑以来，至建安十一年丙戌，岁积七千三百七十八年。[⑧]

① 汉书·律历志.历代天文律历等志汇编（五）[M].北京：中华书局，1976：1440.

② 李文林，袁向东.论汉历上元积年的计算.科学史文集[M].上海：上海科学技术出版社，1982：7075.

③ 续汉书·律历志.历代天文律历等志汇编（五）[M].北京：中华书局，1976：1538.

④ 晋书·律历志.历代天文律历等志汇编（五）[M].北京：中华书局，1976：1581.

⑤ 同上书，第 1580 页。

⑥ 同上书，第 1581 页。

⑦ 同上书，第 1580 页。

⑧ 同上书，第 1585 页。

系由 $12 \times 589 + 104 + 206 = 7\ 378$

而得。乾象历引进月行迟疾，以定朔求交食，其上元积年的推算不仅包括回归年、朔望月、交点月、甲子、五星的共同周期，还增加了近点月周期的内容。

2. 魏晋南北朝时期的上元积年的计算及唐宋历家设废上元之争

三四世纪的魏晋时期，随着天文数据实测精度的提高，已不能利用如西汉太初元年那样"日月合璧"的特殊天象，也不能采取如三统、后汉四分和乾象历那样从太初元年出发，上溯纪法或元法的若干倍以合于日食五星周期而确定上元的推算方法。

魏杨伟景初历（237）以"法数则约要，施用则近密，治之则有功，学之则易知"①为宗旨，立元不考虑交点月和近点月，不称上元，仅称

壬辰元以来，至景初元年丁巳岁，积四千四十六，算上。

此元以天正建子黄钟之月为历初，元首之岁，夜半甲子朔旦冬至。②

至于交点月和近点月，则分别设立"交会差率""迟疾差率"③进行计算。但五星仍用壬辰元，结果施行不到三十年，至西晋泰始元年（265），"杨伟推五星尤疏阔"④"伟之五星，大乖于后代"⑤，究其原因，是"伟拘于同出上元壬辰故也"⑥。后来，西晋刘智正历（274年）

推甲子为上元，至泰始十年，岁在甲午，九万七千四百一十一岁，上元天正甲子朔夜半冬至，日月五星始于星纪，得元首之端。⑦

而东晋王朔之通历（352年）则

---

① 晋书·律历志.历代天文律历等志汇编（五）[M].北京：中华书局，1976：1618.
② 同上书，第1619页。
③ 同上书，第1621页。
④ 同上书，第1585页。
⑤ 宋书·律历志.历代天文律历等志汇编（六）[M].北京：中华书局，1976：1685.
⑥ 同上。
⑦ 晋书·律历志.历代天文律历等志汇编（五）[M].北京：中华书局，1976：1644-1645.

以甲子为上元，积九万七千余年，……因其上元为开辟之始，①
又增加了上元为甲子岁的条件，积年数字达九万多，超过景初历
二十多倍。

至后秦姜岌三纪甲子元历（384 年）

> 甲子上元以来，……至晋孝武太元九年甲申岁，凡
> 八万三千八百四十一，算上。②

已察觉上元积年数字太大，不便利于历法计算，因此另设

> 五星约法，据出见以为正，不系于元本。③

但他毕竟在二者之间动摇

> 然则算步究于元初，约法施于
> 今用，曲求其趣，则各有宜，故作
> 者两设其法也。④

南朝刘宋何承天大胆革新，其元嘉历
（443年）所列

> 上元庚申甲子纪首……至元嘉
> 二十年癸未,五千七百三年,算外。⑤

实为近距元，不仅另有交会迟疾二
差，还有五星"后元"，其数只有9、
10、19、60和118年。⑥

何承天雕塑

但是，从数学史角度考察，元嘉
历的近距元其积年 N 也须解同余式组

$$aN \equiv r_1 \ (\mathrm{mod}\ 60)$$
$$\equiv r_2 \ (\mathrm{mod}\ b) \qquad\qquad (\mathrm{vi})$$

求得。其中，a、b 分别为一回归年和一朔望月的日数，r_1、r_2 分别为

① 晋书·律历志.历代天文律历等志汇编（五）[M]. 北京：中华书局，
　1976: 1647-1648.
② 同上书，第 1649 页。
③ 同上书，第 1652 页。
④ 同上。
⑤ 宋书·律历志.历代天文律历等志汇编（六）[M]. 北京：中华书局，1976:
　1725.
⑥ 同上书，第 1736 页。

当年雨水（其他历法多为冬至）距甲子日零时、平朔时刻的日数。

而比元嘉历稍早一些的《孙子算经》（约400年）"物不知数"[①]题需要解同余式组

$$N \equiv r_1 \pmod 3$$
$$\equiv r_2 \pmod 5$$
$$\equiv r_3 \pmod 7 \tag{vii}$$

孙子给出的解答为

$$N = 70r_1 + 21r_2 + 15r_3 - 105t \quad （t为整数）$$

推而广之，有孙子定理（中国剩余定理）：设 a_i 为两两互素的 n 个除数，r_i 各为余数，$M = \prod_{i=1}^{n} a_i$，$N \equiv r_i \pmod{a_i}$，$i = 1, \cdots, n$。若有 k_i，使 $k_i \dfrac{M}{a_i} \equiv 1 \pmod{a_i}$，则 $N \equiv \sum_{i=1}^{n} k_i \dfrac{M}{a_i} r_i \pmod M$。

魏晋南北朝时期历法中关于上元积年的计算方法当与中国传统数学中孙子问题的解法有内在联系。

5 世纪下半叶，历算大师祖冲之大明历（463 年）批评景初历"交会迟疾，元首有差"，元嘉历"日月五星，各自有元，交会迟疾，亦并置差"，认为是"条序纷互，不及古意"，于是"设法，日月五纬、交会迟疾，悉以上元岁首为始"，使"合璧之曜，信而有征，连珠之晖，于是乎在，群流共源，实精古法"[②]。大明历以

上元甲子至宋大明七年癸卯，五万一千九百三十九年算外。[③]

为首句，以

上元之岁，岁在甲子，天正甲子朔夜半冬至，日月五星，聚于虚度之初，阴阳迟疾，并自此始。[④]

为结语，对上元和积年的重视达到了空前的程度。

由于"闰余朔分，月纬七率，并不得有尽"[⑤]，故由某年实测之天正朔日各不尽数，可列出同余式组

① 钱宝琮. 五经算术. 算经十书（下册）[M]. 北京：中华书局，1963：318.
② 宋书·律历志. 历代天文律历等志汇编（六）[M]. 北京：中华书局，1976：1744.
③ 同上书，第 1745 页。
④ 同上书，第 1758 页。
⑤ 同上书，第 1770 页。

$$n \equiv r_i \ (\bmod \ a_i) \qquad\qquad (\text{viii})$$

依孙子定理，求得朔积日，即为上元积年的日数。例如，依大明历有关数据，大明五年天正朔（即大明四年十一月朔）朔积日以度法39 491乘之为度实，满周天14 424 664除之余12 200 633，满木率15 753 082除之余4 214 717，满火率30 804 196除之余1 033 621，满土率14 930 354除之余12 694 549，满金率23 060 014除之余661 341，满水率4 576 204除之余3 681 345；又以朔积日乘通法26 377为通实，满通周726 810去之余291 775，满会周717 777去之余96 169；又闰余271，朔小余2 386，问朔积日及上元积年各几何?

解：设 n 为朔积日，即得

$$39\ 491n \equiv 12\ 200\ 633 \ (\bmod \ 14\ 424\ 664)$$
$$\equiv 6\ 214\ 717 \ (\bmod \ 15\ 753\ 082)$$
$$\equiv 1\ 033\ 621 \ (\bmod \ 30\ 804\ 196)$$
$$\equiv 12\ 694\ 549 \ (\bmod \ 14\ 930\ 354)$$
$$\equiv 661\ 341 \ (\bmod \ 23\ 06\ 0014)$$
$$\equiv 3\ 681\ 345 \ (\bmod \ 4\ 576\ 204)$$
$$26\ 377n \equiv 291\ 775 \ (\bmod \ 726\ 810)$$
$$\equiv 96\ 169 \ (\bmod \ 717\ 777) \qquad\qquad (\text{ix})$$

经整理后，得
$$n \equiv 4\ 544\ 931 \ (\bmod \ 14\ 424\ 664)$$
$$\equiv 3\ 216\ 513 \ (\bmod \ 15\ 753\ 082)$$
$$\equiv 18\ 969\ 595 \ (\bmod \ 30\ 804\ 196)$$
$$\equiv 4\ 039\ 241 \ (\bmod \ 14\ 930\ 354)$$
$$\equiv 18\ 969\ 595 \ (\bmod \ 23\ 060\ 014)$$
$$\equiv 664\ 779 \ (\bmod \ 4\ 576\ 204)$$
$$\equiv 72\ 535 \ (\bmod \ 726\ 810)$$
$$\equiv 307\ 393 \ (\bmod \ 717\ 777) \qquad\qquad (\text{x})$$

以上便和《孙子算经》"物不知数"题题意相同，可以按孙子定理求解。但若仔细观察和分析，便可发现（x）中第三式和第五式的余数相同，即取它为n，经试算后恰能满足其余几式，正如李文林和袁向东所估计的："祖冲之很可能要利用一些特殊的数据来消去一些方

程，不一定就是解十个同余式"①。于是，得朔积日

$$n=18\,969\,595$$

而朔积月为

$$\left(18\,969\,595+\frac{2\,386}{3\,939}\right)\div\frac{116\,321}{3\,939}=642\,371$$

朔积年则为

$$\left(642\,371+\frac{271}{391}\right)\div\frac{4\,836}{391}=51\,937$$

此与大明历载上元积年数合。②

戴法兴曾对祖冲之大明历提出异议，认为"置元设纪，各有所尚，或据文于图谶，或取效于当时"③，"景初所以纪首置差，元嘉兼又各设后元者，其并省功于实用，不虚推以为烦也。冲之……治历之大过也"④。而祖冲之辩曰："历上元甲子，术体明整"，"七曜咸始上元，无隙可乘"。⑤

祖戴之争，波及后世。法景初、元嘉，简化上元积年计算者，代有传人。如北魏张龙祥正光历（520 年）、李业兴兴和历（584 年）都有各纪交会迟疾差率⑥；隋张宾开皇历（584 年）"乃以五星别元"⑦；唐傅仁均戊寅元历（618 年）起初也"以武德元年为历始，而气、朔、迟疾、交会及五星皆有加减差"⑧，李淳风麟德历（664 年）"上元甲子之首，五星有人气加时"⑨，瞿昙悉达九执历（718 年）称"上古积年，数太繁广，每因章首，遂便删除，务从简易，用舍随时。

---

① 李文林，袁向东. 论汉历上元积年的计算，科学史文集［M］. 上海：上海科学技术出版社，1982：7075.
② 严敦杰. 群历气朔，中国年历学，手稿，1964.
③ 宋书·律历志. 历代天文律历等志汇编（六）［M］. 北京：中华书局，1976：1759.
④ 同上书，第 1760 页。
⑤ 同上书，第 1761 页。
⑥ 魏书·律历志. 历代天文律历等志汇编（六）［M］. 北京：中华书局，1976：1791–1830.
⑦ 隋书·律历志. 历代天文律历等志汇编（六）［M］. 北京：中华书局，1976：1895.
⑧ 新唐书·历志. 历代天文律历等志汇编（七）［M］. 北京：中华书局，1976：2119.
⑨ 旧唐书·历志. 历代天文律历等志汇编（七）［M］. 北京：中华书局，1976：2043.

今起显庆二年丁巳岁二月一日，以为历首，至开元二年甲寅岁，置积年五十七算"①，曹士符天历（780年）"变古法，以显庆五年为上元"②；后晋马重绩调元历（939年）"不复推古上元甲子冬至七曜之会，而起唐天宝十四年乙未为上元"③；至南宋杨忠辅统天历（1199年）虚设上元至绍兴五年甲寅岁积3830年，其上元甲子岁的甲子日零时和冬至时刻相去有"气差"，冬至和十一月平朔时刻、近地点时刻、升交点时刻相去还有"闰差""转差""交差"④，实开元王恂、郭守敬授时历（1280年）"不用积年""以至元辛巳为元"⑤，设"气应""闰应""转应""交应"⑥之先河。

但是，不用上元，乃是历代特别是唐宋官历之所忌。唐戊寅元历曾经不用上元，几年后因而受到批评"至是复用上元积算"⑦，后晋调元历、南宋统天历都受到开禧历作者鲍澣之的指责："以是而为术，乃民间之小历，而非朝廷颁正朔、授民时之书也。"⑧

3. 南宋秦九韶的"治历演纪"术和"大衍总数术"、"大衍求一术"

南宋鲍澣之开禧历（1207年；1208—1251年行用）"上元甲子，至开禧三年丁卯，岁积七百八十四万八千一百八十三"⑨。

秦九韶《数书九章》（1247年）卷三"治历演纪"题以"本历上课所用嘉泰甲子岁气骨一十一日四十四刻六十一分五十四秒"及"本历所用嘉泰甲子岁天正月朔一日七十五刻五十五分六十二秒"⑩等实测数据出

---

① 新唐书 · 历志. 历代天文律历等志汇编（七）[M]. 北京：中华书局，1976：2271.
② 新五代史 · 司天考. 历代天文律历等志汇编（七）[M]. 北京：中华书局，1976：2406.
③ 同上书，第2405页。
④ 宋史 · 律历志. 历代天文律历等志汇编（八）[M]. 北京：中华书局，1976：2972-2996.
⑤ 元史 · 历志. 历代天文律历等志汇编（九）[M]. 北京：中华书局，1976：3359.
⑥ 同上书，第3372、3394、3416页。
⑦ 新唐书 · 历志. 历代天文律历等志汇编（七）[M]. 北京：中华书局，1976：2119.
⑧ 宋史 · 律历志. 历代天文律历等志汇编（八）[M]. 北京：中华书局，1976：2892.
⑨ 同上书，第2971页。
⑩ 秦九韶. 教书九章（卷三）. 宜稼堂丛书本，1842.

发，立术草详解"推演之原""调日法，求朔余、朔率、斗分、岁率、岁闰、入元岁、入闰、朔定骨、闰泛骨、闰缩、纪率、气元率、元闰、元数，及气等率、因率、部率、朔等数、因数、蔀数、朔积年"[①]，对开禧历上元积年和上述各有关历法数据作示范性推演，依原术草，顺次如下。

日法：$16\,900 = 49 \times 339 + 17 \times 17$

        强母   弱母

朔余：$26 \times 339 + 9 \times 17 = 8\,967$

     强子   弱子

朔率：$16\,900 \times 29 + 8\,967 = 499\,067$

         日

斗分：$16\,900 \times 0.243\,1 = 4\,108.39 \approx 4\,108$

    冬至气 刻 分 斗泛分 斗定分

岁率：$16\,900 \times 365 + 4\,108 = 6\,172\,608$

         日

气骨：$16\,900 \times 11.446\,154 = 193\,440.26 \approx 193\,440$

     日 刻分秒   气泛骨   气定骨

朔骨：$16\,900 \times 1.755\,562 = 29\,668.9978 \approx 29\,669$

     日 刻分秒   朔泛骨   朔定骨

闰骨：$193\,440 - 29\,669 = 163\,771$

        闰泛骨

积年 N：$6172\,608N \equiv 193\,440 \pmod{60 \times 16\,900}$ *

             $\equiv 163\,771 \pmod{499\,067}$ **

等数（气等率）：$(4\,108,\ 16\,900) = 52$

蔀率：$\dfrac{16\,900}{52} = 325$

约率：$60 \times 52 = 3\,120$

    因 $6\,172\,608 = 16\,900 \times 365 + 4\,108$，$N = 60n$

    则 * 变成 $79n \equiv 62 \pmod{325}$

因率 144：$79 \times 144 \equiv 1 \pmod{325}$

    故 $n \equiv 62 \times 144 \pmod{325}$

---

① 秦九韶. 教书九章（卷三）. 宜稼堂丛书本，1842.

入元岁：$(62 \times 144 - 325 \times 27) \times 60 = 9\,180$

气元率：$325 \times 60 = 19\,500$

　　故 $N \equiv 9\,180\,(\bmod\ 19\,500)$

　　即 $N = 19\,500m + 9\,180$

　　代入 ** 得 $6\,172\,608\,(19\,500m + 9\,180) \equiv 163\,771\,(\bmod$
$499\,067)$

岁闰：$6\,172\,608 - 499\,067 \times 12 = 183\,804$

　　故 $183\,804 \times 19\,500m + 183\,804 \times 9\,180 \equiv 163\,771\,(\bmod$
$499\,067)$

入闰：$183\,804 \times 9\,180 - 499\,067 \times 3\,380 = 474\,250$

　　考察闰赢 $474\,250 - 163\,771 = 310\,489$ 在半刻法以上，则求闰缩；
否则即以入元岁为积年。

闰缩：$163\,771 - 474\,260 + 499\,067 = 188\,578$

纪率：$16\,900 \times 60 = 1\,014\,000$

（气元率：$\dfrac{1\,014\,000}{52} = 19\,500$）

元闰：$19\,500 \times 183\,804 - 499\,067 \times 7\,181 = 377\,873$

　　故得 $377\,873m \equiv 188\,578\,(\bmod\ 499\,067)$

等数（朔等数）：$(377\,873,\ 499\,067) = 1$

蔀数：$\dfrac{499\,067}{1} = 499\,067$

因数：$457\,999\!:\!377\,873 \times 457\,999 \equiv 1\,(\bmod\ 499\,067)$

　　故得 $m = 188\,578 \times 457\,999\,(\bmod\ 499\,067)$

元数：$188\,578 \times 457\,999 - 499\,067 \times 173\,060 = 402$

　　故得 $m \equiv 402\,(\bmod\ 499\,067)$

　　又，元数 $402 < $ 乘限 $\dfrac{100\,000\,000 - 9\,180}{19\,500} = 5\,127$

朔积年：$19\,500 \times 402 = 7\,839\,000$

积年 $N = 7\,839\,000 + 9\,180 = 7\,848\,180$

故云："七百八十四万八千一百八十为嘉泰四年甲子岁积算，本历系
于丁卯岁进呈，又加丁卯三年共为七百八十四万八千一百八十三算
为本历积年合"。[①]

――――――――

① 秦九韶. 数书九章（卷三）. 宜稼堂丛书本，1842.

秦九韶以上"演纪岁积年"①的步骤，于计算积年的过程中，依次得到了二十多个历法上的重要数据，并可作及时调整，如斗分"收弃末位为偶数"②，气、朔泛骨"欲满约率而一""就近乃弃微秒"或"就近收秒为一分"③，以"刻分法半数"考入闰差确定是否取入元岁为积年数，置乘限以保证上元积年数不至于太大（秦九韶取一亿年为限）等。

秦九韶还指出："今人相乘演积年，其术如调日法，求朔余、朔率；立斗分、岁余，求气骨、朔骨、闰骨；及衍等数、约率、因率、部率，求入元岁、岁闰、入闰、元率、元闰，已上皆同此术。但其所以求朔积年之术，乃以闰骨减入闰，余谓之闰赢，与闰缩、朔率列号甲、乙、丙、丁四位除乘消减，谓之方程。……所谓方程，正是大衍术（今人少知），非特置算系名，初无定法可传，甚是惑误后学，易失古人之术意。"④可见当时的历算家，也采用了与秦九韶演纪术大同小异的方法推求上元积年，求"因数"即乘率也用了大衍求一术，但名曰"方程"，又无规范化算法传世。所以秦九韶提出求乘率的程序性算法，并命名为"大衍求一术"。

宋元时期，称用大衍求一术推算上元积年为"方程"，还有旁证史料。如北宋周琮明天历称："以方程约而齐之，今须积岁七十一万一千七百六十，治平元年甲辰岁，朔积年也"⑤，南宋开禧三年鲍澣之言："统天……演纪之始，起于唐尧二百余年，非开辟之端，……尽废方程之旧"⑥，元《纂图增类群书类要事林广记别集》上卷儒教类九数："方程以御错糅正负，今作历者用此法"。⑦

顺便指出，秦九韶演纪术，"虚置一亿，以入元步减之，余以

① 秦九韶. 数书九章（卷三）. 宜稼堂丛书本，1842.
② 同上。
③ 同上。
④ 同上。
⑤ 宋史·律历志. 历代天文律历等志汇编（八）[M]. 北京：中华书局，1976：2636.
⑥ 同上书，第2892页。
⑦ 严敦杰. 宋金元历法中的数学知识. 宋元数学史论文集 [M]. 北京：科学出版社，1966：211.

元率除之，得乘元限数"①。若元数大于乘限，则日法朔余便须改设。这是为了使上元积年数字不超过一亿。清宋景昌说："唐宋演撰家相沿如此。"②如《玉海》卷十"至通王睿献新历"条："至道元年（995）七月甲寅，司天监丞王睿献新历，睿言开元大衍历议定大衍之术，乃何承天气朔母法，参详监司所奏于二万以下修撰日法，演纪不遇亿数，臣今于二万以下参详到日法，有演二元不及亿数。"③《宋会要》记载："明天历朔望小余常多二刻半以上，盖创历时，惟求朔积年数小，减过闰分使然。"④但是，南宋李德卿淳祐历（1250年）积年数达一亿二千二十六万七千六百四十六，因"不合历法"⑤，仅行用了一年。此外，金杨级大明历（1127年）"以三亿八千三百七十六万八千六百五十七为历元"⑥，今不传。

秦九韶除以演纪术推求上元积年外，还在《数书九章》卷一"古历会积"题内以其所创"大衍总数术"推求积年。其大衍总数术是解一次同余式组（viii），即 $N \equiv R_i \pmod{A_i}$，$i=1$，2，$\cdots$，n 的一般方法，它包括以下几个步骤。⑦

第一，求定数 a_i，使 $a_i \mid A_i$，$\prod\limits_{i=1}^{n} a_i = [a_1, a_2, \cdots, a_n]$，$(a_i, a_j) = 1$，$i \neq j$。

置诸问数（类名有四），一曰元数（谓尾位见单零者，本门撰蓍、纳息、斛类、砌砖、失米之类是也），二曰收数（谓尾位见分厘者，假令冬至三百六十五日二十五刻，欲与甲子六十日为一会，而求积日之类），三曰通数（谓诸数各有分子母者，本门问一会积年是也），四曰复数（谓尾位见十或百及千以上者，本门筑堤并急足之类是也）。

元数者，先以两两连环求等，约奇弗约偶（或约得五，而

① 秦九韶. 数书九章（卷三）. 宜稼堂丛书本，1842.
② 宋景昌. 数书九章杂记（卷二）. 宜稼堂丛书本，1842.
③ 严敦杰. 群历气朔. 中国年历学. 手稿，1964.
④ 同上.
⑤ 宋史·律历志. 历代天文律历等志汇编（八）[M]. 北京：中华书局，1976：2896.
⑥ 金史·历志. 历代天文律历等志汇编（九）[M]. 北京：中华书局，1976：3207.
⑦ 秦九韶. 教书九章（卷一）. 宜稼堂丛书本，184.

彼有十，乃约偶而弗约奇）；或元数俱偶，约毕可存一位见偶。或皆约而犹有类数存，姑置之，俟与其他约遍，而后乃与姑置者求等约之。或诸数皆不可尽类，则以诸元数命曰复数，以复数格入之。

收数者，乃命尾位分厘作单零，以进所问之数，定位论，用元数格入之。或如意立数为母，收进分厘，以从所问，用通数格入之。

通数者，置问数通分内子互乘之，皆曰通数。求总等，不约一位约众位，得各元法数，用元数格入之。或诸母数繁，就分从省通之者，皆不用元，各母仍求总等，存一位约众位，亦各得元法数，亦用元数格入之。

复数者，问数尾数见十以上者。以诸数求总等，存一位约众位，始得元数。两两连环求等，约奇弗约偶复乘偶，或约偶弗约奇复乘奇。或彼此可约而犹有类数存者，又相减以求续等，以续等约彼则必复乘此，乃得定数。所有元数、收数、通数三格皆有复乘求定之理，悉可入之。

求定数勿使两位见偶，勿使见一太多，见一多则借用繁，不欲借则任得一。

第二，求衍母 $M = \overset{n}{\underset{i=1}{\pi}} a_i$

以定相乘为衍母。

第三，求衍数 $M_i = \dfrac{M}{a_i}$，$i=1$，$\cdots$，n

以各定约衍母，各得衍数（或列各定为母于右行，各立天元一为子于左行，以母互乘子，亦得衍数）。

第四，求奇 G_i，使 $M_i = h_i a_i + G_i$，$0 \leqslant G_i \leqslant a_i$，$i=1$，$\cdots$，$n$

诸衍数各满定母去之，不满曰奇。

第五，求乘率 k_i，使 $k_i G_i \equiv 1 \ (\bmod\ a_i)$，$i=1$，$\cdots$，$n$

以奇与定用大衍求一入之，以求乘率（或奇得一者，便为乘率）。

大衍求一术云：置奇右上，定居右下，立天元一于左上，先以右上除右下，所得商数与左上一相生，入左下，然后以左行上下，以少除多，递互除之，所得商数，随即递互累乘，归左行上、下，须使右上末后奇一而止，乃验左上所得，以为乘率；或奇数已见单一者，便为乘率。

第六，求泛用 $Y_i = k_i M_i$, $i=1$, 2, $\cdots$, n

置各乘率，对乘衍数，得泛用。

第七，求正用 Y_i，使 $\sum\limits_{i=1}^{n} Y_i = M+1$

并泛，课衍母，多一者为正用；或泛多衍母倍数者，验元数奇偶，同类者损其半倍（或三处同类，以三约衍母，于三处损之），各为正用数；或定母得一，而衍数同衍母者，为无用数，当验元数同类者而正用至多处借之，以元数两位求等，以等约衍母为借数，以借数损有以益其无，为正用；或数处无者，如意立数为母，约衍母，所得以如意子乘之，均借补之；或欲从省勿借，任之为空可也。

第八，求各总 $N_i = Y_i r_i$, $i=1$, 2, $\cdots$, n

然后其余各乘正用，为各总。

第九，求率数 $N = \sum\limits_{i=1}^{n} N_i \ (\bmod M)$，即 $N = \sum\limits_{i=1}^{n} N_i - mM$, $0 < N \leqslant M$。

并总，满衍母去之，不满为所求率数。

以上九个步骤，以第一、五两步最为关键。而自第二步起，至最后第九步，即为"孙子定理"，只不过在孙子定理中"正用"即取"泛用"，没有出现第七步的复杂情况。对于第七步如何损泛，如何借补，李俨早已论及数理，况且"泛用如不减，得数亦无异，遇问数繁多减之可以省算"[①]。至于第五步"大衍求一术"，乃是孙子定理的核心，早已有明确而一致的解释。现在解释不一的还是第一步，即秦九韶对于模数非两两互素的情形，怎样把它们（"问数"）化为两两互素的"定数"。下面我们给出自己的解释，为此对秦氏"大衍总数术"中求定数的术文和《数书九章》卷一、二"大衍类"凡九问的术、草以及其中二十五个求等化约的实例，详加分析如下。

秦九韶将问数分为元数（单零整数）、收数（小数）、通数（分数）、

① 李俨. 大衍求一术的过去与未来. 中算史论丛（第一集）[M]. 北京：中国科学院，1954：139-141.

复数（10 的倍数）四类，为化约成定数，以满足条件：一是，各定数是所给相应问数的因子；二是，各定数之积是原问数的最小公倍数；三是，各定数两两互素。而采用了三种基本算法。

算法一，求总等化约术——"求总等，不约一位约众位"。

算法二，连环求等化约术——"两两连环求等，约奇弗约偶（或约得五而彼有十，乃约偶而弗约奇）"。

算法三，求续等化约术——"求续等，以续等约彼则必复乘此"。

和一条补充原则：

求定数勿使两位见偶，勿使见一太多。

如表 3.1 所示：

表3.1

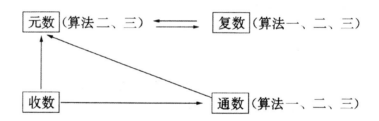

而秦氏在其九问中所做的具体分类、求出的定数和实际采用的算法，则如表3.2所示。

从表 3.1、表 3.2 可知，秦九韶在元数格中提出来的算法二，即连环求等化约术，于诸类九问中都必须采用，因此是求定数方法中最基本的算法，历来的研究者都对此作了详细的分析和讨论。

李俨认为："两两连环求等，就是求最小公倍数，至于说约奇弗约偶，是欲约后无等。"[①]钱宝琮认为："古人称最大公约数为'等数'""一般说，奇数是单数，偶数是双数。但这所谓'奇''偶'是指两个不同的元数。"[②]李文林、袁向东则说："约奇弗约偶给

① 李俨. 大衍求一术的过去与未来. 中算史论丛（第一集）[M]. 北京：中国科学院，1954：129.
② 钱宝琮. 秦九韶数书九章研究. 宋元数学史论文集 [M]. 北京：科学出版社，1966：70-71.

表3.2

编号	题名	归类	问数	元数	定数	术文算法	算草算法
1. 第九问	余米推数（失米）	无数格	19，17，12	19，17，12	19，17，12	二	二
2. 第一问	薯草发微（揲蓍）	无数格	1，2，3，4	1，2，3，4	1，1，3，4	二	二
3. 第四问	推库额钱（纳息）	无数格	12，11，10，9，8，7，6	12，11，10，9，8，7，6	1，11，5，9，8，7，1	二	二
4. 第八问	积石寻源（砌砖）	无数格	130，120，110，100，60，50，25，20	130，120，110，100，60，50，25，20	13，8，11，1，3，1，25，1	一，二	二
5. 第五问	分柴推原（斛柴）	无数格	83，110，135	83，110，135	83，110，27	一，二，三	一，二，三
6. 第二问	古历会积（一会积年）	通数格	$365\frac{1}{4}$，$29\frac{499}{940}$，60	114 445，9 253，225 600	487，19，225 600	一，二	一，二
7. 第三问	推计土功（筑堤）	复数格	54，57，75，72	54，19，25，24	9，19，25，24	一，二	一，二，三
8. 第六问	程行计地（急足）	复数格	300，240，180	300，4，3	25，16，9	一，二，三	一，二，三
9. 第七问	程行计地（急足）	复数格	300，250，200	6，250，4	3，125，16	一，三	一，三

出了化约的原则，即每求出两数的公因子后，用它去约简两数中的一个，另一个保持不变。到底约哪一个？一般是有条件的，就是要使约简后的数与未约简的数互素（这一点并不是总能做到的，遇到这种情形,秦九韶将根据化约的最后要求决定约哪一项）。"[1] 他们的看法是精辟的。但是，对于"奇""偶"的确切含义，似可再作深究。

清人宋景昌指出："约奇弗约偶，馆案云：此为等数为偶者言之，若等数为奇者，则约偶弗约奇。"[2] 钱克仁认为："统观秦氏各题算草中两数相约时，多用这个原则的。"[3] 王翼勋也说："以秦九韶原文原术而言，还是以倪廷梅的解释比较接近秦氏原意"，即"着重考虑等数的单双，根据元数约去等数后剩余因子的单双，称相应的元数为奇为偶"[4]。王文中的倪廷梅，即宋文中作"馆案"者。

我们认为，"约奇弗约偶"无须考虑等数的单双，"奇""偶"也并非是对元数的称谓。"约奇弗约偶（或约得五而彼有十，乃约偶而弗约奇）"中的"约奇"与"约得五"的排比，就很清楚地表明了"约奇"即是"约得奇"；"约奇弗约偶"即是"约得奇弗约得偶"，"奇""偶"是对约得数的称谓。"或约得五而彼有十，乃约偶而弗约奇"，此是举反例而言之。若约得 5 而另一元数含有 10 的因子，则约后不能互素，乃约含有 10 的因子那个元数得偶而弗约得 5，则约后能够互素。推而广之，若约得奇而与另一元数不能互素，乃约得偶而可能达到互素。

为了印证上述解释，现将《数书九章》凡九问中有算草的两元相约之二十五例（见于除第四问外的其余八问，第四问原书无连环相约算草）全部列出，如表 3.3 所示。

从表 3.3 可知，等数为偶的 1~12 共十二例，因等数为偶，故"元

① 李文林，袁向东. 中国古代不定分析若干问题探讨. 科学史文集 [M]. 上海：上海科学技术出版社，1982：116.
② 宋景昌. 数书九章杂记（卷一）. 宜稼堂丛书本，1842.
③ 钱克仁. 秦九韶大衍求一术中的求定数问题 [A]. 第三届中国科学史国际讨论会，1984：4.
④ 王翼勋. 清朝学者对大衍求一术的探讨 [A]. 第二次全国数学史年会，1985：4-5.

表3.3

	约奇弗约偶	约偶弗约奇	总计
等数为偶	1.［第一问］(3，4) $\xrightarrow{2}$ (1，4) 若约偶，则"两位见偶" 2.［第七问］(6，4) $\xrightarrow{2}$ (3，4) 若约偶，则"两位见偶" 3.［第七问］(250，8) $\xrightarrow{2}$ (125，8) 若约偶，则"两位见偶" 4.［第八问］(4，50) $\xrightarrow{2}$ (4，25) 若约偶，则"两位见偶" 5.［第八问］(4，110) $\xrightarrow{2}$ (4，55) 若约偶，则"两位见偶" 6.［第八问］(8，26) $\xrightarrow{2}$ (8，13) 若约偶，则"两位见偶" 7.［第八问］(2，24) $\xrightarrow{2}$ (1，24) 若约偶，则"两位见偶" 8.［第八问］(4，120) $\xrightarrow{4}$ (1，120) 若约偶，则"两位见偶" 9.［第八问］(24，54) $\xrightarrow{6}$ (24，9) "皆约而犹有类数存" 10.［第八问］(4，60) $\xrightarrow{4}$ (4，15) 若另约，则"见一" 11.［第八问］(4，100) $\xrightarrow{4}$ (4，25) 若另约，则"见一" 12.［第六问］(4，100) $\xrightarrow{4}$ (4，25) 若另约亦可		12例
等数为奇	13.［第五问］(100，135) $\xrightarrow{5}$ (110，27) 14.［第三问］(225 600，114 445) $\xrightarrow{235}$ (225 600，487) 若约偶，"犹有类数存" 15.［第三问］(487，9 253) $\xrightarrow{487}$ (487，19) 若另约，则"见一" 16.［第八问］(25，15) $\xrightarrow{5}$ (25，3) 若另约，"犹有类数存" 17.［第八问］(25，55) $\xrightarrow{5}$ (25，11) 若另约，则"见一" 18.［第八问］(25，35) $\xrightarrow{25}$ (25，1) 另约亦可	19.［第八问］(20，25) $\xrightarrow{5}$ (4，25) "若约得五，而彼有十" 20.［第八问］(25，120) $\xrightarrow{5}$ (25，24) "若约得五，而彼有十" 21.［第八问］(25，130) $\xrightarrow{5}$ (25，26) "若约得五，而彼有十" 22.［第三问］(24，9) $\xrightarrow{3}$ (8，9) 若约奇，"犹有类数存" 23.［第六问］(3，300) $\xrightarrow{3}$ (3，100) 若约奇，则"见一" 24.［第八问］(25，50) $\xrightarrow{25}$ (25，2) 若约奇，则"见一" 25.［第八问］(3，24) $\xrightarrow{3}$ (3，8) 若约奇，则"见一"	13例
总计	18例	7例	25例

数俱偶，约毕可存一位见偶"。其中，1~9 九例都只能"约奇弗约偶"，若约偶，则约毕"两位见偶"，于术不合。而 9 无论是约奇还是约偶，"皆约而犹有类数存"，但因"求定数勿使两位见偶"，依术"约奇弗约偶"，至于"犹有类数存"，则"姑置之，俟与其他约遍，而后乃与姑置者求等约之"，此即指"彼此可约而犹有类数存者，又相减以求续等，以续等约彼则必复乘此"，属于"所右元数、收数、通数三格，皆有复乘求理之理，悉可入之"，这一点将在后面再作分析。至于 10~12 三例，都是两约均得奇，依术"约奇弗约偶"则两约均可，但考虑到求定数"勿使见一太多"，即尽量避免约得 1，而约得非 1 的奇数。若不可避免，则只得"见一"，如 7、8 两例。

对于"元数俱偶，约毕可存一位见偶"的理解，有人认为"这是指各元数中都有公因数的情况"[1]，"即用公因子遍约各元数，只保留一个不约（这句术文和复数条款下讲的'以诸数求总等，存一位，约众位'是一个意思，'总等'即诸数共同的公因子）"[2]。这种看法似可商榷。如果"俱偶"是指各元数有公因子，那么秦氏算草中为什么说"今验法元图，气元（114 445）尾数是五，纪元（225 600）尾数是六百，俱五，同类"[3]，而不说"俱偶"呢? 既然"俱五，同类"是指两元有 5 的因子，因而有公因数（事实上，它们有最大公约数——"等"235），那么，"俱偶"似以理解为两元有 2 的因子，即都是偶数为宜。

等数为奇的 13~25 共十三例，并非都是"约偶弗约奇"，而"约奇弗约偶"占了六例（13~18），略为一半。其中 13 约偶亦可

$$(\cancel{110}, 135) \xrightarrow{5} (22, 135)$$

但依术"约奇弗约偶"秦氏取约奇，可见等数为单数时并非是"约偶弗约奇"；14 若约偶

$$(\cancel{225\ 600}, 114\ 445) \xrightarrow{235} (960, 114\ 445)$$

则"犹有类数存"，故只能约奇；15~18 两约均为奇，以"尽类"和

---

① 钱克仁. 秦九韶大衍求一术中的求定数问题［A］. 第三届中国科学史国际讨论会，1984: 6.
② 李文林，袁向东. 中国古代不定分析若干问题探讨. 科学史文集［M］. 上海：上海科学技术出版社，1982: 116.
③ 秦九韶. 数书九章（卷一）. 宜稼堂丛书本，1842.

"勿使见一太多"决定约哪一位。

至于"约偶弗约奇"的七例（19~25），其中 19~21 三例若按"约奇弗约偶"处理，则得

$$（20，\overset{}{\cancel{25}}）\xrightarrow{5}（20，5）$$

$$（\overset{}{\cancel{25}}，120）\xrightarrow{5}（5，120）$$

$$（\overset{}{\cancel{25}}，130）\xrightarrow{5}（5，130）$$

这便出现了"或约得五，而彼有十"的情况，于是依术改为采用"约偶弗约奇"，便可尽类；22若约奇，也不可尽类，与前三例类似，也改用约偶；23~25若约奇则见一，统改用约偶。

由此可见，元数两两连环求等时，无须考虑元数或等数的奇偶，径直优先施行约得奇而勿约得偶的算法（这在上述的二十五例中有十八例,占百分之七十以上),只是在这样的化约出现不可"尽类"（如"约得五而彼有十"）或"见一"的情况时，才考虑改为施用约得偶而勿约得奇的算法（这只有七例，不到百分之三十）。

不妨再详看一例。23 系以丙 3、甲 300 求续等化约，秦氏算草曰："以丙、甲求等，得三，于术约奇不约偶，盖以等三约三，因得一，为奇"[1]，明确指出了"约奇"的涵义即是"约得奇"。但因"见一""虑无衍数，乃便径先约甲三百为一百"[2]，此即约偶弗约奇了。

至于"两两连环求等"，秦氏第八问将八个问数按大小顺序从上到下"锥行置之"，并"假八音为号"[3]，然后自下至上先以最下数与以上各数求等化约，称为"一变"，再以次下数与以上各数求等化约，称为"二变"……类似于《九章算术》"少广术"中求最小公倍数的方法[4]。但秦氏算草中也有不按元数大小顺序排列的，如第二、第三两问；也有第一变从最下数开始，第二变从最上数开始至次下数者，如第二问；还有径直只考虑有等数的，或先隔位化约的，如第五、第七两问，总之以不遗漏不重复为原则。最近有人提出奇偶有"指元数

① 秦九韶. 数书九章（卷二）. 宜稼堂丛书本，1842.
② 同上。
③ 同上。
④ 梅荣照. 九章算术少广章中求最小公倍数的问题［J］. 自然科学史研究，1984，3（3）：208.

在一变中所占的不同之位，即奇位与偶位"的看法①，似乎值得商榷。

　　而且，按照我们所理解的"奇""偶"含义和对秦氏求定数术文的解释，还可以补出其第四问所付之阙如的连环求等化约算草，无论是各变自下至上：

```
12        12 ⌐      3 ⌐      1
11        11 |      11|      11
10        10 ⌐      5 ⌐      5
 9         9 | 2 4  9 | 3    9
 8 ⌐       8 |      8        8
 7 | 2  3  7        7        7
 6 ⌐    ⌐  1        1        1
```
一变，（二变），三变，　四变（五变），（六变）

还是各变从上到下：

```
12 ⌐     12 ⌐     4 ⌐      1        1        1
11 | 2    3 | 4   11       11       11
10 ⌐            ⌐  5        5        5
 9                 9 ⌐      9        9
 8                 8 | 3    8 ⌐      8
 7                 7        7 | 2    7
 6                 6        6        1
```
一变，（二变），三变，　四变（五变），（六变）

均与秦氏该问所求得的定数相符合。

　　秦九韶的算法一，即求总等化约术，是在通数格中提出来的。先是说"求总等，不约一位约众位"，后来又说"求总等，存一位约众位"，都是一个意思。在复数格中，再一次提出"以诸数求总等，存一位约众位，始得元数"。而在元数格中，"或诸数皆不可尽类，则以诸元数命曰复数，以复数格入之"；在收数格中，"或如意立数为母，收进分厘，以从所问，用通数格入之"，也都要用到求总等化约术。在秦氏九问中，术文里提到这种算法的有六问，占三分之二；算草中用到这种算法的有五问，其中还包括显然不属于"诸数皆不可尽类"的元数格第五问（总等为1）。因此，求总等化约术并非专

---

① 白尚恕.秦九韶数书九章研究之新进展［A］.第二次全国数学史年会，1985.

为复数格设置，而也要处理元数格、通数格、收数格，是秦九韶求定数方法中的一种基本算法。

我们知道，对 n 个元数两两连环求等，有（$n-1$）变，要化约（$n-1$）+（$n-2$）+…+1 次。如果"总等"恰好是各两两元数的"等"数，那么以总等存一位约众位后，就相当于完成了算法二，即连环求等化约术的整个程序；如果总等不恰好是各两两元数的等数，有时也可简化连环求等的若干步骤。因此，求总等化约术（算法一）是秦九韶为简化连环求等化约术（算法二）所创造的一种新算法，施行于连环求等化约术之前。

问题在于连环求等化约术对于约哪一位存哪一位给出了"约奇弗约偶"的原则，而求总等化约术对于存哪一位却没有任何原则的规定。在有关各问的算草中可见"乃存纪分一位不约，只约气分，又约朔分"①"只存甲勿约，乃约乙，次约丙"②"先约甲、丙，存乙"③"以约三位多者，不约其少者"④等叙述，似无定法可循。四库馆臣倪廷梅提出"凡度之后等数仍可约者，此数必当存之"⑤，于数理上亦非严密。事实上，由于没有素因子分解的理论和方法，存哪一位很难确定。这是秦九韶求总等化约术的一项缺陷。

问题还在于，如果总能不全是各两两元数的等数（这种情况是常见的，秦氏有关各问中除第六问外都属于此），那么求总等化约术的结果仅能满足定数条件一，为了满足条件二，还得施行算法二，即连环求等化约术。但在施行了算法一的前提下施行算法二，必须保留算法一所存元数中的那个"总等"因子不能化约。这一点在秦氏术文和有关诸问的算草中都是没有交代清楚的，因而出现第三、第八两问术草不合，第二问"本题欲求一会，不复乘偶"⑥的解释不妥以及第七问术、草、答案均错的纰漏。严格地说来，第四、第五两问的术、草也不尽严密，若非题设问数特殊，答案也可能出错。

---

① 秦九韶. 数书九章（卷一）. 宜稼堂丛书本，1842.
② 秦九韶. 数书九章（卷二）. 宜稼堂丛书本，1842.
③ 同上。
④ 同上①。
⑤ 秦九韶. 数学九章（卷一）. 清四库本，北京图书馆藏.
⑥ 同上①。

所以宋景昌引"馆案云：复数求元数用总等法尚属未密，盖总等约后有当连环求等者，有当即求续等者，其法不能定也"①，并提出："少为变通：凡复数皆见十者，先以十为总等遍约之（百、千、万同）为元数，俟连环求等毕，复以总等十乘一数（百、千、万同），然后再求续等，以得定数"②。这是秦九韶求总等化约术的另一缺陷。

至于算法三，即求续等化约术——"两两连环求等，约奇弗约偶复乘偶，或约偶弗约奇复乘奇"，在这段术文之后，秦氏本来还有一句话——"皆续等下用之"。《数书九章》宜稼堂丛书本把它删去了。宋景昌说："此处可省。毛氏生曰：本门急足两问皆于原数下约奇复乘偶，约偶复乘奇，不必续等下用之也。"③这是师心自用，本不该删省的。秦氏急足问（第七问）算草及答案有误，但在解斛粜问（第五问）的术文中说得很明确："元数求总等，不约一位约众位；连环求等，约奇不约偶；或犹有类数存，又求等，约彼必复乘此，各得定母。"④顺次施行算法一、二、三，只是没有指出施行算法一后，再施行算法二时要保留算法一所存那位的"总等"因子，这在前面已做过分析。因此，约奇复乘偶，约偶复乘奇，必当"皆续等下用之"，此处不可省。何谓"续等"？秦氏讲得很明确："或彼此可约而犹有类数存者，又相减以求续等。"因此，元数格中"或皆约而犹有类数存，姑置之，俟与其他约遍，而后乃与姑置者求等"讲的就是求续等。求续等化约术与连环求等化约术不同之处就在于"以续等约彼则必复乘此"。鉴于"所有元数、收数、通数三格皆有复乘求定之理，悉可入之"，求续等化约术也是秦九韶求定数方法的一个重要算法，而且是最后的一个化约步骤。

我们知道，施行算法二或算法一、二，在保留了各元数素因子最高次幂的前提下（秦氏九问都符合此项要求），诸元数化为的数可以满足定数条件一、二，但未必满足条件三。从表3.2可知，秦氏九问中有四问（第三、五、六、七问）是须行算法三，即求续等化约术的。

---

① 宋景昌.数书九章杂记（卷一）.宜稼堂丛书本，1842.
② 同上。
③ 同上。
④ 秦九韶.数书九章（卷二）.宜稼堂丛书本，1842.

这样才有可能最后得到既满足条件一、二，又满足条件三的定数。

问题在于，求续等复乘的过程中，固然可以在保证满足条件二的前提下实现满足条件三，但有可能导致乘得的数不满足条件一。秦氏有关诸问的解答过程没有出现这种情况，那是因为题设数字特殊，如遇元数 90 与 12，按照秦术"约奇弗约偶"的原则，化约过程应为

$$(90, 12) \xrightarrow{6} (15, 12) \xrightarrow[\text{续等}]{3} (5, 36)$$

这就出现了纰漏。当然，也可以认为满足条件三，同不破坏保留各元数素因子最高次幂一样，在秦术中已是约定俗成的原则，所以求续等化约的过程应该是：

$$(15, 12) \xrightarrow[\text{续等}]{3} (45, 4)$$

但难免有其术不够严密之嫌，这是因为秦九韶的三种算法是从他的九个具体问题中归纳而来，并不具有普适性。

4. 元授时历废积年之法和清朝学者对上元演纪术与大衍术的深入研究

秦九韶以演纪术和大衍总数术作开禧历上元积年示范推演后仅三十三年，元王恂、郭守敬等人的授时历（1280 年）即废除行用了一千余年近百种历法中的积年之法。明朝及清初五百多年间，仅孙子问题以数学游戏和歌诀的方式流传下来，如明严恭《通原算法》（1372 年）载孙子问题，沿用南宋杨辉《续古摘奇算法》（1275 年）"剪管术"之名，称之为"管术"，明周述学《神道大编历宗算会》（1558 年）"总分"条叙述孙子问题，明程大位《算法统宗》（1593 年）沿袭南宋周密《志雅堂杂钞》（1290 年）"鬼谷算""隔墙算"隐诗"三岁孩儿七十稀，五留廿一事尤奇，七度上元重相会，寒食清明便可知"改为"孙子歌""韩信点兵"曰"三人同行七十稀，五树梅花廿一枝，七子团圆正月半，除百零五便得知"之类[1]，除此之外，对秦九韶大

---

① 李俨. 大衍求一术的过去与未来. 中算史论丛（第一集）[M]. 北京：中国科学院，1954：126-128.

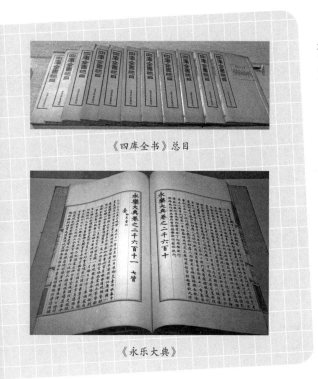

《四库全书》总目

《永乐大典》

衍术和上元积年的计算并没有新的研究。清乾隆年间《四库全书》（1773—1787 年）从明《永乐大典》（1403—1408 年）中录出《数书九章》（题《数学九章》）后，戴震《四库全书提要》评论秦九韶大衍求一术："其法虽不尽精密，而大衍数中，所载立天元一法，为郭守敬、李冶所本。欧罗巴之借根方，至为巧妙，亦从此出也"①，混淆了求一术与天元术中"天元一"的区别。

自 19 世纪初起，清朝学者焦循、李锐、张敦仁、骆腾凤、沈钦裴、宋景昌、时曰淳、黄宗宪等人陆续对秦九韶大衍术（他们多称为求一术）和上元积年计算法进行探讨，并有所发展。

焦循《天元一释》（1800 年）卷下述说"大衍求一术"，对"大衍总数术"的解释采用了李锐的一些见解，又辨明秦术中的"立天元一"与李冶"天元术"不同②。焦循另撰《大衍求一释》附《求一古法》，考唐宋以来"求一算术"之类系乘除捷法，"与大衍求一，名同而实异"③。李锐则另有三统、四分、乾象、奉元、占天诸历术的注补，涉及上元积年，但未作详演④，李锐的成就在于他首次沟通了一次不定方程与一次同余式的求解，他把 $49x+17y=A$ 的问题归于用求一术解 $17y \equiv A \pmod{49}$ ⑤。

张敦仁（1754—1834）在《求一算术》（1803 年）中称求一术"于

① 钱宝琮. 求一术源流考. 钱宝琮科学史论文选集［M］. 北京：科学出版社，1983：31.
② 焦循. 天元一释（卷下）. 测海山房丛刻本.
③ 焦循. 大衍求一术. 北京大学图书馆藏.
④ 李锐. 汉三统术注，汉四分术注，汉乾象术注，宋奉元术注，宋占天术注. 李氏算学遗书. 醉六堂刻本.
⑤ 李锐. 日法朔余强弱考. 李氏算学遗书. 醉六堂刻本，1799.

步天其用尤为切要。何者？气朔交转之策即各数也，气朔交转之应即不满各数之残也，上元以来距所求年之积分即未以各数除去之数也。是故由唐麟德术以下迄于宋元诸家演撰者依赖是术而成"[①]。但他以为"宋史艺文志有龙受益求一算术化零歌，当即此术"，则非也，前述焦循《求一古法》已作辨析。张敦仁的成就有三，一是，求定数时舍弃秦术求总等法，径直"置原问各全数"，两两连环求等相约，约一存一，"视两数皆奇者，如意约之；一奇一偶者，则约奇；皆偶者，则令约得数为奇；若约此得数与彼数有等，则反约彼数"。若"既约之后，仍有等数，即须再约"，约一乘一，至彼此无等，乃为定数。二是，求乘率时简化秦九韶大衍求一术格式，以定数27，奇数20为例：列奇上定下，上下递次互除，上位余1而止。次列各商数于左行，立天元1为右行第一数，以下各数均以其上左右两数相乘再加右上上数而得，至最下得数即为乘率。

	商数（左行）	右行	
奇 $\frac{20}{\text{定}}$ 27	1		1天元
$\frac{20}{7}$	2	1×1=1	
$\frac{6}{7}$	1	2×1+1=3	
$\frac{6}{1}$	5	1×3+1=4	
余 $\frac{1}{1}$		5×4+3=23	乘率

三是依他所归纳的"求一总术"，以五星日率及余，推演后汉四分历的上元积年数及太岁之所在；又依秦氏演纪术，由回归年、朔望月长度及某年（甲子岁）天正冬至干支时刻及月龄，对麟德、大衍、崇天、纪元、授时五历的上元积年数作了示范性的推算。

---

① 张敦仁. 求一算术，1831.

骆腾凤（1770—1840）《艺游录》（1815 年）①卷一"大衍求一法"以秦氏求一术推算杨辉《续古摘奇算法》中类似"孙子问题"的诸问，"大衍奇定相求法"所提出的求乘率的方法比秦氏求一术更为繁琐，"孙子算经解"对物不知数题的解法做了说明和推广。骆腾凤的成就在于他在其书卷二"衰分补遗"中，把《张丘建算经》"百鸡问题"一类的不定方程组化为一次同余问题来解决，并对解的构造和个数作了完整的讨论。

宋景昌《数书九章杂记》（1842 年）②，吸取了沈钦裴校勘世传明赵倚美（1563—1624）钞本《数书九章》和毛生（1790—1831）复校的李（锐）校四库本《数书九章》的成果，载毛生和沈钦裴对秦氏"古历会积"题错误的更正和改正后的推演，并载沈钦裴和宋景昌用总数术对秦氏"治历演纪"题的示范性推算，其中已考虑到调整余数以保证同余式组有整数解的方法。

时曰淳《求一术指》（1861 年）③对秦九韶、张敦仁等人的术、草，"误者正文"，"偏者补之"，他对于大衍总数术中化约为定的三个算法，第一个算法"求总等法删之"，第二、第三两个算法并之，"但以两两求等约之"：置诸问数，先以第一位为主位，与次位求等，约次不约主；仍有等（即续等），则反约主而乘次。两个问数间化约尽类后，再处理主位与次次位……这样并连环求等和连环求续等两次循环为一次循环，且不作奇偶判断，化约步骤更为简捷明了，是不依靠素因数分解概念条件下的最佳化约求定的方法。

黄宗宪《求一术通解》（1874 年）④称："求定母旧术极繁，至《求一术指》，稍归简捷，而约分之理，仍不易明。今析各泛母为极小数根"，"析泛母毕，乃遍视各同根，取某行最多者用之，余行所有弃之不用。再视本行所有异根，或少于他行，则弃之。抑或多于余行，亦用之。或与他行最多等者，则此两行随意用之。以所用数根连乘之，即得本行定母。若某行各根皆少于他行者，则此位无定母"。他首次使用

---

① 骆腾凤. 艺游录，1843.
② 宋景昌. 数书九章杂记（卷一）. 宜稼堂丛书本，1842.
③ 时曰淳. 求一术指. 如叶扫斋重校本，1879.
④ 黄宗宪. 求一术通解. 白芙堂算学丛书本.

了素因数分解法求定母,并"更立新术",用求"反乘率"法代替求"乘率"法解一次同余式组,更为简易。今以已知后汉四分历、五星各日率及熹平三年五星各日率余数,推算上元积年数为例,当解一次同余式组:

$$N \equiv 5 \ (\mathrm{mod}\ 4\,725)$$
$$\equiv 75 \ (\mathrm{mod}\ 1\,876)$$
$$\equiv 40 \ (\mathrm{mod}\ 9\,415)$$
$$\equiv 133 \ (\mathrm{mod}\ 4\,661)$$
$$\equiv 10 \ (\mathrm{mod}\ 1\,889)$$

依旧术(秦九韶大衍总数术,张敦仁求一总术等)当连环相约题设诸问数:

4 725, 1 876, 9 415, 4 661, 1 889

得定数:

675, 1 876, 269, 4 661, 1 889

诸定相乘得衍母:

2 999 162 158 026 300

以各走约得衍数:

4 443 203 197 076, 1 598 700 510 675, 11 149 301 702 700,

643 458 948 300, 1 587 698 336 700

再以各定除之,余为奇数:

626, 527, 175, 2 566, 507

以各奇、定用大衍求一术求乘率,得:

551, 655, 186, 1 237, 1 658

各乘衍数得用数:

2 448 204 961 588 876, 1 047 148 834 492 125,

2 073 770 116 702 200, 795 958 719 047 100, 2 632 403 842 248 600

以题设各剩数:

5, 75, 40, 133, 10

乘之,得各总:

12 241 024 807 944 380, 78 536 162 586 909 375,

82 950 804 668 088 000, 105 862 509 633 264 300, 26 324 038 432 486 000

并各总得总数：

305 914 740 118 692 055

满衍母去之，余：

9 455

即为上元积年数。其间数字运算大乘大除，极为繁杂。黄宗宪反乘率新术是分别处理，各个击破，先以最大、次大两问数：

9 415，4 725

相约求定：

269，4 725

两定相乘得新定：

1 271 025

以最剩40，最定269，分别满次定4725去之，余：

40，269

最余40减去次剩5，余：

35

以次定4 725，次余269求"反乘率"，即于次余处余一即止（而大衍求一术求乘率乃于次定或次奇处余一即止），得：

4 321

以乘余35，得：

151 235

以乘最定269，并入最余40，得：

40 682 255

满新定1 271 025去之，余为新剩：

9 455

以下应以新定、新剩与次次一个同余式的定、剩重复上面的程序，至将各同余式依次处理完毕为止。但这里新剩满以后各定去之，所余都与各剩同，故即为所求。

中国古代历法中上元积年的计算以及与此有关的一次同余式组的求解问题，各自在中国古代天文学史和中国数学史中占据着重要的地位。追求上元积年虽然兴于汉朝谶纬迷信之风盛行之时，并为了给历代统治者提供一个合璧连珠的吉利天象而造成历法计算上的繁杂和不便，但是寻找这样一个理想时刻，需要对日躔月离、朔望交食、五星顺逆行留、见伏周期等作日趋精密的天文观测，需要对数学上的不定分析特别是一次同余式组的理论问题和计算方法不断进行探讨和做出改进，这对天文学和数学的发展是有推动作用的。就强调其特点而言，说"中国古代天文学史，是一部不断探索并改进历法的历学史"①，而"一部中国历法史，几乎可以说是上元的演算史"②，是有一定道理的。

从世界数学史的角度考察，我国在同余式理论和解法方面，长期处于世界领先地位。印度著名数学史家巴格（A. K. Bag）③把一次不定方程 $by=ax \pm c$ 的求解追溯到 5 世纪下半叶的阿耶波多（Āryabhata I，约 476 年在世），但阿耶波多的文集（*Āryabhatiya*）中只有四行梵文诗，名曰"库塔卡"（*Kuttaka*），原文隐晦难解，语焉不详。依据 7 世纪初婆什伽罗（Baāskara I，约 600 年前后在世）的注解才得以知晓。巴格又认为婆罗摩笈多（Brahmaguta，约 628 年前后在世）也有解一次不定方程的方法，这受到印度的另一位学者马江达（P. K. Majumdar）④的批评。马江达研究了婆罗摩笈多的文集（*Brāhmasphuta Siddhānt*，悉坛多），认为必须依靠与摩诃毗罗（Mahāvīra，约 850 年前后在世）同时代的 *Prthudakasvāmī*（C.860）的注解才能讲得通。而对"库塔卡"的近代通用数学语言的说明见于 20 世纪 30 年代⑤。巴格对中国的不定分析发展历史的认识是错误的，他认为秦九韶的"大衍求一术"源于一行"大衍历"，而一行于 673 年去过印度，有

① 陈遵妫. 中国天文学史（第一册）[M]. 上海：上海人民出版社，1980：198；席泽宗. 中国天文学史的几个问题 [J]. 科学史集刊，1960，3：54.

② 陈遵妫. 中国天文学史（第三册）[M]. 上海：上海人民出版社，1984：1391.

③ A. K. Bag. *The Method of Integral Solution of Indeterminate Equations of the Type by = ax ± c in Ancient and Medieval India* [J]. Indian Gournal of History of Science, 1977, 12（1）：1–16. A. K. Bag. *Mathematics in Ancient and Medieval India*, 1979: 215–216.

④ P. K. Majumdar. *A Ratianal of Brahrngupta's Method of Solution ax ± c = by* [J]. Indian Goumal of History of Science, 1981, 16（2）：111–117.

⑤ B. Datta. *Elder Aryabhata's Rule for the Solution of Indetermiuate Equations of the First Degree* [J]. Bulletin of the Calcutta Mathematical Society, 1932, 24: 35–53.

可能从印度学去了"库塔卡"①。但是，其时一行（683—727）尚未出生，而且根本没有去过印度。比利时学者李倍始根据对"大衍术"和"库塔卡"的比较研究，认为："我们不能接受中国大衍求一术与印度库塔卡有任何历史渊源关系"②。伊斯兰国家的一次不定分析问题出现于阿部卡米勒（Abûkâmil，约 850—930）的著作中，但全属于百鸡术类型，晚于《张丘建算经》。欧洲在古希腊和希腊化时期都没有研究过一次不定方程问题，中世纪的裴波那契（L.Fibonacci，约 1170—1250）与秦九韶是同一时代的人，但他"没有给出剩余问题解法的点滴理论或一般的解释，因此，他的全部论述不高于《孙子》的水平"，"总之，他的著作没有模数不是互素的问题"③。19 世纪发现的德国慕尼黑抄本（约 1450 年）和哥廷根抄本（约 1550 年）记载有一些不定分析问题，对于两两互素的模数，差不多给出了完全的解，而对于互素模剩余问题的详细讨论，则见于 1669 年贝维立基（W. Beveridge）的拉丁文著作。由于 18 世纪下半叶数学大师欧拉（L. Euler，1707—1783）、拉格朗日（J. L. Lagrange，1736—1813）的探讨，导致了高斯（C. F. Gauss，1777—1855）于 19 世纪初建立了完全正确的同余式解法和同余理论。他在《算术研究》（1801 年）中，求解非互素模剩余问题

$$z \equiv a \,(\mathrm{mod}\, A)$$
$$\equiv b \,(\mathrm{mod}\, B)$$

是解

$$z = Ax + a$$
$$\equiv b \,(\mathrm{mod}\, B)$$

得到

$$x \equiv v \left(\mathrm{mod}\, \frac{B}{\delta}\right), \; \delta = (A, \, B)$$

从而

---

① A. K. Bag. *The Method of Integral Solution of Indeterminate Equations of the Type by = ax ± c in Ancient and Medieval India* [J]. Indian Gournal of History of Science, 1977, 12（1）. A. K. Bag. *Mathematics in Ancient and Medieval India*, 1979: 13-14.
② U. Libbrecht. *Chinese Mathematics in 13th Century* [J], p.366, M. I. T., 1973.
③ 李倍始. 不定分析的发展简史. 数学史译文集（续集）[M]，上海：上海科学技术出版社，1985：157.

$$z \equiv Av+a \ (\mathrm{mod}\ M), \ M= \frac{AB}{\delta} = [\,A, \ B\,]$$

他在处理

$$z \equiv 17 \ (\mathrm{mod}\ 504)$$
$$\equiv -4 \ (\mathrm{mod}\ 35)$$
$$\equiv 33 \ (\mathrm{mod}\ 16)$$

是化为

$$z \equiv 17 \ (\mathrm{mod}\ 8) \equiv 17 \ (\mathrm{mod}\ 9) \equiv 17 \ (\mathrm{mod}\ 7)$$
$$\equiv -4 \ (\mathrm{mod}\ 5)$$
$$\equiv -4 \ (\mathrm{mod}\ 7)$$
$$\equiv 33 \ (\mathrm{mod}\ 16)$$

从而得到

$$z \equiv 17 \ (\mathrm{mod}\ 9)$$
$$\equiv -4 \ (\mathrm{mod}\ 7)$$
$$\equiv 33 \ (\mathrm{mod}\ 16)$$

最后解得

$$z \equiv 3\,041 \ (\mathrm{mod}\ 5040)$$

黄宗宪求定母法同高斯在数理上类似,但表述得更为一般化。1891年斯蒂尔切斯(T. J. Stielties,1856—1894)给出了非两两互素模的一般性证明,已晚于黄宗宪十七年[1]。西方数学史界一直称求解一次同余式组的剩余定理为"中国剩余定理"是当之无愧的。

"调日法" 和分数近似算法

北宋周琮明天历(1064 年)"为义略冠其首",题"调日法(朔余、周天分、斗分、岁差、日度母附)"[2]称:

造历之法,必先立元,元正然后定日法,法定然后度周天以定分、至,三者有程,则历可成矣。日者,积余成之;度者,

---

① L. E. Dickson. *History of the Theory of Nambers*［J］, New York, 1952, 2: 63.
  U. Libbrecht. *Chinese Mathematics in 13th Century*［J］, M. I. T., 1973: 375.
② 宋史・律历志. 历代天文律历等志汇编(九)［M］. 北京:中华书局, 1976:2633-2635.

233

积分成之。盖日月始离，初行生分，积分成日。自四分历洎古之六历，皆以九百四十为日法。率由日行一度，经三百六十五日四分之一，是为周天；月行十三度十九分之七，经二十九日有余，与日相会，是为朔策。史官当会集日月之行，以求合朔。

自汉太初至于今，冬至差十日，如刘歆三统复强于古，故先儒谓之最疏。后汉刘洪考验四分，于天不合，乃减朔余，苟合时用。自是已降，率意加减，以造日法。宋世何承天更以四十九分之二十六为强率，十七分之九为弱率，于强弱之际以求日法。承天日法七百五十二，得十五强，一弱。自后治历者，莫不因承天法，累强弱之数，皆不悟日月有自然合会之数。

今稍悟其失，定新历以三万九千为日法，六百二十四万为度母，九千五百为斗分，二万六百九十三为朔余，可以上稽于古，下验于今，反复推求，若应绳准。又以二百三十一千为月行之余，（月行十三度之余。）以一百六十万四百四十七为日行之余。（日行周天之余。）乃会日月之行，以盈不足平之，并盈不足，是为一朔之法。（日法也，名元法。）今乃以大月乘不足之数，以小月乘盈行之分，平而并之，是为一朔之实。（周天分也。）以法约实，得日月相会之数，皆以等数约之，悉得今有之数。（盈为朔盈，不足为朔余。）又二法相乘为本母，各母互乘，以减周天，余则岁差生焉，亦以等数约之，即得岁差、度母、周天实用之数。此之一法，理极幽眇，所谓反复相求，潜遁相通，数有冥符，法有偶会，古历家皆所未达。（以等数约之，得三万九千为元法，九千五百为斗分，二万六百九十三为朔余，六百二十四万为日度母，二十二亿七千九百二十万四百四十七为周天分，八万四百四十七为岁差。）

明天历中，与"调日法"有关的记载，还有：

朔实：一百一十五万一千六百九十三。本会日月之行，以盈不足平而得二万六百九十三，是为朔余，（备在调日法术中。）是则四象全策之余也。[①]

周天分：二十二亿七千九百二十万四百四十七。本齐日月

① 宋史·律历志.历代天文律历等志汇编（九）[M].北京：中华书局，1976：2635.

之行，会合朔而得之。（在调日法）①

　　琮又论历曰：……明天历悟日月会合为朔，所立日法积
年有自然之数，……（自元嘉历后所立日法，以四十九分之
二十六为强率，以十七分之九为弱率，并强弱之数为日法、朔余，
自后诸历较之。殊不知日月会合为朔，朔余虚分为日法，盖自
然之理。……）②

由此可见，周琮所谓"调日法"或"调日法术"是指由实测日行月
行之余等数据，依据日月会合为朔的原理，齐日月之行，而"反复
推求""反复相求""反复参求"③，调制得日法朔余、度母斗分、
周天岁差等数据的数学方法。周琮批评何承天设强率弱率，"于强
弱之际以求日法"，也批评"自后治历者，莫不因承天法，累强弱
之数，皆不悟日月有自然合会之数"。因此，周琮"齐日月之行"
的"调日法"术与何承天"累强弱之数"的"求日法"术本不是一
回事。后人称"何承天调日法"当有误解。为了弄清何承天、周琮
等人是如何"累"强弱数，如何"调"日法的，必须对他们前后的
各家历法其日法等数据的来源作一番考察。

1. 何承天以前各家历法的"日法"数据

　　四分历（古六历，东汉四分历）取回归年和朔望月日数的奇零部
分的分母分别为 4，940，称为"日法"（气日法）和"蔀月"（朔日法）。
　　《续汉书·律历志》称：

　　　　历数之生也，乃立仪、表，以校日景。景长则日远，天度之端也。
　　　日发其端，周而为岁，然其景不复。四周，千四百六十一日而景复初，
　　　是则日行之终。以周除日，得三百六十五，四分度之一，为岁之日数。④

即实测冬至时刻，通过简单运算得一回归年的日数

---

① 宋史·律历志.历代天文律历等志汇编（九）[M].北京：中华书局，
1976：2637.
② 同上书，第2687页。
③ 宋史·律历志.历代天文律历等志汇编（九）[M].北京：中华书局，1976：
2634-2635.
④ 续汉书·律历志.历代天文律历等志汇编（五）[M].北京：中华书局，
1976：1511.

$$\frac{1\ 461}{4}=365\frac{1}{4}$$

于是日法4，斗分1。《续汉书·律历志》又说：

> 察日月俱发度端，日行十九周，月行二百五十四周，复会于端，是则月行之终也。以日周除月周，得一岁周天之数。以日一周减之，余十二，十九分之七，则月行过周及日行之数也，为一岁之月。以除一岁日，为一月之数。[1]

即根据日行19周、月行254周相会（十九年七闰），

$$19年=254月$$

$$\frac{254}{19}-1=12\frac{7}{19}$$

得

$$\frac{365\frac{1}{4}}{12\frac{7}{19}}=29\frac{499}{940}$$

为一朔望月日数。因此，四分历的气、朔日法均不需要调制。

八十一律历（西汉太初历、三统历）取回归年和朔望月日数的奇零部分为 $\frac{385}{1\ 539}$、$\frac{43}{81}$，其分母 1 539、81 分别被称为"统法"和"日法"。《汉书·律历志》载：

> （落下）闳运算转历。其法以律起历，曰："律容一龠，积八十一寸，则一日之分也。与长相终。律长九寸，百七十一分而终复。三复而得甲子。夫律阴阳九六，爻象所从出也。故黄钟纪元气之谓律。律，法也，莫不取法焉。"与邓平所治同。于是皆观新星度、日月行，更以算推，如闳、平法。法，一月之日二十九日八十一分日之四十三。[2]

因此，以"元始黄钟初九自乘，一龠之数，得日法"[3]：9×9=81，而"以

① 续汉书·律历志.历代天文律历等志汇编（五）［M］.北京：中华书局，1976：1511-1512.
② 汉书·律历志.历代天文律历等志汇编（五）［M］.北京：中华书局，1976：1401.
③ 同上书，第1417页。

闰法乘日法，得统法"①：81×19＝1 539，其气、朔日法也不必调制。

有人认为："天文学家邓平经长期观测一月的天数是 $29\frac{499}{940}$，为把分数 $\frac{499}{940}$ 化简，取 $\frac{17}{32}$ 太大，取 $\frac{26}{49}$ 又太小，就把这两分数取作母近似值，邓平用加减法获得 $\frac{17+26}{32+49}=\frac{43}{81}$，以这个精度较高、分母较小（相对于940）的近似分数作为一月天数的尾数，来制定太初历。"②其实，朔望月 $29\frac{499}{940}$ 日是四分历推算出来的数据，并非邓平观测而得，况且"以八十一分为统母，其数起于黄钟之龠，盖其法本于律矣"③，是邓平等人的附会之说。查 $\frac{499}{940}\approx0.530\ 85$，$\frac{43}{81}\approx$ 0.530 86，当时人们认识到朔望月"在29.530日至29.531日之间似无问题"④，至少应认识到在29.53日左右。而经试算 $\frac{42}{81}\approx0.518$，4 481≈ 0.543，故取4381似乎不必以强弱二率 $\frac{17}{32}$，$\frac{26}{49}$ 加减而得。还须指出，这两个数据 $\frac{17}{32}$，$\frac{26}{49}$ 也没有史料依据。

乾象历"日法"（朔日法）145.7，"纪法"（气日法）589，其数据来源，是先有日法，还是先有纪法，值得深究。

《晋书·律历志》说：

> 汉灵帝时，会稽东部尉刘洪，考史官自古迄今历注，原其进退之行，察其出入之验，视其往来，度其始终，始知四分于天疏阔，皆斗分太多故也。更以五百八十九为纪法，百四十五为斗分，作乾象法。⑤

唐一行从其说，并进一步明确指出：

> 刘洪以古历斗分太强，久当后天，乃先正斗分而后求朔法，故朔余之母繁也。⑥

① 汉书·律历志.历代天文律历等志汇编（五）[M].北京：中华书局，1976：1417.
② 沈康身.更相减损术源流[J].自然科学史研究，1982，1（3）.
③ 新唐书·历志.历代天文律历等志汇编（七）[M].北京：中华书局，1976：2117.
④ 陈美东.论我国古代年、月长度的测定（上）.科技史文集[M].上海：上海科学技术出版社，198，10.
⑤ 晋书·律历志.历代天文律历等志汇编（五）[M].北京：中华书局，1976：1580.
⑥ 新唐书·历志.历代天文律历等志汇编（七）[M].北京：中华书局，1976：2179.

而周琮却认为：

> 刘洪考验四分，于天不合，乃减朔余，苟合时用。①

最近有人提出"自刘洪到赵以前的二百余年间，人们一直恪守十九年七闰的闰法，所以所谓'斗分多'同'朔分多'是同义词"②，因而"周琮的说法应比较可信"③。但是，早于周琮的《晋书·律历志》和《唐书·律历志》将斗分和朔分区分得很明确，《晋书·律历志》斗分特指145，难以理解为朔分。而且《晋书·律历志》中还有一段与刘洪同时代人徐岳的议论：

> 刘洪以历后天，潜精内思二十余载，参校汉家太初、三统、四分历术，课弦望于两仪郭间，而月行九岁一终，谓之九道；九章，百七十一岁，九道小终；九九八十一章，五百六十七分而九终，进退牛前四度五分。学者务追合四分，但减一道六十三分，分下不通，是以疏阔，皆由斗分多故也。……洪加太初元十二纪，减十斗下分，……理实粹密，信可长行。④

最近还有人提出："'减十斗下分'意甚不明，不知是否有错漏字，因而难以得知乾象历中的斗分是如何得来的。"⑤其实，将太初历和乾象历的朔望月奇零部分分数值通分比较，有

$$太初：\frac{385}{1\,539}=\frac{385}{81\times19}=\frac{\frac{385}{19}\times31}{81\times31}=\frac{628\frac{3}{19}}{81\times31}$$

$$乾象：\frac{145}{589}=\frac{145}{31\times19}=\frac{\frac{145}{19}\times81}{31\times81}=\frac{628\frac{3}{19}}{31\times81}$$

内628和618分别是太初历和乾象历的"斗下分"，3是"斗上分"。628-618=10，便是"减十斗下分"。由此可见，乾象历先正

① 宋史·律历志.历代天文律历等志汇编（八）［M］.北京：中华书局，1976：2634.
② 陈美东.论我国古代年、月长度的测定（上）.科技史文集［M］,上海：上海科学技术出版社，1983，11.
③ 同上.
④ 晋书·律历志.历代天文律历等志汇编（五）［M］.北京：中华书局，1976：1581.
⑤ 陈久金.调日法研究［J］.自然科学史研究，1984，3（3）：250.

斗分，于文献记载，于数字推算，都有所本。刘洪是先定纪法，后求日法的。

　　顺便指出，徐岳关于月行九道的那一段话，与《汉书·律历志》三统历本文"岁术"中"九章岁为百七十一岁，而九道小终。九终千五百三十九岁而大终，三终而与元终，进退于牵牛之前四度五分"①及《续汉书·律历志》中"及太初历以后天为疾，而修之者云'百四十四岁而太岁超一辰，百七十一岁当弃朔余六十三，中余千一百九十七，乃可常行'"②"刘歆研机极深，验之春秋，参以易道，以河图帝览嬉、雒书乾曜度推广九道，百七十一岁进退六十三分，百四十四岁一超次，与天相应，少有阙谬"③是相一致的。按太初历一朔望月 $29\frac{43}{81}$ 日，为 $29\times81+43=2\,392$ 分；一章 19 年系 235 月，为 $2\,392\times235=562\,120$ 分；九章 171 年，为 $562\,120\times9=5\,059\,080$ 分；弃朔余六十三，则朔望月日数为

$$\frac{5\,059\,080-63}{235\times9\times81}=29\,\frac{374}{705}=29.530\,496$$

这是刘歆发现的比太初历更精密的朔望月数值，这点已为薄树人所指出④。需要补充的是，该值也比四分历精密。因按近代理论推算，汉朝朔望月数值应为

　　　　29.530 585 日

而太初、四分历的朔望月长度分别取

　　　　29.530 864 日

和

　　　　29.530 851 日

太初、四分和刘歆值的误差分别为+24.1，+23.0和−7.7秒。《续汉书·律历志》称"今以去六十三分之法为历，验章和元年（87）以

① 汉书·律历志.历代天文律历等志汇编（五）[M].北京：中华书局，1976：1433.
② 续汉书·律历志.历代天文律历等志汇编（五）[M].北京：中华书局，1976：1487.
③ 同上书，第1489页。
④ 薄树人.试探三统历和太初历的不同点[J].自然科学史研究，1983，2（2）：136.

来日变二十事，月食二十八事，与四分历更失，定课相除，四分尚得多，而又便近"①，那是因为东汉四分历已调整了原太初历的历元，消除了由历元造成的后天误差的缘故。当然，"参校汉家太初、三统、四分历术"的刘洪，由回归年长度的调整所计算而得的朔望月长度值

$$29.530\ 542\ 日$$

其误差只有−3.7秒。因此，"洪术为后代推步之师表"②，"自黄初以后，改作历术，皆斟酌乾象所减斗分、朔余、月行阴阳迟疾，以求折衷"③，"韩翊、杨伟、刘智等皆稍损益，更造新术"。④

对于韩翊的黄初历（220年），徐岳说："今韩翊所造，皆用洪法，小益斗下分，所错无几。"⑤但后来唐一行又说："韩翊以乾象朔分太弱，久当先天，乃先考朔分而后覆求度法。"⑥两说都没有提出具体数字运算依据。

"杨伟斟酌两端，以立多少之衷"⑦"详而精之，更建密历，则不先不后，古今中天"⑧，可见景初历（273年）是反复考虑过日法朔余、纪法斗分的数字设置的。

"刘智以斗历改宪，推四分法，三百年而减一日，以百五十为度法，三十七为斗分"⑨，其数易得

$$\frac{1}{4}-\frac{1}{300}=\frac{37}{150}$$

---

① 续汉书·律历志.历代天文律历等志汇编（五）[M]．北京：中华书局，1976：1491.
② 晋书·律历志.历代天文律历等志汇编（五）[M]．北京：中华书局，1976：1585.
③ 同上。
④ 新唐书·历志.历代天文律历等志汇编（七）[M]．北京：中华书局，1976：2174-2175.
⑤ 同上书，第1581页。
⑥ 同上书，第2179页。
⑦ 宋书·律历志.历代天文律历等志汇编（六）[M]．北京：中华书局，1976：1685.
⑧ 同上书，第1686页。
⑨ 晋书·律历志.历代天文律历等志汇编（五）[M]．北京：中华书局，1976：1644.

唐《开元占经》所载"晋刘智正历……纪月三万五千二百五十，……余一万八千七百三"①，即日法35 250，朔余18 703，是根据度法、斗分和十九年七闰的章法计算出来的。

王朔之袭黄初，于352年造通历，《晋书·律历志》仅记载了其与黄初历完全一样的纪法、斗分数据，日法、朔余亦当与黄初历同。

后秦姜岌造三纪甲子元历（384年），"其略曰：……殷历斗分粗，故不施于今，乾象斗分细，故不得通于古。景初斗分虽在粗细之中，而日之所在乃差四度，……今治新历，以二千四百五十一分之六百五为斗分，日在斗十七度，天正之首，上可以考合于春秋，下可以取验于今世。"②强调的还是斗分之粗细。

由此可见，何承天元嘉历以前的各家历法（赵元始历放在下一节讨论），就目前掌握的史料记载来看，没有发现累强弱之数调制日法的方法，多数倒是先定气法、正斗分，然后依十九年七闰即 19 个回归年相当于 235 个朔望月的古章法求

$$1朔望月日数=1回归年日数 \times \frac{19}{235}$$

而得日法、朔余的。考虑到章岁是19，章月235与一回归年日数的整数部分365日都含有5的因子而235=5×47，所以常取气法、斗分分别是19和5的倍数，这样得到的日法便是47的倍数，同时朔余也确定了。即若气法斗分取 $\frac{5q}{19p}$，则日法朔余必为 $\frac{24p+q}{47p}$；反之，若日法朔余取 $\frac{r}{47p}$，则气法斗分必为 $\frac{5(r-24p)}{19p}$。上述各历除正历外，都合于此，如表3.4所示。

表3.4

历　法	气法（19p）	斗分（5q）	日法（47p）	朔余（24p+q）	p	q
乾　象	589	145	1 457	773	31	29

---

① 徐友壬. 开元占经推步三卷. 日本京都大学人文科学研究所所藏抄本.
② 晋书·律历志. 历代天文律历等志汇编（五）[M]. 北京：中华书局，1976：1648-1649.

历　　法	气法（19p）	斗分（5q）	日法（47p）	朔余（24p+q）	p	q
黄　　初	4 883	1 205	12 079	6 409	257	241
景　　初	1 843	455	4 559	2 419	97	93
正　　历	150	37	35 250	18 703		
通　　历	4 883	1 205	12 079	6 049	257	241
三纪甲子元	2 451	605	6 063	3 217	129	121

2. 何承天的"气朔母法"

据《宋书·律历志》分载，何承天于元嘉二十年（443）上表曰：

> 臣……自昔幼年，颇好历数，耿情注意，迄于白首。臣之舅故秘书监徐广，素善其事，有既往七曜历，每记其得失。自太和（366—371）至太元（376—396）之末，四十许年。臣因比岁考校，至今又四十载。故其疏密差会，皆可知也。

> ……十九年七闰，数微多差。复改法易章，则用算滋繁，宜当随时迁革，以取其合。……是故臣更建元嘉历，以六百八为一纪，半之为度法，七十五为定分，以建寅之月为岁首，雨水为气初，以诸法闰余一之岁为章首。①

可见何承天积近八十年来直接、间接天文实测数据的经验，周琮也说他"立八尺之表，连测十余年，即知旧景初历冬至常迟天三日。乃造元嘉历，冬至加时比旧退减三日。"②

何承天善历，常为后人所称道，周琮以前，已有史载"依何承天法"③"乃何承天气朔母法"等。问题是何承天是否如周琮所说，"以四十九分之二十六为强率，十七分之九为弱率，于强弱之际，以求日法，承天日法七百五十二，得一十五强，一弱"④，则在周琮以前

---

① 宋书·律历志. 历代天文律历等志汇编（六）［M］. 北京：中华书局，1976：1715-1716.
② 同上书（八），第2687页。
③ 隋书·律历志. 历代天文律历等志汇编（六）［M］. 北京：中华书局，1976：1892.
④ 宋史·律历志. 历代天文律历等志汇编（八）［M］. 北京：中华书局，1976：2634.

的史籍中未见记载。周琮以前,比较详细一点记述何承天气朔母法的,仅见于一行大衍历议合朔议:

> 刘洪以古历分太强,久当后天,乃先正斗分,而后求朔法,故朔余之母烦矣;韩翊以乾象朔分太弱,久当先天,乃先考朔分,而后求度法,故度余之母烦矣。何承天反复相求,使气朔之母合简易之率,而星数不得同元矣。[①]

由此可见,何承天气朔母法,其基本点是"反复相求,使气朔之母合简易之率"而不至于太"烦矣"。

《宋书·律历志》载:

> 何承天曰:四分于天,出三百年而盈一日。[②]

这说明何承天认识到四分历的斗分具体大到使三百多年而盈一日。何承天是知道他以前的刘智取三百年而减一日,得斗分度法为 $\frac{1}{4}-\frac{1}{300}=\frac{37}{150}$,分母比乾象、黄初、景初、通历、三纪甲子元历都小,分数很简单,当"合简易之率";但是,由于 $\frac{37}{150}$ 不合于 $\frac{5q}{19p}$ 的形式,致使以19年合235月的闰法计算出来的朔余日法为 $\frac{18\,703}{35\,250}$,则分母比各历都大,是"朔余之母烦也"。何承天既要想得到如正历那样简单的度余之母,又要在保留十九年七闰旧章法的前提下使之合于 $\frac{5q}{19p}$ 的形式,并与八十年来实测数据相符,这是需要设值反复试算的。"出三百年而盈一日",三百年多多少?若多四年,则304具有19p的形式(p=16),而

$$\frac{1}{4}-\frac{1}{300}=\frac{75}{304}$$

其岁余(元嘉历称室分)75恰具5q(q=15)的形式,由此计算出来的日法47p=47×16=752不"烦",合"简易之率",其朔余24p+q=24×16+15=399也与实测数据密合,事实上,

---

① 新唐书·历志.历代天文律历等志汇编(七)[M].北京:中华书局,1976:2179.
② 宋书·律历志.历代天文律历等志汇编(六)[M].北京:中华书局,1976:1684.

$$\frac{399}{752}=0.530\ 585\ 1$$

与当时的真值只有−0.1秒的误差，不仅前无古人，而且后无来者，精于中国所有古历法中的朔望月长度值。

我们认为，这种推测比周琮所谓"承天法累强弱之数"的推测更接近于周琮以前的有关史料记载。

3. 元始历和何承天以后破章法各历的日法数据

古人云："历法之要，首推章法；章法之要，首推章岁"。自北凉赵元始历（412年）破十九年七闰的旧章法以来，除元嘉历外，至唐初傅仁钧戊寅历，二百多年所行十余部历法，都减分破章。其中，北魏张龙祥正光历（518年）于法数中首列章法，并有其数据来源：

> 章岁，五百五。（古十九年七闰，闰余尽为章。积至多年，月尽之日，月见东方，日蚀先晦，辄复变历，以同天象。二百年多一日，三百年多一日半，晦朔失。故先儒及纬文皆言"三百年斗历改宪"。候天减闰，五百五年减闰余一，九千五百九十五年减一闰月，则从僖公五年至今，日蚀不失晦与二日，合朔者多，闰余成月，余尽为章。）

> 章闰，一百八十六。（五百五年闰月之数，其中减旧十九分之一。）

> 章月，六千二百四十六。（五百五年所有月之数并闰月。）

而李业兴甲子元兴和历（540年）更明确指出：

> 章岁，五百六十二。（二十九章、十一年，减闰余一，一万六百七十八年减一闰月。）

> 章闰，二百七。（五百六十二年之闰月数。）

> 章月，六千九百五十一。（五百六十二年之月数并闰。）[①]

于是，唐一行大衍历议据此补出了元始历章法的来源：

---

① 魏书·律历志. 历代天文律历等志汇编（六）[M]. 北京：中华书局，1976：1824.

元始历以为十九年七闰，皆有余分，是以中气渐差。……更因刘洪纪法，增十一年以为章岁，而减闰余十九分之一。……其斗分几得中矣。后代历家，皆因循元始。①

刘洪乾象历以旧三十一章为一纪，故元始历章岁为

$$31 \times 19 + 11 = 600$$

取其数据简单。按旧章法，章闰应为

$$600 \times \frac{7}{19} = 221\frac{1}{19}$$

故"减闰余十九分之？"，得章闰，取六百年二百二十一闰。由章岁之十二倍，章月（12×章岁+章闰）之十二倍，得纪法、日法，调整斗分、朔余，既数字简单，又"几得中矣"。

破旧章法后，新章法的选取，是依据实测，"候天减闰"；而正光历所谓"五百五年闰月之数，其中减旧十九分之一"，严敦杰早已指出，此"即求一术也。以古法十九年七闰，太差，乃用是法解不定方程式

$$19B+1 = 7A$$

或

$$7A \equiv 1 \ (\mathrm{mod}\ 19)$$

或

$$19B \equiv -1 \ (\mathrm{mod}\ 7)$$

式中A表章岁，B表章闰，依今法此不定方程式，解之得

$$A = 19m - 8$$

$$B = 7m - 3$$

以m值取27，即正光历所定者。……南北朝各家所用之章岁章闰，皆合上式者。"②

按其解也可写成

---

① 新唐书 · 历志. 历代天文律历等志汇编（七）[M]. 北京：中华书局，1976：2175.
② 严敦杰. 孙子算经研究[J]. 学艺杂志，1937，16（3）：322.

$$A=19n+11$$
$$B=7n+4$$

的形式，内 $n=m-1$，取26。此即朱文鑫所说"元始以来章法，不过增损旧章，而加十一年及四闰"[①]，这与兴和历的"二十九章、十一年，减闰余一"（$n=29$）相合。

元始历及其以后破章法各历都可纳入同样格式，如表3.5所示。这样，在选取气法（又称纪法、蔀法、度法、气日法等）、日法（又称朔日法等）时，由于对章法作了一次调整（表3.5中的 n 值），气法和日法的倍数（表3.5中的 p 值）便可简化，如正光历称"十二章为一蔀，至此年小余成日，为度法""十二乘章月为日法。章月，一年之闰分"，即是取 $p=12$；兴和历称"蔀法，……三十乘章岁，得日月余皆尽之年数""日法，……三十乘章月，得此数"，即是取 $p=30$，至于斗分，则由实测数据决定。如正光历称"斗分，一千四百七十七。四分度法得一千五百一十五，为古法。今减三十八者，从僖公五年以来减七日有奇，谓为最近。"按 $1\,515-38=1\,477$，从僖公五年（公元前655）至正光三年（518）计 $655+518+1=1\,174$ 年，减38分系 $\frac{38}{6\,060}\times1\,174=7\frac{1\,096}{3\,030}$ 日，故云减七日有奇。

元始、正光、兴和、九宫、天保、天和、董峻郑元伟诸历，选取气法、日法分别为章岁、章月的相同倍数，其日法数字较大，但因此而使朔望月分与回归年分其值相同，（称周天、周天分、道数等）给运算带来方便。大明、大同、刘孝孙、张孟宾、大象、开皇、皇极、大业、戊寅诸历，取气法为章岁的 p 倍，依实测数据定出岁余以后，由章法计算日法，有可能化约掉一些因子而使日法远小于章月的 p 倍，如大明历定岁余为 $9\,589$，由章法算日法，得

$$365\frac{9\,589}{39\,491}\times\frac{391}{4\,836}=\frac{\overset{116\,321}{\cancel{14\,423\,804}}}{\underset{101}{39\,491}}\times\frac{\overset{1}{391}}{\underset{39}{4\,836}}$$

$$=\frac{116\,321}{39\,491}$$

---

① 朱文鑫.历法通志［M］.上海：商务印书馆，1934：111.

日法为3 939。这很可能在选取岁余数值时就有所考虑。

表3.5

编号	历　　　　法	章岁A (19n +11)	章闰B (7n +4)	章月C (12A +B)	n	气法 (P·A)	日法 (P·C) (*除外)	p
1	北凉赵㢠元始历（412年）	600	221	7 421	31	7 200	89 052	12
2	宋祖冲之大明历（463年）	391	144	4 836	20	39 491	3 939*	101
3	北魏张龙祥正光历（518年）	505	186	6 246	26	6 060	74 952	12
4	北魏李业兴光和历（540年）	562	207	6 951	29	16 860	208 530	30
5	梁虞𢍰大同历（540年）	619	228	7 656	32	39 616	1 536*	64
6	北魏李业兴九宫历（547年）	505	186	6 246	26	4 040	49 968	8
7	北齐宋景业天保历（550年）	676	249	8 361	35	23 660	292 635	35
8	北周甄鸾天和历（556年）	391	144	4 836	20	23 460	290 160	60
9	北齐刘孝孙武平历（576年）	619	228	7 656	32	8 047	1 144*	13
10	北齐张孟宾武平历（576年）	619	228	7 656	32	48 901	948*	79
11	北齐董峻郑元伟历（576年）	657	242	8 126	34	22 338	276 284	34
12	北周马显大象历（579年）	448	165	5 541	23	12 992	53 563*	29
13	隋张宾开皇历（584年）	429	158	5 306	22	102 960	181 920*	240
14	隋刘焯皇极历（604年）	676	249	8 361	35	46 644	1 242*	69
15	隋张胄玄大业历（608年）	410	151	5 071	21	42 640	1 144*	104
16	唐傅仁钧戊寅历（618年）	676	249	8 361	35	9 464	13 006*	14

以《魏书·律历志》《隋书·律历志》等有关文献可知，北朝不仅行用过景初、元始，元嘉、大明等南朝历法也为北朝修历者参校。如参与制定正光历和制定兴和历的李业兴，就自谓"业兴推步已来，三十余载，上算千载之日月星辰有见经史者，与凉州赵、刘义隆廷尉卿何承天、刘骏南，徐州从事史祖冲之参校，业兴甲子元历长于三历一倍"[①]，北周"露门学士明克让、麟趾学士庾季才，及

---

① 魏书·律历志.历代天文律历等志汇编（六）[M]．北京：中华书局，1976：1821.

诸日者，采祖暅旧议，通简南北之术"①，至隋张宾，还"依何承天法，微加增损"②。若果真如周琮言"自后治历者莫不因承天法累强弱之数"，何故未见丝毫记载？况且，从北魏制定的第一部历法正光历的准备工作来看，先是十多年前，正始四年（507），因"伺察晷度，要在冬夏二至前后各五日，然后乃可取验"③，诏令"太常卿（刘）芳率太学、四门博士等依所启者，悉集详察"④，后有延昌四年（515），于"至日，更立表木，明伺晷度，三载之中，足知当否"⑤，这样才有神龟初（518年）"总合九家，共成一历，元起壬子，……谓为最密"⑥的正光历。由此可见，正光历关于"候天减闰"破旧章法和减斗分"谓为最近"的记载，是为信史。

4. 麟德历为总法以后各历法的日法数据和周琮的"调日法"

自初唐李淳风"为总法千三百四十以一之"⑦，作麟德历（665年）以来，至元王恂、郭守敬等授时历（1280）不用日法，已颁和未颁传世的唐宋辽金历法有三十多种，就载有日法数据的三十二家历法统计，尾数见十和十以上者，有三十家，占绝大多数。其中，尾位见十的计有麟德（1 340）、大衍（3 040）、五纪（1 340）、乾元（2 940）、至道（10 590）、崇天（10 590）、观天（12 030）、占天（28 080）、纪元（7 290）、杨级大明（5 230）、统元（6 930）、淳熙（5 640）、乙未（20 690）、重修大明（5 230）、淳祐（3 530）、会天（9 740）、成天（7 420）等十七种，尾位见百的计有宣明（8 400）、崇玄（13 500）、钦天（7 200）、仪天（10 100）、奉元（23 700）、五星再聚（13 500）、会元（38 700）、开禧（16 900）、另王睿新历（1 700）等

① 隋书·律历志. 历代天文律历等志汇编（六）[M]. 北京：中华书局，1976：1890.
② 同上书，第1892页。
③ 魏书·律历志. 历代天文律历等志汇编（六）[M]. 北京：中华书局，1976：1784.
④ 同上。
⑤ 同上书，第1786页。
⑥ 同上。
⑦ 新唐书·历志. 历代天文律历等志汇编[M]. 北京：中华书局，1976：2141.

九种，尾位见千的有乾兴（8 000）、明天（39 000）、统天（12 000）三种，尾位见万的有乾道（30 000）一种。尾位见单零的，只有正元（1 095）和应天（10 002）两种，后者"于万分增二"①，前者含五的因子。这三十二个历法的日法选取都有人为雕琢的痕迹，看采需要经过调制。

遍查所载这些历法的诸史书历志、司天考、律历志或历象志，找不到这些日法数据的由来，调制之法无从得知。考周琮明天历"调日法"术的原文（见本节开头所引），也只是给出了日法 39 000、朔余 20 693、斗分 9 500、日度母 6 240 000、周天分 279 200 447 和岁差 80 447 等有关数据之间的互求关系。可见周琮的所谓"调日法"，并不是仅指对日法的调制，而是"朔余、周天分、斗分、岁差、日度母附"，调制日法同其他各数据之间的比例关系，使"新历斗分九千五百，以万平之，得二千四百三十五半盈，得中平之数"②，合于标准（"率二千五百以下、二千四百二十八已上为中平之率"）；使新历朔余二万六百九十三"以一百万平之，得五十三万五百八十九，得中平之数"③，也合于标准（"古历以一百万平朔余之分，得五十三万六百以下、五百七十已上，是为中平之率"④）。同样，"今则别调新率，改立岁差，大率七十七年七月，日退一度"⑤。调制日法和其他历法数据的目的是为了获得各数据的"中平之率"，上考下验，若应准绳。此需反复测算，反复推求，方可趋于密近；而法数本身，又需尽量简单，以利于计算，所以唐宋历家，大多取日法为尾数见十、百，甚至千、万的数来进行测算。

周琮"调日法"的"调"字用得很妙。他先是批评刘洪以来，率意加减，以"造"日法，苟合时用；后又批评何承天以来，累强弱之数，以"求"日法，皆不悟日月有自然合会之数。"调"读作 tiáo（条），有协调、调和、调节、调制之意；另读作 diào（吊），

---

① 宋史·律历志. 历代天文律历等志汇编（八）[M]. 北京：中华书局，1976：2880.
② 同上。
③ 同上。
④ 同上。
⑤ 同上书，第 2637 页。

也有筹划、计算的含义。它的内容是丰富多彩的。

周琮的所谓何承天"求日法"术，是指以 $\frac{26}{49}$ 和 $\frac{9}{17}$ 为强弱二率，计算出 $\frac{26 \times 15 + 9 \times 1}{49 \times 15 + 17 \times 1} = \frac{399}{752}$ 为强弱二率之间的数。一般说来，对于两个既约分数 $\frac{q_1}{p_1} < \frac{q_2}{p_2}$，通过它们的带权加成可求得

$$\frac{q}{p} = \frac{mq_1 + nq_2}{mp_1 + np_2} \quad (m, \ n \text{为正整数})$$

则

$$\frac{q_1}{p_1} < \frac{q}{p} < \frac{q_2}{p_2}$$

周琮还说：

> 旧历课转分，以九分之五为强率，一百一分之五十六为弱率，乃于强率之际而求秒焉。[①]

则进一步认为他以前的历法其近点月的奇零分数值也是通过这种带权加成的分数运算得到的。至于说到明天历，

> 新历转分二百九十八亿八千二百二十四万二千二百五十一，以一百万平之，得二十七日五十五万四千六百二十六，最得中平之数。[②]

其转法1 084 473 000与转终余601 471 251组成的分数值若用强率 $\frac{5}{9}$ 与弱率 $\frac{56}{101}$ 累求，需分别累18 108 351与9 123 741次

$$\frac{601 \ 471 \ 251}{1 \ 084 \ 473 \ 000} = \frac{9 \ 123 \ 741 \times 56 + 18 \ 108 \ 351 \times 5}{9 \ 123 \ 741 \times 101 + 18 \ 108 \ 351 \times 9}$$

周琮不是这样求转法的。明天历的转法是元法的整数倍

$$1 \ 084 \ 473 \ 000 = 27 \ 807 \times 39 \ 000$$

该倍数27807中含有3，13，23，31诸素因子，给计算时约分带来方便。

---

① 宋史·律历志. 历代天文律历等志汇编（八）[M]. 北京：中华书局，1976：2639.
② 同上。

5. 秦九韶所谓"调日法如何承天术"

周琮以后，宋朝有关"调日法"或"何承天于强弱之际以求日法"的记载，主要见于南宋李心传《建炎以来朝野杂记》（1216年）乙集卷五制作"总论应天至统天十四历"条，和南宋秦九韶《数书九章》（1247年）卷三"治历演纪"题。

李心传记载：

> 宋何承天考正日晷，知南至之端。又用强弱率以配日，立法以求朔策之余分，乃合简易之要。……钦天作于王朴，施于周世宗时，而朴昧乎前人简易之要，求之不合，运于朔分之下，横立小分，而谓之秒，说者谓前代诸历朔余未有秒者，若朔余可以用秒，则可随意加减，何待求日法以齐朔分也。是时民间又有所谓万分历者，明历之士，往往鄙之。太祖皇帝建隆二年，始命王处讷造应天历，处讷乃用一万二分为日法，盖用万分增二，得强率二百有一，得弱率九，以二十六乘强率，以九乘弱率，并二者得五千三百七为朔策之余分，则强弱适中，合简易之要，自然无秒。①

这里，李心传说明了以下几点。第一，何承天实测冬至时刻，计算了回归年长度，即考正了斗分；第二，何承天用强弱二率 $\frac{26}{49}$，$\frac{9}{17}$ 配制日法，以求朔余，获简单分数，合简易之要；第三，王朴钦天历（956年）取日法 7 200，朔余 3 820分28秒，不是简单分数，不合于"求日法以齐朔分"的历格；第四，当时民间的万分历不以分数表日法朔余，不合强弱之法，也是不入历格；第五，王处讷应天历（960年）用"万分增二"，即以 10 002 为日法，得 10 002=49×201+17×9，于是朔余为

$$26×201+9×9=5\ 307$$

所得朔望月奇零部分分数为 $\frac{5\ 307}{10\ 002}$，强弱适中，合简易之要。

但是，何承天如何用强弱二率配制日法，以求朔余；王处讷的强弱二数是怎样求得的，均不明确。

------

① 严敦杰.群历气朔，中国年历学.手稿，1964.

秦九韶《数书九章》卷三"治历演纪"题：

问开禧历，积年七百八十四万八千一百八十三，欲知推演之原，调日法，求朔余、朔率、斗分、……，二十三事，各几何？

术曰：以历法求之，大衍入之。调日法知何承天术。用强弱母子互乘，得数，并之，为朔余。……

草曰：本历以何承天术调得一万六千九百为日法，系三百三十九强，一十七弱。先以强数三百三十九乘强子二十六，得八千八百一十四于上；次以弱数一十七乘弱子九，得一百五十三，并上，共得八千九百六十七为朔余。……①

并附有"算图"，以解释强、弱二数的计算方法，现将其算图演草，说明如下（见表3.6）：

表3.6

算图原文	算法说明
三 ⊤ 强母	
二 ⊤ 强子	强率 $\dfrac{26}{49}$
一 ⊤ 弱母	
⊤ 弱子	弱率 $\dfrac{9}{17}$
（何承天调日法强弱四率）	
｜⊥⊤〇〇日法	$49x+17y=16\,900$
分	$16\,900 \div 100 = 169$
｜〇〇约法	
（以百约之）	
｜⊥⊤上	
｜	$169 \times 3 = 507$
｜⊥⊤下	
｜｜｜	
（副置，上以一因，下以三因）	
｜⊥⊤上	
｜｜｜｜〇⊤下	
三 ⊤ 强母	

_____

① 秦九韶. 数书九章（卷三）. 宜稼堂丛书本，1842.

算图原文	算法说明
（以强母约下位）	
丨 丄 灬 上位	$507 \div 49 = 10$ 余 $17 = y_0$
一 〇 得数	
一 灬 余	
一 灬 弱	
（以弱母乘得数）	$169 + 17 \times 10 = 339 = x_0$
丨 丄 灬 上位	
丨 丄 〇 得数	
一 灬 余	
（以得数并上位）	
川 三 灬 强数	$49 \times 339 + 17 \times 17 = 16900$
一 灬 弱数	强数　　弱数

由表 3.6 可知，秦九韶所谓"调日法"或"何承天术"，是指求日法中包含强母和弱母的倍数——强数和弱数，这相当于求解一次不定方程

$$16\,900 = 49x + 17y$$

秦九韶巧妙地利用了100中恰含1个强母和3个弱母，即

$$100 = 49 + 17 \times 3$$

的关系式，得

$$16900 = 169 \times 100$$
$$= 169 \times (49 + 17 \times 3)$$
$$= 169 \times 49 + 507 \times 17$$

即日法中含有169个强母，507个弱母，这本来已是原不定方程的解了。但以此求朔余，太弱，于是重新调整日法中强母和弱母的个数——这就是"调日法"的本意：

考虑到

$$507 \div 49 = 10 \cdots\cdots 余 17$$

即

$$507 = 10 \times 49 + 17$$

253

故有

$$16\,900=169\times49+（10\times49+17）\times17$$

$$=（169+170）\times49+17\times17$$

$$=339\times49+17\times17$$

即日法中含有339个强母，17个弱母，这即是原不定方程的又一组解

$$x_0=339,\ y_0=17$$

以它们作为强弱数算出来的朔余，与日法相配，合中平之率。

这是秦九韶对何承天"于强弱之际之求日法"术的一种复原推测，因为要调整日法中所含的强弱数，姑且也可称之为"何承天调日法"术，但必须把它同周琮的"调日法"术相区别。可以看出，秦九韶的这种解释同上引李心传的记载是相一致的。

这种算法适用于日法尾数见百的情形，当然见百以上也适合，但对于尾数只见十或者尾数是单零整数的情况是否适合呢？秦九韶未曾提及。对此，严敦杰作了推广：如果日法尾数只有1个0或者没有0，则将其乘以10或100，然后仿照秦九韶的算法进行代换，只需在相应的求解过程中约去同样的倍数（10或100）同时保持商的整数性就行了。[1]

以秦九韶的算图和严敦杰的推广，遍察唐宋群历，都可以算出相应的强弱二数而求出合于各家历法的朔余来。

秦九韶指出："今人相乘演积年，其术如调日法，求朔余，……已上皆同此术。"[2]说明当时历算家也是用这种方法"调日法"的。

6.清朝算家对调日法的探究

清李锐《日法朔余强弱考》嘉庆四年（1799）自序曰：

何承天调日法以四十九分之二十六为强率，十七分之九为弱率，累强弱之数得中平之率，以为日法朔余。唐宋演撰家皆墨守其法，无敢失坠。元明以来，畴人子弟，罔识古义，竟无知其说者。今年春，读宋史志，忽有启悟，爰列开元占经、授

---

[1] 严敦杰.调日法的探讨.手稿，1964.
[2] 秦九韶.数书九章（卷三）.宜稼堂丛书本，1842.

时术议所载五十一家日法朔余之数，一一考其强弱。[1]

并提出"调日法""求日法朔余"和"求强弱"三术。与他同时代的算家李潢评论道："能使古法之已湮没者，粲然复明，凿凿可据，实有功古人不浅"，其为"必传之作，不但与秦氏书为羽翼也。"[2]

事实上，的确自秦九韶之后，五百多年来，没有关于调日法的著作传世。李锐对调日法的解释，又与秦氏不一致，他的工作是很有价值的。

李锐"调日法术曰"：

> 视当时测定朔余，（置其术朔余，以万万乘之，如其术日法而一，所得即其术当时测定朔余也。）在强率约余以下，弱率约余以上者，（若在强率约余以上即不可算。）列强母于右上，强子于右次，一强于右副，右下空。又列弱母于左上，弱子于左次，左副空，一弱于左下。并左右两行得中行，以中上退除中次，为约余。约余多于测定数，即弃去右行，以中行为右行，仍前左行。约余少于测定数，即弃去左行，以中行为左行，仍前右行。依前累求约余与当时测定数合，中上即日法，中次即朔余，中副即强数，中下即弱数也。[3]

这就是李锐设计的"调日法"程序：从 $\frac{q_1}{p_1} = \frac{9}{17}$，$\frac{q_2}{p_2} = \frac{26}{49}$ 出发，于左右两行分别自上而下顺次列出 p_1、q_1、0、1，p_2、q_2、1、0，并左右两行，计算 $\frac{q_1+q_2}{p_1+p_2}$，与实测朔望月奇零日数比较（都取小数八位），若大（小）于实测值，则弃右（左）行，以中行为右（左）行，与左（右）行重复前面的程序，至与实测数合，此时中行自上而下顺次为日法（p）、朔余（q）、强数（m）、弱数（n），如表3.7所示。

---

① 李锐.日法朔余强弱考.李氏算学遗书.醉六堂刊本，1799.
② 同上。
③ 同上。

表3.7

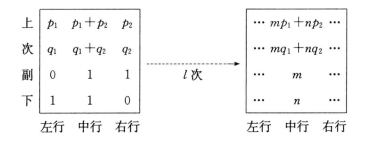

他以乾象历为例，经过九次加成和复合加成运算，累强率二十八次，弱率五次，得到与朔分约余0. 530 542 21相等的带权加成形式的分数值

$$\frac{773}{1\ 457}=\frac{26\times28+9\times5}{49\times28+17\times5}$$

这种程序是在"累"强弱二率的过程中同时得到日法、朔余、强数、弱数，与秦九韶先定日法，再求强数、弱数、朔余的调制方法不同。由于秦九韶明确指出当时的历算家是按他解释的方法调日法的，而李锐的推测则缺乏史料上的确凿证据，况且任何一个介于强弱二率之间的分数都可以表示为它们的带权加成分数形式，所以先选取一些比较大而又比较简单的数作为日法试算值来调制它，可能性更大些。

李锐"求日法朔余（有强弱求日法朔余依此术草）术"曰：

以强母乘强数，又以弱母乘弱数，并之，得日法；以强子乘强数，又以弱子乘弱数，并之，得朔余。[1]

此术易明。李锐的第三个"求强弱（有日法求强弱依此术算）术"为：

置日法以强母去之，余以四百四十二（此数以弱母去之适尽，以强母去之余一）乘之，满八百三十三（此数以强弱二母去之皆尽）去之，余为弱实，以弱母除之得弱数，以弱实转减日法，余为强实，以强母除之得强数。

这是求解一次不定方程

---

① 李锐. 日法朔余强弱考. 李氏算学遗书. 醉六堂刊本, 1799.

$$49x + 17y = A$$

的问题。依术文，先求r，使

$$A \equiv r \pmod{49}$$

则有

$$17y \equiv r \pmod{49}$$

本来到此即应以17和49求乘率（依大衍求一术）26，得

$$y \equiv 26r \pmod{49} \qquad (\text{xi})$$

于是"余（r）以强子（26）乘之，满强母（49）去之，余为弱数（y）"的。李锐为了求弱实、弱数，强实、强数对称起见，于（xi）式两端乘弱母17，得

$$17y \equiv 17 \times 26r \pmod{17 \times 49}$$

即

$$17y \equiv 442r \pmod{833}$$

这就成了"余（r）以442乘之，满833去之，余为弱实（$17y$），以弱母（17）除之得弱数"。所以，钱宝琮说："李锐《日法朔余强弱考》则用求一术推求朔余之强数弱数焉。"[①]

这样，李锐用求一术求强弱数同秦九韶用特殊巧妙的方法解一次不定方程求强弱数，殊途同归，其解必须满足弱数$y < 49$的条件。

李锐以其"求强弱数术"对《开元占经》和《授时历议》所载自三统至授时的五十一家历法日法朔余之数一一考察，认为"凡合者三十五家,不合者十六家"[②]如表3.8所示。他进一步归纳,"反复推验,

表3.8

编号	历法	日法	朔余	强数	弱数	李术	顾术
1	三统	81	43			不合	不合
2	四分	940	499			不合	不合
3	乾象	1 457	773	28	5		
4	黄初	12 079	6 409	242	13		

① 钱宝琮. 求一术源流考. 钱宝琮科学史论文选集［M］. 北京：科学出版社, 1983: 31.
② 李锐. 日法朔余强弱考. 李氏算学遗书. 醉六堂刊本, 1799.

编号	历法	日法	朔余	强数	弱数	李术	顾术
5	景初	4 559	2 419	92	3		
6	正历	35 250	18 703	701	53	不合	
7	三纪甲子元	6 063	3 217	122	5		
8	元始	89 052	47 251	1 799	53	不合	
9	元嘉	752	399	15	1		
10	大明	3 939	2 090	79	4		
11	大同	1 536	815	31	1		
12	正光	74 952	39 769	1 505	71	不合	
13	兴和	208 530	110 647	4 229	77	不合	
14	刘孝孙	1 144	607	23	1		
15	天保	292 635	155 272	5 909	182	不合	
16	天和	290 160	153 961	5 897	71	不合	
17	大象	53 563	28 422			不合	不合
18	开皇	181 920	96 529			不合	不合
19	大业	1 144	607	23	1		
20	皇极	1 242	659	25	1		
21	戊寅元	13 006	6 901	263	7		
22	神龙	100	53.06	202	6	不合	
23	麟德	1 340	711	27	1		
24	大衍	3 040	1 613	61	3		
25	五纪	1 340	711	27	1		
26	正元	1 095	581	22	1		
27	宣明	8 400	4 457	169	7		
28	崇玄	13 500	7 163	271	13		
29	钦天	7 200	3 820.28	14 476	628	不合	
30	应天	10 002	5 307	201	9		
31	乾元	2 940	1 560	60	0		
32	仪天	10 100	5 359	203	9		
33	崇天	10 590	5 619	213	9		
34	明天	39 000	20 693	781	43		
35	奉元	23 700	12 575	475	25		
36	观天	12 030	6 383	241	13		
37	占天	28 080	14 899	563	29		
38	纪元	7 290	3 868	146	8		
39	统元	6 930	3 677	139	7		

编号	历法	日法	朔余	强数	弱数	李术	顾术
40	乾道	30 000	15 917.76	60 192	2 976	不合	
41	淳熙	5 640	2 992.56	11 352	456	不合	
42	会元	38 700	20 534	778	34		
43	统天	12 000	6 368		不合	不合	
44	开禧	16 900	8 967	339	17		
45	淳祐	3 530	1 873	71	3		
46	会天	9 740	5 168	196	8		
47	成天	7 420	3 937	149	7		
48	杨极大明	5 230	2 775	105	5		
49	赵知微大明	5 230	2 775	105	5		
50	乙未	20 690	10 978	416	18		
51	授时	10 000	5 305.93	20 081	943	不合	
	授时附演	2 190	1 162	44	2		
	授时附演	8 270	4 388	166	8		
	授时附演	6 570	3 486	132	6		

知不合之故，盖有三端"[1]：其一，"朔余强于强率"[2]，有三统、四分、大象、开皇、统天五家；其二，"朔余之下增立秒数"[3]，有神龙、钦天、乾道、淳熙、授时五家；其三，"日法积分太多"[4]，有正历、元始、正光、兴和、天保、天和六家，乾道亦兼属此。对以上三种情况，李锐分别举出史载"鲍瀚之讥其无复强弱之法""裴伯寿讬为不入术格""王睿新术言于二万以下修撰日法"[5]为其认为"不合"的依据。但是，明天、奉元、占天、会元、乙未五历日法数也超过了二万，却列于李锐"于术合"之类。李锐的说法是自相矛盾的。我们认为，从数理上分析，李锐的第一条是正确的，第二、第三条都有毛病。朔余有秒数者，进位求之即可；日法虽在二万以上，只要取小于49的弱数，也能与李术相合。因为李锐求强弱数，是求满足 $49x+17y=A$ 的一个特解 (x_0, y_0) 而 $y_0 < 49$。其通解为

---

① 李锐. 日法朔余强弱考. 李氏算学遗书. 醉六堂刊本，1799.
② 同上.
③ 同上.
④ 同上.
⑤ 同上.

$$x=x_0-17k,\quad y=y_0+49k,\quad k=0,\ 1,\ 2,\ \cdots\cdots$$

李锐所举第二、第三两种情况的十一家历法，除神龙外，其弱数都超过了49，自然与李术不合了。

继李锐之后，顾观光《日法朔余强弱考补》提出新的"辗转相减得强弱数"法：

以朔余减日法得第一数，以第一数减朔余得第二数，以第二数减第一数得第三数，以第三数减第二数得强数，以强数减第三数得弱数。[①]

其算法的数学原理如表3.9所示。

表3.9

	$49x+17y$（日法）		$26x+9y$（朔余）	1
	$26x+9y$		$23x+8y$	
1	————————（一）		————————（一）	7
	$23x+8y$（第一数）		$3x+8y$（第二数）	
	$21x+7y$		$2x+7y$	
1	————————（一）		————————（一）	2
	$2x+y$（第三数）		x（强数）	
	$2x$			
	————————（一）			
	y（弱数）			

这实质上是解方程组

$$\begin{cases} 49x+17y=A \\ 26x+9y=B \end{cases} \qquad （\text{xii}）$$

其解

$$\begin{cases} x=-9A+17B \\ y=26A-49B \end{cases}$$

由相当于表3.9的程序算出，如表3.10所示。

---

① 顾观光. 武陵山人遗书，1883.

表3.10

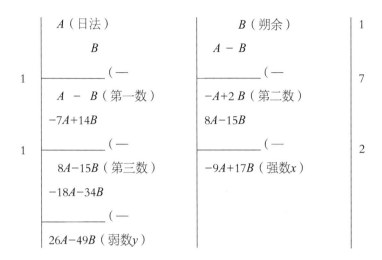

A（日法）　　　　　　　　　B（朔余）　　　　1

B　　　　　　　　　　　　$A-B$

（—）　　　　　　　　　　　（—）　　　　　　7

$A-B$（第一数）　　　　　$-A+2B$（第二数）

$-7A+14B$　　　　　　　　$8A-15B$

（—）　　　　　　　　　　　（—）　　　　　　2

$8A-15B$（第三数）　　　　$-9A+17B$（强数x）

$-18A-34B$

（—）

$26A-49B$（弱数y）

　　顾观光的这种求强弱数法，是以"辗转相减"（即更相减损）求解形如（ii）的特殊二元一次方程组，其每一步累减的次数1、1、7、1、2亦由（ii）式唯一确定，并不适用于一般二元一次方程组的求解。这种方法同李锐求解一次不定方程取特解$y_0<49$有本质的不同，因此不再有弱数小于49的限制，"但使朔余不及强率，虽日法在百万以上无不可求，其朔余有秒数者，径以进位求之亦无不合，唯朔余过于强率则不可算"[1]，李锐归于第二、第三两种情况的十一家历法，顾氏都一一算出了强弱之数，亦如前表3.8所示。

　　中国传统数学的筹算制度，利用算筹进行运算，作除法时，被除数在上，除数在下，试商置于最上方，随除随减被除数中除数的试商倍数，除不尽时，原被除数的位置上便剩下余数。以余数作为分子，除数作为分母，很自然地产生了一个分子在上，分母在下的分数筹算形式，连同试商的整数在内，便构成一个带分数。化带分数为假分数时，演算步骤就是除法的还原，《九章算术》里称为"通分内子"。由此可见，筹算的十进位制值和算筹的排列计算方法为分数的表示和运算奠定了基础。而另一方面，中国传统数学中分数算

――――――――――――――

① 顾观光.武陵山人遗书，1883.

法的完备和近似分数表示法的精巧与丰富多彩，又是由于中国古历法中天文数据的表示和计算的需要所推进的。战国时期的古六历取四分日法，依据十九年七闰的章法，通过分数运算得到朔望月日数 $29\frac{499}{940}$ 是很方便的事，而同时期的其他科学著作，像科技书《考工记》、军事书《孙子兵法》中，则只有诸如 $\frac{1}{2}$、$\frac{1}{3}$、$\frac{2}{3}$ 这样简单的分数。到了西汉时期，阐述盖天说的天文学著作《周髀算经》中又有了许多繁杂的分数运算例子。正如严敦杰所指出的："中国古代历法所有天文数据基本上都用分数来表示。分数运算成为古历法中一很大项目。"所谓"大乘除皆不下照位，运筹如飞"，是可能的，而且"中国古代天文计算中由于分数运算的便利而导致'调日法'的产生，是容易理解的"。[①]

从我们对前面关于调日法术历史发展过程的考察，可以看出中国古历法中天文数据的分数近值表示是多种多样的，既简单又精确的分数近似值出自历算大师的"神机妙算"，我们不否认有过碰巧选上了某个日法或别的什么数值的可能性，但这种偶然机遇来自历算家对分数性质的深刻理解和对分数运算的娴熟使用，即所谓"熟能生巧"。刘歆和一行都能把他们各自历法中的法数与音律、易象联系起来做出神秘主义的数字解释[②]，虽近荒诞，却也必须下一番数学运算的功夫。但是，历法中的绝大多数数据都应该科学地选取和经过运算符合实际天文观测，因而是有一定方法的。所谓"调日法"就是如此。唐一行、北宋周琮、南宋秦九韶、清李锐都对其有不同的解释，我们也只能提出一点管见。况且，算理上的分析并不能代替对历史事实的确定，任何结论都必须有史料上的依据。"例不十，法不立"，仅有孤证那是不够的。以祖冲之圆周率密率 $\pi = \frac{355}{113}$ 的由来而论，就有得自连分数、得自求一术、得自调日法等说。连分数在中国传统数学中没有出现过，前无来路，后无去迹，似乎不太可能，

① 严敦杰. 中国古代数理天文学的特点. 科学史文集 [M]. 上海：上海科学技术出版社，1978，1：1-2.
② 薄树人. 浅谈中国古代历法史上的数字神秘主. 天文学哲学问题论集 [M]. 北京：人民出版社，1986.

即便是由 π 的连分数值

$$\pi = 3 + \cfrac{1}{7 + \cfrac{1}{15 + \cfrac{1}{1+\cdots}}}$$

得渐近分数序列

$$3, \ \frac{22}{7}, \ \frac{333}{106}, \ \frac{355}{113}, \ \cdots\cdots$$

取第四个数便是密率, 但仍觉不如用取 $\frac{157}{50}$ 为弱率, $\frac{22}{7}$ 为强率, 调得

$$\frac{157+9\times22}{50+9\times7} = \frac{355}{113}$$

或者由 $\frac{x}{y} < \frac{3\,927}{1\,250}$, $3\,927y > 1\,250x$, 令 $3\,927y = 1\,250x+1$, 化为同余式 $177y \equiv 1 \ (\bmod\ 1250)$

用求一术得 $y=113$, $x=355$ 更符合于中国传统数学的实际。而且, 以下的推测

$$\frac{3\,927-22}{1\,250-7} = \frac{3\,905}{1\,243} = \frac{355}{113}$$

也并非不可能, 因为在欧洲, 最早得到这个值的奥托（V. Otto, 1573）就可能是通过阿基米德圆周率 $\frac{22}{7}$ 和托勒玫的 $\frac{377}{120}$ 折衷而得

$$\frac{377-22}{120-7} = \frac{355}{113}$$

最近, 有人提出"其率术"这种分数近似算法[1], 这是一种很有见地的推测, 认为《汉书·律历志》所载三统历"五步"中, 例如: "木, ……一见, 三百九十八日五百一十六万三千一百二分, 行星三十三度三百三十三万四千七百三十七分。通其率, 故曰日行

① 李继闵. "其率术"考释. 中国数学史论文集（一）[M]. 山东: 山东教育出版社, 1985.

千七百二十八分度之百四十五",是对一见木行、日行度数以辗转相除

	398° 5 163 102′	33° 3 334 737′	11
	368° 138 552′	30° 5 024 550′	
1	30° 5 024 550′	2° 5 618 898′	11
	30° 3 338 190′	2° 5 618 898′	
12	1686360′		

所得整商（11，1，11，12）即是一组"其率"，对它们作如下换算：令 $e_1=1$，$c_1=q_1=11$；$e_2=q_2=1$，$c_2=q_2q_1+1=12$；$e_3=q_3e_2+e_1=12$，$c_3=q_3c_2+c_1=148$；$e_4=q_1e_3+e_2=145$，$c_4=q_4c_3+c_2=1\,728$，于是得渐近分数列

$$\frac{1}{11},\ \frac{1}{12},\ \frac{12}{148},\ \frac{145}{1\,728}$$

而最后所得 $\frac{145}{1\,728}$ 即为原数之既约分数。

值得商榷的是，三统"五步"之前，已有"纪母"，给出了木行度分的分母数值：

见中日法七百三十万八千七百一十一[①]

因此，进行除法运算时，即为

$$木日行度=\frac{33°\ 3\,334\,737′}{398°\ 5\,163\,102′}=\frac{33\dfrac{3\,334\,737}{7\,308\,711}}{398\dfrac{5\,163\,102}{7\,308\,711}}$$

$$=\frac{244\,522\,200}{2\,914\,030\,080}=\frac{145}{1\,728}$$

则"通其率"理解为"通分纳子"，进行约分似乎也可以。况且，三统之后的下一个历法，《续汉书·律历志》所载之后汉四分历，有相应的"木，……凡一终，三百九十八日有万四千六百四十一

---

① 汉书·律历志.历代天文律历等志汇编（五）[M].北京：中华书局，1976：1419.

分，行星三十三度与万三百一十四分，通率日行四千七百二十五分之三百九十八①，也可以本历所载之"日度法，万七千三百八"为分母，仿上运算结果相符。请注意，这里不是"通其率"，而是"通率"，查下面火、土、金、水中的有关记载，也是"通率"。后来的历法，不再对此运算作解释，因此，"通其率"术只能算是一个孤证。

我们认为，《九章算术·方田》中约分术曰

可半者半之。不可半者，副置分母、子之数，以少减多，更相减损，求其等也。以等数约之。②

与古希腊欧几里得（Euclid，约公元前330—前275）辗转相除法不谋而合，后经刘徽注解（263年）：

等数约之，即除也。其所以相减者，皆等数之重叠，故以等数约之。③

在中国传统数学中大放光辉。这一方法不仅可用于求等相约，其间还蕴含着深刻的数学原理。例如，连分数各分母是经过逐次把余数颠倒相除求商而得，这恰好是更相减损每步的次数；大衍求一术也可以改造为类似更相减损的格式，但要控制到最后的结果是1，并利用每步更相减损的次数之间的运算关系以求乘率，顾观光还用它解二元一次方程组。我们指出"其率术"依据不足，并不是否认它也可能在别的地方或晚些时候以某种等价的形式出现过，只可惜留下来的历史资料太少。不定方程和同余式理论本是相通的，但古希腊走的是前者的道路，我们则是后者，而且真正将二者沟通，在我国已是19世纪的事了。所以一切推测都必须符合当时当地的客观实际情况。

中国古代历法的制定，有整体或阶段性的原则必须遵守，如上元积年、调日法等，否则便会被视为"无复强弱之法，尽废方程之旧"

---

① 续汉书·律历志.历代天文律历等志汇编（五）[M].北京：中华书局，1976：1524–1525.
② 钱宝琮.五经算术.算经十书（下册）[M].北京：中华书局，1963：95.
③ 同上。

"不入历格"之类，也有些是约定俗成的规则，历家大多遵守，以示正统，当然主要是对历法的计算能够带来方便。如元始以前，谨守十七年九闰的章法，气日法取 19 的倍数，斗分取 5 的倍数，日法取 47 的倍数；宋朝历法一般要求日法朔余取值强弱二率 $\frac{26}{49}$、$\frac{7}{19}$ 之间，即合于调日法术，日法数字不超过二万且尽量尾数带零，岁余取偶数，积年数字不超过一亿。

中国古代历法中的分数运算和分数近似计算方法，在世界数学史上也占有重要地位。所谓何承天调日法强弱二率的应用，在西方见于 14 世纪的拉伯达（Rhabdas，约 1341）[①]，他令 $\sqrt{10}=3\frac{1}{6}$，因 $10\div3\frac{1}{6}=3\frac{3}{19}$，则取 $\frac{1}{6}$，$\frac{3}{19}$ 为强弱二率，调得 $\frac{19\times1+6\times3}{19\times6+6\times19}=\frac{37}{228}$ 为中平之率，即取 $\sqrt{10}=3\frac{37}{228}$。而连分数则最早见于蓬贝利（R. Bombelli, 1572）[②]的

$$\sqrt{a^2+b}=a+\frac{b}{2a}+\cdots$$

法国的施温特（D. Schwenter,1585—1636）则是通过求177和233的最大公约数，发现了求 $\frac{233}{233}$ 的近似值的方法，通过计算，他定出了渐近分数

$$\frac{79}{104},\ \frac{19}{25},\ \frac{3}{4},\ \frac{1}{1},\ \frac{0}{1}$$

而连分数理论的奠基则是以18世纪欧拉（Euler,1707—1783）的论文《连分数》为标志。[③]

内插法和"垛积招差术"

中国古代历法中关于日月五星行度等天文计算普遍使用内插法。东汉永元（89—105）中，"贾逵论历"曰：

> 永平（58—75）中，……（李）梵、（苏）统以史官候注考校，

---

① C. D. Olds. *Continued Fractions*［M］. Yale University, 1（7），1963.
② 同上。
③ 同上。

月行当有迟疾，……率一月移故所疾处三度，九岁九道一复。[①]
刘洪乾象历（206年）推算朔望时刻开始考虑到月亮绕地运动的不均匀性，他测量月在一近点周内每日的经行度数，列出"日转度分"（每日实行度分）、"列衰"（相邻两日的实行分之差）、"损益率"（每日实行分与平行分之差）、"盈缩积"（每日及以前各日损益率之总和）、"月行分"（每日实行分）的对应值表（后来称为"月离表"），显示了整日数n与共行度数 $f(n)$ 之间的对应关系[②]。设

$$\Delta = f(n+1) - f(n)$$

刘洪计算近地点后n+s日（0<s<1）的月共行度数，用

$$f(n+s) = f(n) + s\Delta$$

是为一次差内插法，合于等差级数计算公式，亦即《九章算术》"盈不足"术[③]，而于《周髀算经》卷下已用此法计算由冬至到夏至或由夏至到冬至间各节气的影长，并列数表[④]，相当于给出了差分，如表3.11所示。

表3.11

节气	影长（分）	一差（气损益）	二差
夏至	160	$99\frac{1}{6}$	
芒种（小暑）	$259\frac{1}{6}$	$99\frac{1}{6}$	0
小满（大暑）	$358\frac{2}{6}$	$99\frac{1}{6}$	0
立夏（立秋）	$457\frac{3}{6}$	$99\frac{1}{6}$	0
谷雨（处暑）	$556\frac{4}{6}$	$99\frac{1}{6}$	0
清明（白露）	$655\frac{5}{6}$	$99\frac{1}{6}$	0
春分（秋分）	755	$99\frac{1}{6}$	0

① 续汉书·律历志.历代天文律历等志汇编（五）[M].北京：中华书局，1976：1484.
② 晋书·律历志.历代天文律历等志汇编（五）[M].北京：中华书局，1976：1592–1593.
③ 钱宝琮.五经算术.算经十书（下册）[M].北京：中华书局，1963：206.
④ 钱宝琮.五经算术.算经十书（上册）[M].北京：中华书局，1963：63–65.

节气	影长（分）	一差（气损益）	二差
惊蛰（寒露）	$854\frac{1}{6}$	$99\frac{1}{6}$	0
雨水（霜降）	$953\frac{2}{6}$	$99\frac{1}{6}$	0
立春（立冬）	$1\,052\frac{3}{6}$	$99\frac{1}{6}$	0
大寒（小雪）	$1\,151\frac{4}{6}$	$99\frac{1}{6}$	0
小寒（大雪）	$1\,250\frac{5}{6}$	$99\frac{1}{6}$	0
冬至	$1\,350$	$99\frac{1}{6}$	

与东汉四分历的"二十四气"与"晷景"长度对应值表[①]相比较，数值有很大差异。东汉四分历实测二十四气影长，不用一次内插法入算。《周髀算经》所载算法可能是古四分历的。

二次差内插法的使用始于 7 世纪初。自此以降，历代历家都予以采用并不断有所发展。

1. 刘焯的定朔算法与二次内插公式

隋刘焯（544—610）皇极历（604 年）推算朔望时刻，不仅考虑月行盈缩，而且吸取北齐张子信（约 6 世纪）所发现的"日行在春分后则迟，秋分后则速"[②]的成果，还考虑日行迟速，列出一近点月内每日"速分"（实行分）、"速差"（相邻两日的实行分之差，相当于乾象历的"列衰"）、"加减"（实行平行之差与月平行之比）、"朓朒积"（每日及以前各日加减之总和）的对应值"月离表"[③]和一回归年内二十四气之"躔衰"（本气内太阳实行平行之差）、"衰总"（本气及以前各气躔衰之总和）、"陟降率"（实行平行之差与月平行之比）、"迟速数"（本气及以前陟降率之总和）的对应值"日躔表"[④]，以二

① 续汉书·律历志.历代天文律历等志汇编（五）[M].北京：中华书局，1976：63-65.
② 隋书·天文志.历代天文律历等志汇编（二）[M].北京：中华书局，1975：599.
③ 隋书·律历志.历代天文律历等志汇编（六）[M].北京：中华书局，1976：1944-1946.
④ 同上书，第 1937-1938 页。

次内插法入算。

我们知道，从几何意义上看，一次内插法（即比例内插）是直线型的，用到"一差"；二次内插法是曲线型的，其证明涉及面积，用到"二差"。清李善兰《则古昔斋算学》"麟德术解"用几何图形解释麟德历定朔计算中的内插法，而麟德历求定朔法本于皇极历，所以我们也用几何图形解释皇极历的求定朔法，借以推测刘焯二次内插法公式的来源并证明其正确性。

皇极历由已知两气的陟降率和前一气的迟速数，求此两气间"每日迟速数"术曰：

见求所在气陟降率，并后气率半之，以日限乘而泛总除，得气末率。

又日限乘二率相减之残，泛总除，为总差。

其总差亦日限乘而泛总除，为别差。

率前少者，以总差减末率，为初率，乃别差加之；前多者，即以总差加末率，皆为气初日陟降数。

以别差前多者日减，前少者日加初数，得每日数。

所历推定气日随算其数，陟加降减其迟速，为各迟速数。

其后气无同率及有数同者，皆因前末，以末数为初率，加总差为末率，及差渐加初率，为每日数，通计其秒，调而御之。[①]

现以图解法释之。

所在气陟降率是该气内太阳实行平行度之差与月平行度之比，这个率在这一节气内每天并非平派。若该气的陟降率比后一气大，称"率前多"，则分派时由大渐小；反之，"率前少"，则由小渐大。

皇极历以"日限"=11，"盈泛"=16，"亏总"=17，凡秋分后春分前用盈泛，春分后秋分前用亏总，是因刘焯实测秋分后春分前各气太阳实行度数和春分后秋分前各气太阳实行度数分别与

$$\frac{16}{11} \times 10 \approx 14.54, \quad \frac{17}{11} \times 10 \approx 15.45$$

---

① 隋书·律历志.历代天文律历等志汇编（六）[M].北京：中华书局，1976：1938-1939.

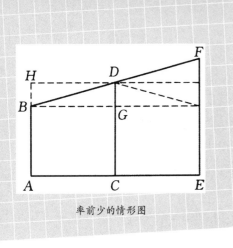

率前少的情形图

接近，以取为节气间隔日数，入算方便，是为等间距内插法。

先看率前少的情形。如左上图，AB 是初率，CD 是末率，$AC=CE$ 是节气间隔日数（用统一的 $\frac{16}{11}\times 10$ 或 $\frac{17}{11}\times 10$ 入算）。

由面积出入相补，得

$$AC\cdot CD=\frac{ABDC+CDFE}{2}$$

故得 $CD=\frac{1}{2AC}(ABDC+CDFE)$ 内 $ABDC$ 即所在气陟降率，CDFE 即后气陟降率。

总差即初率和末率的差，如图的 DG，由面积出入相补，得

$$CDFE-ABDC=DGBH$$

$$DGBH=AC\cdot DG$$

$$故得 DG=\frac{1}{AC}(CDFE-ABDC)$$

把总差再用间隔日数来除，即得每日的差，叫别差，则 $\left(AB+\frac{DG}{AC}\times 1\right)$ 为所在气初日陟降数。

至于率前多的情形，如左下图，$AB=CD+BG$，则

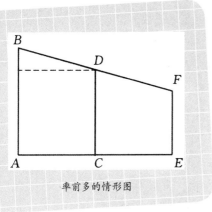

率前多的情形图

$$AB-\frac{BG}{AC}\times 1$$

为所在气初日陟降数。在这种情况下，应为"乃别差减之"，刘焯原术文无此句，当为省文。

这样，就求得气初日末的陟降数 $A'B'$，欲知这一天全部的陟降数，则为

$$AA'B'B=\frac{AA'}{2}(AB+A'B')$$

如下图所示。

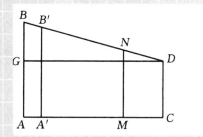
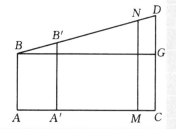

一天全部的陟降数

以率前多为例，即

$$AA'B'B = \frac{AA'}{2}\,(AB + A'B')$$

$$= \frac{AA'}{2}\,\left(AB + A'B' - \frac{BG}{AC} \times AA'\right)$$

$$= \frac{AA'}{2}\,\left[2\,(CD + BG) - \frac{BG}{AC} \times AA'\right]$$

$$= AA'\,\left(CD + BG - \frac{BG}{2AC} \cdot AA'\right)$$

其中 $AA' = 1$。仿此可求到任何日的全部陟降率为

$$MNB = AM\left(CD + BG - \frac{AM}{2AC} \times BG\right)$$

$$= AM \cdot CD + AM \cdot BG - \frac{AM^2}{2} \cdot \frac{BG}{AC}$$

$$= \frac{n}{AC} \cdot \frac{ABDC + CDFE}{2} + \frac{n}{AC}\,(ABDC - CDFE) -$$

$$\frac{1}{2}\left(\frac{n}{AC}\right)^2\,(ABDC - CDFE)$$

内 $n = AM$。命 $\frac{n}{AC} = s$，$ABDC = \Delta_1$，$CDFE = \Delta_2$，上式即

$$f(a+s) = f(a) + s\frac{\Delta_1+\Delta_2}{2} + s(\Delta_1-\Delta_2) - \frac{s^2}{2}(\Delta_1-\Delta_2)$$

内 $f(a)$ 为本气迟速数（截至本气前陟降率的累积）。注意到 $\Delta f(a) = \Delta_1$，$\Delta^2 f(a) = \Delta_2 - \Delta_1$，上式即与牛顿内插公式（1670年）

$$f(a+s) = f(a) + s\Delta f(a) + \frac{s(s-1)}{2}\Delta^2 f(a) + \cdots$$

在 $\Delta^3 f(a) = 0$ 的条件下完全一致。

刘焯用同样的方法"求月朔弦望应平会日所入迟速"[1]，即求本月朔日（或上下弦日或望日）入某节气内的迟速数，也用二次差内插法。这样，便根据太阳实行平行差调整经朔（平朔）为

$$经朔 + \frac{日实行累积-日平行累积}{月平行度}$$

再考虑月行迟疾，刘焯仍以二次差内插法"推朔弦望定日"[2]为

$$定朔 = 经朔 + \frac{日实行累积-日平行累积}{月平行}$$

$$+ \frac{月实行累积-月平行累积}{月平行}$$

此外，刘焯还在皇极历交食计算中，利用阴阳历数据，以二次内插法"求月入交去日道"[3]，即求月黄纬数。

刘焯首创二次内插法计算定朔，在中国数学史和天文学史上都具有划时代的意义。其皇极历虽未颁行于世，但"术士咸称其妙"[4]，收录于《隋书·律历志》中。刘焯求定朔法为唐傅仁均戊寅元历（619年）、李淳风麟德历（664年）等所采用。

---

① 隋书·律历志. 历代天文律历等志汇编（六）[M]. 北京：中华书局，1976：1939.
② 同上书，第 1946 页。
③ 同上书，第 1958 页。
④ 同上书，第 1933 页。

2. 唐一行大衍历中的不等间距二次差内

唐一行大衍历（727 年）求日行度数时主张用"定气"计算，两个节气间的时间不像皇极历那样取常量。因此，一行在刘焯等间距二次内插法的基础上，创立自变量不等间距二次内插公式。

大衍历"步日躔术"中，列出二十四定气"盈缩分"（每气日平行实行之差）、"先后数"（本气及以前各气盈缩分之总和）、"损益率"（盈缩分与月的日平行之比）、"朒胐积"（本气及以前各气损益率之总和）的表格（日躔表），其求"每日先后定数"的方法为：

> 以所入气并后气盈缩分，倍六爻乘之，综两气辰数除，入之，为末率。
>
> 又列二气盈缩分，皆倍六爻乘之，各如辰数而一，以少减多，余为气差。
>
> 加减末率，（至后以差加，分后以差减）为初率。
>
> 倍气差，亦（倍）①六爻乘之，复综两气辰数以除之，为日差。
>
> 半之，以加减初末，各为定率。
>
> 以日差累加减气初定率，（至后以差减，分后以差加。）为每日盈缩分。
>
> 递驯积之，随所入气日加减气下先后数，各其日定。②

今依据术文配合右图释之（取至后，则前多）：

设 $ABDC = \Delta_1$ 为前盈缩分，$CDFE=\Delta_2$ 为后盈缩分，$AC=l_1$ 为（前辰数／12），$CE=l_2$ 为（后辰数／12）。G、I、C' 分别为 AC、CE、AE 的中点，则有

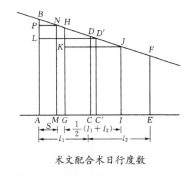

术文配合术日行度数

$$AC'=GI=\frac{1}{2}（l_1+l_2）$$

$$GH=\frac{\Delta_1}{l_1}$$

---

① 新唐书·历志. 历代天文律历等志汇编（七）[M]. 北京：中华书局，1976：2224.

② 旧唐书·历志. 历代天文律历等志汇编（七）[M]. 北京：中华书局，1976：2063.

于是　　$IJ=\dfrac{\varDelta_2}{l_2}$

$C'D'=\dfrac{\varDelta_1+\varDelta_2}{l_1+l_2}$ 为末率，

$LB=KH=\dfrac{\varDelta_1}{l_1}-\dfrac{\varDelta_2}{l_2}$ 为气差，

$AB=C'D'+LB=\dfrac{\varDelta_1+\varDelta_2}{l_1+l_2}+\left(\dfrac{\varDelta_1}{l_1}-\dfrac{\varDelta_2}{l_2}\right)$ 为初率，

$PB=\dfrac{AM}{AC'}\cdot LB=\dfrac{2}{l_1+l_2}\left(\dfrac{\varDelta_1}{l_1}-\dfrac{\varDelta_2}{l_2}\right)$ 为 s 日差。

$MN=AB-PB=\dfrac{\varDelta_1+\varDelta_2}{l_1+l_2}+\left(\dfrac{\varDelta_1}{l_1}-\dfrac{\varDelta_2}{l_2}\right)-\dfrac{2s}{l_1+l_2}\left(\dfrac{\varDelta_1}{l_1}-\dfrac{\varDelta_2}{l_2}\right)$

$AMNB=\dfrac{1}{2}\left(AB+MN\right)AM$

$=\left[\dfrac{\varDelta_1+\varDelta_2}{l_1+l_2}+\left(\dfrac{\varDelta_1}{l_1}-\dfrac{\varDelta_2}{l_2}\right)-\dfrac{s}{l_1+l_2}\left(\dfrac{\varDelta_1}{l_1}-\dfrac{\varDelta_2}{l_2}\right)\right]s$

则

$$f\left(a+s\right)=f\left(a\right)+s\dfrac{\varDelta_1+\varDelta_2}{l_1+l_2}+s\left(\dfrac{\varDelta_1}{l_1}-\dfrac{\varDelta_2}{l_2}\right)-\dfrac{s^2}{l_1+l_2}\left(\dfrac{\varDelta_1}{l_1}-\dfrac{\varDelta_2}{l_2}\right)$$

注意到 $\varDelta_1=f\left(a+l_1\right)-f\left(a\right)$，$\varDelta_2=f\left(a+l_1+l_2\right)-f\left(a+l_1\right)$，则上式与不等间距二次内插公式

$$f\left(a+s\right)=f\left(a\right)+sf\left(a,\ a+l_1\right)+s\left(s-l_1\right)$$
$$f\left(a,\ a+l_1,\ a+l_1+l_2\right)+\cdots$$

内

$$f\left(\alpha,\beta\right)=\dfrac{f\left(\alpha\right)-f\left(\beta\right)}{\alpha-\beta}\ ,f\left(\alpha,\beta,\gamma\right)=\dfrac{f\left(\alpha,\beta\right)-f\left(\beta,\gamma\right)}{\alpha-\gamma}$$

在三阶差商 $f\left(a,\ a+l_1,\ a+l_1+l_2,\ a+l_1+l_2+l_3\right)=0$ 的条件下完全一致。

大衍历"步交会术"中，列出"四象六爻"（将一交点月各半周天度数，均分为十二爻，每爻十五度，冠以阴阳老少卦象之名）每度加减分及月去黄道度的表，即"阴阳历"，其"阴阳积"之"加减率"

"前、后差""中差"分别为一、二、三阶差分,其三差相等,四差为零,如表 3.12 所示:

表3.12

爻数	阴阳积	加减率 (一差 Δ)	前后差 (二差 Δ^2)	中差 (三差 Δ^3)	(四差)
1	0				
		187			
2	187		−16		
		171		−8	
3	358		−24		0
		147		−8	
4	505		−32		0
		115		−8	
5	620		−40		0
		75		−8	
6	695		−48		0
		27		−8	
7	720		−54		0
		−27		−8	
8	695		−48		0
		−75		−8	
9	620		−40		0
		−115		−8	
10	505		−32		
		−147		−8	
11	358		−24		
		−171			
12	187				

其"求四象六爻每度加减分及月去黄道定数"术曰:

以其爻加减率与后爻加减率相减,为前差。又以后爻率与次后爻率相减,为后差。二差相减,为中差。置所在爻并后爻加减率,半中差以加而半之,十五而一,为爻末率,因为后爻初率。每以本爻初末率相减,为爻差。十五而一,为度差。半之,以加减初率,为定初率,每次度差累加减之,各得每度加减定分。乃循积其分,满百二十为度,各为每度月去黄道度数及分。[1]
现在考虑本爻初率,即前爻末率,按术文所示,应为

$$\frac{1}{15}\left[\frac{1}{2}\left(\Delta f(a) + \Delta f(a+s) + \frac{1}{2}\Delta^3 f(a)\right)\right]$$

---

[1] 新唐书・历志. 历代天文律历等志汇编(七)[M]. 北京:中华书局,1976:2247.

而在15度内的三次差内插公式为

$$f\left(a+\frac{w}{15}\right)=f(a)+\frac{1}{15}\Delta f(a)+\frac{1}{2}\cdot\frac{1}{15}\cdot\frac{14}{15}$$

$$\left[\Delta f\left(a+\frac{w}{15}\right)-\Delta f(a)\right]+\frac{1}{6}\cdot\frac{1}{15}\cdot\frac{14}{15}\cdot\frac{29}{15}\Delta^3 f(a)$$

$$=\frac{1}{15}\left[\frac{1}{2}\left(\frac{16}{15}\Delta f(a)+\frac{14}{15}\Delta f\left(a+\frac{w}{15}\right)+\frac{406}{675}\Delta^3 f(a)\right)\right]$$

一行未能得到三次差的正确公式，但他以近似公式入算，说明已察觉到三次差的应用。[1]

石日晷

陈美东指出，大衍历中五星爻象历表的四差亦均为零[2]。已故刘金沂先生指出，一行编制了世界上最早的正切函数表[3]，这个表"自戴日之北一度，乃初数千三百七十九。自此起差……"[4]，从一度至八十度分成几段，各段中每度增几，恰好可视为三次差分，因此以晷差、度差、每度增数为一差、二差、三差，各段都可构成四差为零的三阶差分表，而便利于递推某度数的影长："因累其差，以递如初数，……各为每度晷差，又累其晷差，得戴日之北每度晷数。"[5]

可见，自刘焯发明二次内插法不过才一百年多一点，一行已在努力探索三次内插公式了。由于三次内插，涉及曲面，证明要用到空间几何图形，较二次内插公式是一个很大的飞跃，需要有方法上

① 旧唐书·历志.历代天文律历等志汇编（七）[M].北京：中华书局，1976：2084.
② 陈美东.崇玄、仪天、崇天三历晷长计算法及三次差内插法的应用[J].自然科学史研究，1985，4（3）：224.
③ 刘金沂、赵澄秋.唐朝一行编成世界上最早的正切函数表[J].自然科学史研究，1986，5（4）：299-301.
④ 新唐书·历志.历代天文律历等志汇编（七）[M].北京：中华书局，1976：2238.
⑤ 同上书，第2239页。

的革新。一行未能完成。他的三次差近似公式可能是由待定系数法得到的经验公式。这种解释在数学上是比较合乎逻辑的。

3. 唐宋历算家对二次内插公式的改进和对三次内插公式的探求

一行大衍历后不到一百年,晚唐时期的徐昂宣明历(822年)由定气时刻太阳的黄经度推算任何指定时刻的经度,所用公式较一行简单,而推算近点月公式则为

$$f(a+s)=f(a)+s\Delta_1+\frac{s}{2}(\Delta_1-\Delta_2)-\frac{s^2}{2}(\Delta_1-\Delta_2)$$

考虑到 $\Delta_1=f(a)$,$\Delta_2=\Delta_1+\Delta^2 f(a)$,即 $\Delta^2 f(a)=\Delta_2-\Delta_1$,上式与 $\Delta^3=0$ 时的牛顿内插法公式

$$f(a+s)=f(a)+s\Delta f(x)+\frac{s(s-1)}{2}\Delta^2 f(x)$$

完全一致。

徐昂以后,唐末边冈崇玄历(892年)不仅首创"先相减后相乘"的二次差内插便捷算法计算黄赤道差和推求月黄纬值[1],而且发明作为等间距三次差内插法的特例"相减自相乘法":

$$f(A)=\left(\frac{\Delta^2-\Delta^3}{2}+\frac{\Delta^3}{6}A\right)A^2,\ 内 \Delta^3<0\ 且\ \Delta-\frac{\Delta^2}{2}+\frac{\Delta^3}{3}=0$$

推求每日午中晷长,并为北宋史序仪天历(1001年)和宋行古崇天历(1024年)所沿用。[2]

北宋姚舜辅纪元历(1106年)日躔表其"先后数"(衰总)的三差相等,四差为0,如表3.13所示。

---

① 严敦杰. 中国古代黄赤道差计算法 [J]. 科学史集刊,1958,1:54-55,58.
② 陈美东. 崇玄、仪天、崇天三历晷长计算法及三次差内插法的应用 [J]. 自然科学史研究,1985,4(3):223.

表3.13

常气	先后数	盈缩分（一差）	（二差）	（三差）	（四差）
冬至	0	7 060			
小寒	7 060	5 920	−1 140	−63	0
大寒	12 980	4 717	−1 203	−63	0
立春	17 697	3 451	−1 266	−63	0
雨水	21 148	2 122	−1 329	−63	0
惊蛰	23 270	730	−1 392	……	……
春分	24 000	……	……		
……	……				

南宋杨忠辅统天历（1199年）、鲍澣之开禧历（1207年）、陈鼎成天历（1270年）乃至元王恂、郭守敬等授时历（1280年），其日躔表均本自纪元历，稍有增损。姚舜辅的日躔表对王恂、郭守敬发明三差术是有启发性的。

金赵知微重修大明历（1181年）及元耶律楚材庚午元历（1220年）将传统日躔表析为二表："二十四气日积度及盈缩"和"二十四气中积及朒朓"，其"初末率"和"日差"均与内插法有关[①]。重修大明历步晷漏"二十四气陟降及日出分"表中列有二十四恒气的"陟降率""初末率""增损差"和"加减差"，经计算发现，后三者即分别是前者的一、二、三差。例如，大雪气一项中各数据：[②]

陟降率"降一十，四十"

初末率"初一，二十八，五十；

　　　　末空，七，一十二"

增损差"损初八，二；

　　　　末九，三十二"

加减差"加十"

可以补出大雪气内各日出分的增减数如表3.14所示。

---

① 陈美东.日躔表之研究［J］.自然科学史研究，1984，3（4）：330.
② 金史·历志.历代天文律历等志汇编（九）［M］.北京：中华书局，1976：3231.

表3.14

日数	陟降率	初末率（一差）	增损差（二差）	加减差（三差）	（四差）
0	0				
		1.285 0			
1	1.285 0		−0.080 2		
		1.204 8		−0.001 0	
2	2.489 8		−0.081 2		0
		1.123 6		−0.001 0	
3	3.613 4		−0.082 2		0
		1.041 4		−0.001 0	
4	4.654 8		−0.083 2		0
		0.958 2		−0.001 0	
5	5.613 0		−0.084 2		0
		0.874 0		−0.001 0	
6	6.487 0		−0.085 2		0
		0.788 8		−0.001 0	
7	7.275 8		−0.086 2		0
		0.702 6		−0.001 0	
8	7.978 4		−0.087 2		0
		0.615 4		−0.001 0	
9	8.593 8		−0.088 2		0
		0.527 2		−0.001 0	
10	9.121 0		−0.089 2		0
		0.438 0		−0.001 0	
11	9.559 0		−0.090 2		0
		0.347 8		−0.001 0	
12	9.906 8		−0.091 2		0
		0.256 6		−0.001 0	
13	10.163 4		−0.092 2		0
		0.164 4		−0.001 0	
14	10.327 8		−0.093 2		
		0.071 2			
15	10.399 0				

其降率

$$f(15) = f(0) + 15 \times 1.285\ 0 + \frac{15 \times 14}{2} \times$$

$$(-0.080\ 2) + \frac{15 \times 14 \times 13}{3 \times 2} \times (-0.001\ 0)$$

$$= 0 + 19.275\ 0 - 8.421\ 0 - 0.455\ 0$$

$$= 10.399\ 0$$

$$\doteq 10.40$$

合于三次招差法，初末率、增损差、加减差数据均合。[1]

---

[1] 严敦杰. 宋金元历法中的数学知识. 宋元数学史论文集［M］. 北京：科学出版社，1966：218-219.

秦九韶《数书九章》（1247年）卷三"缀术推星"题以实测木星合伏段伏日 l_1 行伏度 Δ_1，顺行段见日 l_2，行见度 Δ_2，推算合伏段、顺行段的初速、末速、平均速度。

秦九韶以五星运动按等加（减）速运动，而木星从合伏段到顺行段，开始是按减速度运行，先求这个每日加速度（秦九韶称为"日差"），其术曰：

> 以方程法求之。置见日减一，余，半之为见率；以伏日并见日，为初行法；以法半之，加见率，共为伏率；以伏日乘伏率为伏差，以见日乘见率为见差。以伏日乘见差于上，以见日乘伏差减上，余为法；以见日乘伏度为泛，以伏日乘见度减泛，余为实，满法而一，为度，不满退除为分秒，即得日差。[①]

即

伏日：l_1，伏度：Δ_1，

见日：l_2，见度：Δ_2，

见率：$\dfrac{l_2-1}{2}$，

伏率：$\dfrac{l_1+l_2}{2} + \dfrac{l_2-1}{2}$，

伏差：$l_1\left(\dfrac{l_1+l_2}{2} + \dfrac{l_2-1}{2}\right)$

见差：$l_2\left(\dfrac{l_2-1}{2}\right)$

则

$$日差 = \frac{l_2\Delta_1 - l_1\Delta_2}{l_2l_1\left(\dfrac{l_1+l_2}{2} + \dfrac{l_2-1}{2}\right) - l_1l_2\left(\dfrac{l_2-1}{2}\right)}$$

$$= \frac{2\left(l_2\Delta_1 - l_1\Delta_2\right)}{l_1l_2\left(l_1+l_2\right)} \text{ 或 } \frac{2}{l_1+l_2}\left(\frac{\Delta_1}{l_1} - \frac{\Delta_2}{l_2}\right)$$

---

① 秦九韶. 数书九章（卷三）. 宜稼堂丛书本，1842.

李俨先生说此合于不等间距二次差内插法[①]，这是正确的。但查秦氏说"以方程法求之"，其原草算图体现了如下方程组

$$\Delta_1 = v_2 l_1 + l_2 l_1 \alpha + l_1 \frac{l_1 - 1}{2} \alpha$$

$$\Delta_2 = v_2 l_2 + l_2 \frac{l_2 - 1}{2} \alpha$$

其中α是日差，v_2是顺行段末日日速。此即

$$s_1 = v_2 t_1 + t_2 t_1 \alpha + t_1 \frac{t_1 - 1}{2} \alpha$$

$$= (v_2 + t_2 \alpha) \ t_1 + \frac{t_1 \ (t_1 - 1)}{2} \alpha$$

$$= v_1 t_1 + \frac{t_1 \ (t_1 - 1)}{2} \alpha$$

$$s_2 = v_2 t_2 + \frac{t_2 \ (t_2 - 1)}{2} \alpha$$

与近代公式相符。其实，匀加速运动的路程可由等差级数求和公式

$$s = n a_1 + \frac{n \ (n-1)}{2} d$$

得出，而此式的变体形式已见于5世纪《张丘建算经》卷上多题之中[②]，秦氏以此式立方程求日差α（相当于d）是很方便的。更进一步，考虑到一行在大衍历步五星中已按匀加（减）速运动规律处理五星运动，他利用等差级数求和公式解方程组，也能得到不等间距二次差内插公式。

---

① 李俨. 中算家的内插法研究［M］. 北京：科学出版社，1957：59-60.
② 钱宝琮. 张丘建算经. 算经十书（下册）［M］. 北京：中华书局，1963：243-247.

4. 元授时历"平立定三差法"和朱世杰"垛积招差术"

元王恂、郭守敬等授时历（1280 年）"创法凡五"[1]，其中"平立定三差法"是指以三次差内插法进行日月五星行度的计算。

授时历测定冬至后初日太阳行度为 1.051 085 69 度，即较平行度 1 度多出 510.856 9 分（万分为度），名曰盈加分；又冬至后一日太阳行度为 1.050 591 83 度，于此得两日差 4.938 6 分。以此推求每日行度叫推每日细行。元初沿用金大明历，知冬至后 88.92 日共盈积度为 2.401 5 度。按三次差内插公式，有

$$24\,015 = 88.92 \times 510.856\,9 - \frac{1}{2} \times 88.92 \times (88.92 - 1) \times$$

$$4.938\,6 - \frac{1}{6} \times 88.92 \times (88.92 - 1) \times (88.92 - 2)\,x$$

得 $x = 0.018\,59$，"所测就整"（万进）取 $x = 0.018\,6$ 分。

以 510.856 9 为一差，-4.938 6 为二差，-0.018 6 为三差，求冬至后 n（$\leqslant 88.92$）日盈积度，当为

$$f(n) = n \times 510.856\,9 - \frac{1}{2}n\,(n-1) \times$$

$$4.938\,6 - \frac{1}{6}n\,(n-1)\,(n-2) \times 0.018\,6$$

$$= 513.320\,0\,n - 2.460\,0\,n^2 - 0.003\,1\,n^3$$

故《元史・历志》称：

> 其盈初缩末者，置立差三十一，以初末限乘之，加平差二万四千六百，又以初末限乘之，用减定差五百一十三万三千二百，余再以初末限乘之，满亿为度，不满退除为分秒。[2]

仿此，缩初盈末，及月行迟疾、五星盈缩，都有此三差数。

---

① 明史・历志. 历代天文律历等志汇编（十）[M]. 北京：中华书局，1976：3579.
② 元史・历志. 历代天文律历等志汇编（九）[M]. 北京：中华书局，1976：3378.

问题在于，此三差是否按上述步骤推算而得，即王恂、郭守敬是否掌握了三次内插法的一般公式，即三差 x 的系数 $\frac{1}{6}n(n-1)(n-2)$，尚值得深究。

清梅文鼎（1633—1721）据元《授时历草》、明元统《大统历通轨》，编成《大统历法》，载入《明史》[①]，方知"平立定三差之原"。[②]

原来是用"积日"（n）去除"积差"（$f(n)$），考虑"日平差"（$F(n)=\frac{f(n)}{n}$）以二次内插法入算，得冬至当时的日平差（513.32）和一差（-37.07）、二差（-13.8）。这是就一段（$l=\frac{88.92}{6}=14.82$日）而论的，于是

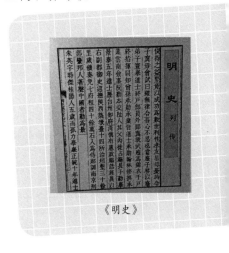

《明史》

$$F(n)=513.32+\frac{n}{14.82}(-37.07)+\frac{1}{2}\frac{n}{14.82}\left(\frac{n}{14.82}-1\right)(-1.38)$$

$$=513.32-2.46n-0.0031n^2$$

因而可知 n 日的积差为

$$f(n)=n\cdot F(n)=513.32n-2.46n^2-0.0031n^3$$

这就是定、平、立三差之原——就本质上而言，是用待定系数法获得的。所以，梅文鼎"平立定三差详说"称：

> 授时历于日躔盈缩、月离迟疾并云以算术垛积招差立算。……考历草并以盈缩日数离为六段，各以段日除其段之积度，得数乃相减为一差，一差又相减为二差，则其数齐同。乃缘此以生定差及平差、立差。[③]

这样，将日数1，2，3，……逐次代入上式，便可逐日求出其积差，但考虑到

$$f(x)=ax+bx^2+cx^3$$

$$f(0)=0$$

---

① 李俨.中算家的内插法研究［M］.北京：科学出版社，1957：62.
② 明史・历志.历代天文律历等志汇编（十）［M］.北京：中华书局，1976：3595.
③ 梅文鼎.历学骈枝（卷五）.梅氏丛书辑要，1771.

$$f(1)=a+b+c$$
$$f(2)=2a+4b+8c$$
$$f(3)=3a+9b+27c$$
$$f(4)=4a+16b+64c$$
......

其定、平、立三差的系数分别按自然数、平方数和立方数的倍数递增，据此便可列出逐日积差和它的各级差分，如表3.15所示。

表3.15

日	积差	一差	二差	三差	四差
0	0				
1	$a+b+c$	$a+b+c$	$2b+6c$		
2	$2a+4b+8c$	$a+3b+7c$	$2b+12c$	$6c$	
3	$3a+9b+27c$	$a+5b+19c$	$2b+18c$	$6c$	0
4	$4a+16b+64c$	$a+7b+37c$	...	...	...
...	...	...	...		

以冬至当时的积差之一、二、三差分别设为

"加分" $\alpha=a+b+c=510.8569$

"平立和差" $\beta=2b+6c=-4.9386$

"加分立差" $\gamma=6c=-0.0186$

则可逆推填满表十五中逐日的积差来。故梅文鼎云：

> 定差者，盈缩初日最大之差也。于是以平差立差减之，则为每日之定差矣。若其布立成法，则以立差六因之，以为每日平立合差之差。此两法者，若不相蒙而其术巧会，从未有能言其故者。[①]

李善兰也说：

> 授时术中法号最密，其平立定三差，学算者皆推为创获。[②]

[①] 梅文鼎. 历学骈枝（卷五）. 梅氏丛书辑要，1771.
[②] 李善兰. 麟德术解（1848年），则古昔斋算学本（1867年）.

朱世杰《四元玉鉴》（1303年）卷中之十"如象招数"门第五问：

> 或问……以立方招兵，初招方面三尺，次招方面转多一尺，……今招十五日……，问招兵……几何？[①]

其解法为：

> 求得上差二十七、二差三十七、三差二十四、下差六。求兵者：今招为上积，又以今招减一为茭草底子积为二积，又今招减二为三角底子积为三积，又今招减三为三角落一积为下积。以各差乘各积，四位并之，即招兵数也。[②]

我们根据问题列出表3.16如下。

表3.16

日数	累日共招人数 $f(n)$	每日招兵人数 Δ	Δ^2	Δ^3	Δ^4	Δ^5
0	0					
1	27	$3^3=27$（上差）	37（二差）			
2	91	$4^3=64$	61	24（三差）		
3	216	$5^3=125$	91	30	6（下差）	
4	432	$6^3=216$	127	36	6	0
5	775	$7^3=343$	……	……	……	
…	……	……				

其解的过程为

$$上积 = n$$

$$二积 = \frac{1}{2!}\, n\,(n-1)$$

$$三积 = \frac{1}{3!}\, n\,(n-1)(n-2)$$

---

① 朱世杰. 四元玉鉴［M］. 上海：商务印书馆，1937.
② 同上。

$$下积 = \frac{1}{4!} n（n-1）（n-2）（n-3）$$

于是

$$f（n）=n\Delta+\frac{1}{2!}n（n-1）\Delta^2+\frac{1}{3!}n（n-1）（n-2）\Delta^3+\frac{1}{4!}n（n-1）（n-2）$$
$$（n-3）\Delta^4$$

这是与现代通用形式完全一致的四次招差公式，各项系数分别与朱世杰"落一"类垛积公式

$$\sum_1^n l=n$$

$$\sum_1^n r=\frac{1}{2!}n（n+1）$$

$$\sum_1^n \frac{1}{2!}n（n+1）=\frac{1}{3!}n（n+1）（n+2）$$

$$\sum_1^n \frac{1}{3!}n（n+1）（n+2）=\frac{1}{4!}n（n+1）（n+2）（n+3）$$

古法开七乘方图

的变化规律相类似。

朱世杰是怎样得到以上这一系列公式的呢？杜石然作了如下的推测：[①] 注意到朱世杰在《四元玉鉴》卷首所揭示的"古法开七乘方图"，比杨辉所引贾宪"开方作法本源"（约 1040 年）多出了平行于两斜边的许多斜线，朱世杰可能发现到第 p 条斜线上前 n 个数之和恰好等于第 $p+1$ 条斜线上的第 n 个数，从而在前人已有的茭草垛积公式（等差数列求和）

$$\sum_1^n C_1^r = C_2^{r+1}$$

① 杜石然. 朱世杰研究. 宋元数学史论文集［M］. 北京：科学出版社，1966：185，188-189.

和三角垛积公式（杨辉，本于沈括）

$$\sum_1^n C_2^{r+1}=C_3^{r+2}$$

基础上，推广而得

$$\sum_1^n C_p^{r+p-1}=C_{p+1}^{n+p}$$

顺便指出，朱世杰另一类"岚峰"型垛积公式

$$\sum_1^n C_p^{r+p-1} \cdot r=C_{p+1}^{n+p} \cdot \frac{2n+p}{p+2}$$

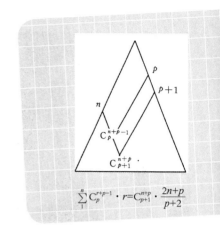

$$\sum_1^n C_p^{r+p-1} \cdot r=C_{p+1}^{n+p} \cdot \frac{2n+p}{p+2}$$

的导出则很费解。我们根据杜石然的思路，试作如下推测。

　　首先，仍然是从贾宪三角的斜线出发，根据它的累加性，与落一型公式相比较，考虑其积 $\sum_1^n C_p^{r+p-1} \cdot r$ 可能有 $C_{p+1}^{n+p} \cdot n$ 的形式。但是，很容易看出，这样就成了第 p 条斜线上前 n 个数之和的 n 倍了。而实际上只有第 n 个数有 n 倍，第 r 个数只有 r 倍（$r=1, 2, \cdots, n-r$），这样就多出了各个第 r 个数的（$n-r$）倍。

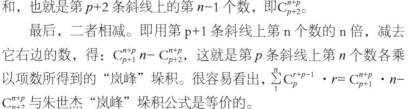

$$\sum_1^n C_p^{r+p-1} \cdot r=C_{p+1}^{n+p} \cdot n-C_{p+2}^{n+p}$$

　　其次，考虑到这多出的部分恰好是第 p 条斜线上前一个数、前二个数之和直到前 $n-1$ 个数之和的总和，根据累加性，它们等于第 $p+1$ 条斜线上前 $n-1$ 个数之和，也就是第 $p+2$ 条斜线上的第 $n-1$ 个数，即 C_{p+2}^{n+p}。

　　最后，二者相减。即用第 $p+1$ 条斜线上第 n 个数的 n 倍，减去它右边的数，得：$C_{p+1}^{n+p} n- C_{p+2}^{n+p}$，这就是第 p 条斜线上第 n 个数各乘以项数所得到的"岚峰"垛积。很容易看出，$\sum_1^n C_p^{r+p-1} \cdot r= C_{p+1}^{n+p} \cdot n- C_{p+2}^{n+p}$ 与朱世杰"岚峰"垛积公式是等价的。

　　总之，朱世杰通过对贾宪三角的深入研究，得到了多种垛积公式，又发现招差公式中各项系数恰好依次是各三角垛的积，从而可以把这一公式推广到任意高次差的招差问题中去，"最终完成了中

牛顿画像

国古代数学家们在招差法方面的工作"①。欧洲最先对招差术加以讨论说明的是 17 世纪的格列高里（J. Gregory，1670）。莱布尼兹（G.W. Leibniz）在 1673 年的一封信中提到用差分方法处理自然数立方和问题，并指出这个发现归功于法国穆勒（1618—1694），这比朱世杰的成果晚了三百多年②。一般认为，招差术的普遍公式是牛顿（I. Newton）在 1676 年提出来的。

中国古代历算家用传统的内插法计算天体在某一时刻的具体位置，与古希腊天文学家所使用的一套本轮、均轮系统异其旨趣。它们都产生于东西方不同民族各自有不同特点的传统数学方法的基础之上，同时也反过来对中国传统数学的算法化和代数化倾向、古希腊数学的演绎化和几何化倾向带来影响。

内插法从本质上看，是一种函数逼近方法，用现代术语说，就是要运用一种部分的、瞬时的、状态的方法；大衍术是从整体的、周期的、过程的角度，协调各个天体在大范围内的运动③；调日法既是一种局部的近似表示方法，又是从整体上考虑各个天文数据之间的关系。它们在中国古代历法计算中相辅相成，相得益彰。由于它们具有深刻的数学内涵，即使在历法中早就废除了积年日法，即使西方近代天文学理论和方法传入了我国，它们仍然在中国数学的发展中不断发扬光大，占据着重要的地位。以垛积招差为例，一方面其归纳、类推、表格化、程序性的数学方法保持着强大的生命力，一方面就其内容而言，由一差而二差而三差……由速度而加速度而加速度的变化……由直线而面积而体积……必然导致级数理论和无穷小方法。事实上，自沈括、杨辉、王恂、郭守敬、朱世杰等人以

① 杜石然. 朱世杰研究. 宋元数学史论文集［M］. 北京：科学出版社，1966：185，193-194.
② D. E. Smith. *History of Mathematics*［J］. Ginn, New York, 1925, 2: 512.
③ Y. L. Zha. *A Comparison Betmen Ptolemy's System and Lohsia Hung's System*［A］, 17th International Congress of History of Science, 1985.

来，明朝的周述学、柯尚迁、程大位，清朝的梅文鼎、陈世仁①、汪莱②、董祐诚③、罗士琳④、李善兰⑤、华蘅芳⑥，对此都有研究，至今仍不绝如缕。其中李善兰《则古昔斋算学》"垛积比类"集前人之大成，"所述有表，有图，有法，分条别派，详细言之"，取得了重大的成就。他创立了新的垛积系统。于"三角自乘垛"得"李善兰恒等式"，直到 21 世纪还蜚声中外，将"乘方垛"发展成"尖锥术"⑦，步入了微积分学大门。考察解析几何、微积分产生的数学背景⑧，注意到 20 世纪中叶开始随着计算机科学和系统科学的飞速发展预示着一个算法倾向的新时代的到来⑨，无论从内容还是从形式上看，中国传统数学的发展是更为接近并可以通向近代数学和现代数学的。

———————————

① 陈世仁. 少广补遗. 清抄本.
② 汪莱. 递兼数理. 衡斋算学（卷四）. 古今算学丛书本.
③ 董祐诚. 割圆连比例图解（1819 年），堆垛求积术（1821 年）. 古今算学丛书本.
④ 罗士琳. 四元玉鉴细草 [M]. 上海：商务印书馆，1937.
⑤ 李善兰. 麟德术解（1848 年），则古昔斋算学本（1867 年）.
⑥ 华蘅芳. 积较术. 行素轩算稿，1882.
⑦ 王渝生. 李善兰的尖锥术 [J]. 自然科学史研究，1983，2（3）.
⑧ 梅荣照，王渝生. 解析几何能在中国产生吗. 科学传统与文化 [M]. 西安：陕西科学技术出版社，1983.
⑨ 李文林. 算法、演绎倾向与数学史的分期 [J]. 自然辩证法通讯，1986，2：50.

4 算学教育与中外交流

算学教育及对朝鲜、日本的影响

1. 早期的算学教育

自有人生，便有教育。因为自有人生，便有实际生活的需要。不过人生的需要，随时随地有不同；教育的资料与方法也跟着需要有所变迁。这种变迁的根源，就存在于社会经济构造的转易。

最早的教育活动主要是生产劳动生活习俗、原始宗教和艺术以及体格和军事训练等。随着氏族公社末期学校萌芽的出现，教育开始分化，出现为培养劳心者的专门教育和培养劳力者的社会教育两种类型。有一甲骨卜辞记载："丙子卜，贞，多子其（往）学，版不菁大雨？"意思是，丙子日举行占卜，贞求问上帝，子弟们去上学，返回时会不会遇上大雨？担心气候变化，大雨影响子弟们返家。这说明学校与居住区有一定的距离。

早期的数学教育自然是专门为培养劳心者的。《周礼·地官》之保氏一节记："保氏掌谏王恶，而养国子以道。乃教之六艺：一曰五礼，二曰六乐，三曰五射，四曰五御，五曰六书，六曰九数。"其中所说的国子即官家或者为贵族子弟。把数学纳入学校教学的内容之一，可见当时，数学计算已成为生活范围内贵族子弟所必须适应的方面。

数学知识到西周有更多的积累，为较系统地教学创造了条件。据宋朝王应麟《困学纪闻》释内则之说："六年教之数与方名：数者一至十也。方名，汉书所谓五方也。九年教数日，汉志所谓六甲也。十年学书计，六书九数也。斗者数之详,十百千万亿也。"大致顺序是：

王莽画像　　　　　　　　　　六艺之数学

先学序数的名称及记数符号，然后学甲子记日法，知道朔望的周期，再进一步是学习记数的方法，掌握十进位和四则运算，培养初步的计算能力。

虽说如此，数学毕竟被排在六艺之末。当周室东迁、学庠废坠时，数学教育自然也就无法维持下去。即使汉朝官学再兴，汉武帝专立五经博士，开办太学；王莽更是在全国范围建立学校制度，教育的价值取向已是培养士大夫阶级，对士在精神、智力和体能诸方面至此要全面蜕化成经学一门，数学则被排斥在学校之外。

2. 唐宋算学教育及对朝鲜、日本的影响

虽说秦汉时期起就有"六年教之数与方名""十年学书计六书九数也"的做法，但国立数学教育大约是从隋朝开始的。据《隋书·百官志》记载："国子寺祭酒（国立大学校长）……统国子、太学、四门、书（学）、算学，各置博士、助教、学生等员。""算学"相当于现在大学中的数学系，这个系科中的成员是博士两人，助教两人，掌生八人。可见，当时真是把数学教育当作一件事情来办的。

《国子监算学呈堂稿》

唐初继续隋朝的科举制度，算学仍被作为国子监设立的六科之一，称为明算科。此外还有明经、明法、明字等科。每年仲冬时节，各郡县都要进行考试作为选拔人才的依据。

教材一般以经典算书为主，唐初李淳风等人奉敕注释并校订了十部算书，作为算学馆的教科书，即《九章算术》《海岛算经》《孙子算经》《五曹算经》《张丘建算经》《夏侯阳算经》《周髀算经》《五经算术》《缀术》和《缉古算经》十部，合称为"算经十书"。十部算书分两种学法。一种学《孙子算经》及《五曹算经》限一年，《九章算术》及《海岛算经》共限三年，《张丘建算经》及《夏侯阳算经》各限一年，《周髀算经》及《五经算术》共限一年，总计学七年。第二种学《缀术》限四年，学《缉古算经》限三年，也是七年学完。学习期满后，要进行考试，试题从书里抽出。其中《缀术》学习年限最长，考试时出题最多，可见《缀术》在当时是很重要的著作，内容之丰富和高深可想而知。

虽然算学在六科之中不属首要，但隋唐时期数学教育制度的形成对中国数学的发展仍是有影响的，而且通过中外文化交流使这种影响扩向邻国。

朝鲜是中国的近邻，自古以来，两国交往不断，因之中国的制度、礼乐、文化以及历算都陆续传入朝鲜，在唐朝国子监留学的学生中就有朝鲜弟子。这些人回国后将隋唐的教育制度带入他们的国家。因此，唐初时朝鲜也就仿照隋唐数学教育制度，在太学监中设置了算学博士和选定了教科书。教科书有《缀术》《九章算术》《三开》《六章》等，前两种显然是从中国传去，后两种尚不知什么内容。在朝鲜王氏王朝时期，还仍照唐制，开科取士。算学作为杂科之一，设有专业考试。合格者，"赐出身"，给以安排工作。

宋朝，中朝两国友好关系又有新的发展，朝鲜不但派遣人员到中国留学，而且也向中国索要图书并反映办学情况。据《高丽史》称："文宗十年（1054）八月留守报：京内进士、明经等诸业举人，所业书籍，率皆传字，字多乖错，请分赐秘阁所藏九经，汉、晋、唐书、论语、……律、算诸书，置于诸学院，命有司各印一本送之。"可见，当时朝鲜学校所用书籍，多由中国提供。

中国古代数学名著《算学启蒙》三卷（元朱世杰撰，1299年赵元镇初刊于扬州）在中国本土失传了数百年。然其流传到朝鲜后，产生了巨大影响并得以保存了下来。在朝鲜李朝，它是算学教材和选拔算官的基本图书之一，世宗本人还曾于1430年向当时副提学郑麟趾学习此书。在朝鲜已知的刻本中有1433年庆州府刻本，现有残本藏于日本东京。《算学启蒙》经朝鲜传入日本后，曾多次刊刻，对日本数学的发展影响甚深。特别是朝鲜金始振1660年的《算学启蒙》刻本复传中国后，为清罗士琳于北

《算学启蒙》

京琉璃厂书肆访获，详加校勘，阮元为之序，1839年在扬州重刊问世，方得以在中国广为流传和受到重视，然距初刊已有五百四十年！另有朝鲜金正喜亦有影写金始振刻本赠徐有壬，此本现藏美国国会图书馆。此乃中朝之间数学交流的一段佳话。

中国的数学教育制度对日本也深有影响。从唐朝起，中日使者往来日益增多。自630—894年，日本派遣使者赴中国达十九次之多，其中十三次到达中国。随使者来中国的还有不少留学生，像最澄（767—822）、海空（774—835）等，他们归国后都积极宣扬中国封建文化，还协助帝王制定模仿唐朝的贵族教育制度。中央设太学，地方设国学，各有博士、助教等职，讲授经学、律令、汉文字、书法及算术。在日本大宝二年（702），开始建立算教科，置算学博士两人，教学坐二十人。教材大多是中国算书，有《周髀算经》《九章算术》《缀术》《海岛算经》等。日本边自己办学，边派员到中国学算学，从而奠定了日本数学发展的基础。

中印算学间的影响

古代印度曾是数学大国，在6—12世纪中印度数学曾对世界数学产生过积极影响。中印两国很早就开始了文化交流。1世纪两汉交替时印度的佛经由西域传入中国内地。至汉末及三国，由于佛教传入渐多，佛经的翻译也与日俱增。与此同时，中印人员的往来也不断加强。佛教在中国的传入和流行，势必带来印度包括科学、医学、艺术等在内的其他内容，而中国僧人在去印度取经时候，也必然带去中国的科学与文化。特别是隋唐时期,两国的文化交流进一步发展，来往的人员也不仅仅是僧人，还有使臣和其他人员。中印两国数学交流和影响大多是在隋唐时期。遗憾的是，由于缺乏史料，中印两国数学交流的具体情况已无法说清，现在只能从古代算书中所出现的各种相似的算法去追溯互相影响的痕迹。

1. 中印算学中的相似点

中印算学中的相似点很多，有些是属于具体做法的，有些则属于思想方法的，既有正确内容的相似，又有错误内容的相似，而且所有的这些相似点在史料记载上，印度晚于中国。

（1）记数法与计算法

现在西方一般认为，十进位制记数法始于印度。其实，这种记数法在印度出现于6世纪，即中印文化交流的热期。最初，印度也没有零的记号，零用空位不记号表示，这一做法与中国的筹算记数法相一致。中国筹算中表现的十进位制记数法及其所体现的思想方法，很可能被印度所接受。

在计算方法上，印度的四则运算法则也与中国筹算法相似。加法与减法都是从高位起算；乘法则采取把其中一数的位置逐步向右移动求得部分乘积，随即并入前已得的数。除法表现为乘法逆运算的做法，把除数的位置向右移动，于被除数内逐步减去部分乘积。

（2）分数

印度数学也惯用分数，不用小数。分数的记法与中国相同，即分子在上，分母在下，不用分数线隔开；带分数的整数部分写在分子上面，例如 $\frac{2}{3}=\frac{2}{3}$；$2\frac{1}{3}=1\frac{2}{3}$。分数的四则运算法也与中国相同。

（3）今有术与三率术

与中国今有术相似的印度算法是三率术，内容是由三数求一数，即所求数$=\dfrac{所有数 \times 所求率}{所有率}$。印度数学家由此而将它改名为三率法也是很有可能的。

（4）古算题

印度不少算书中载有与中国著名古算题相同的算题。如婆罗摩笈多的书中有一个测量问题与《海岛算经》第一题相同；婆罗摩笈多与马哈维拉的书中都有与"物不知数题"相同的算题；而马哈维拉的书中一个关于不定方程的问题与"百鸡问题"相似；另外，像印度算书中的"折竹问题""莲花问题"都是《九章算术》中同类问题的翻版。

有趣的是，有些错误的或者说误差很大的近似公式也有相同之处。例如，《九章算术》中弓形面积公式和球体积公式，在印度算书中照样出现。

上述这些还只是具体内容上的相同点，至于两国数学的一些本质方面的特点，也有着相同之处。例如，都以题解为中心，都注重算法，从而成就集中于算术和代数方面等。

2. 从印度传入中国的算学

印度与中国一样，数学与天文学的关系很密切。唐初以后，不少印度天文学家来中国司天监工作，成为印度数学传入中国的主要渠道。唐朝开元六年（718），在唐朝司天监任职的天文学家瞿昙悉达奉唐玄宗之命，把印度《九执历》译为汉文。后来他又编辑了《开元占经》一百二十卷，其中介绍的印度数学有三项：数码、圆弧度量法和弧的正弦。由于中国古代数学自成体系，又习惯于算筹演算，所以印度数码没能在中国通行。同样，印度天文算法，因和中国传统的算法体系不同，在中国古代天文学上和数学上都没有引起应有的作用。

关于印度数学和中国数学的关系至今仍是一个值得深入探讨的课题。

西方数学的传入

16 世纪末，天主教耶稣会传教士开始来中国进行活动。在传教的同时，也带入西方的一些科学文化，数学是其中之一。先后来中国并给中国数学带来影响的传教士有利玛窦、罗雅谷、邓玉函、汤若望、穆尼阁等人。由于明朝末年改革历法的需要，当时西方数学的一些主要内容受到了中国学者的重视。这些内容包括欧氏几何、三角学、对数、圆锥曲线理论、笔算方法和一些计算工具等。对于处在沉寂时期的明朝数学来说，西方的这些数学知识的传入无疑起到了增添新鲜血液的效果，在相当程度上激发了中国数学家们学习和研究的兴趣，为中西数学的融会贯通迈出了重要的一步。

1. 早期译著与研究

外国数学在唐宋时就有传入中国，主要是印度和阿拉伯国家。但由于中国数学当时成就卓著，处于先进地位，又自成主流，因此外国数学对它的影响不大。这与明末出现的西学东传情况不同。明朝，中国数学的发展处于低潮，与欧洲文艺复兴恰好形成对照，欧洲数学已进入对古代希腊数学进行吸收消化时期，而且出现新的创造，其中突出的有：德国的雷基奥蒙斯坦发表纯三角学著作；意大利的阿尔培尔提出投影和截影概念，奠定了透视法的数学基础；帕奇欧里著《算术集成》；卡尔丹发现三次方程的代数解法；耐普尔的对数；韦达的符号代数等，这些都代表了当时数学发展的主流。西方数学的主流终将通过各种途径进入中国，并与中国传统数学相结合，成为新发展的基础。

（1）《几何原本》和《同文算指》

最早译成中文的西方数学著作是古希腊数学家欧几里得的《原本》，译者是意大利传教士利玛窦和中国明朝学者徐光启。

利玛窦出生于文艺复兴以后的意大利。十六岁学法律，十九岁进天主教耶稣会学校，并随德国著名数学家克拉维斯学习数学。1583 年利玛窦受耶稣会派遣来中国传教。其间，他利用传教机会，积极向中国知识界介绍西方文化和风土人情，同时教授天文地理及数学知识。利玛窦与徐光启的结合是颇有意义的。徐光启最早见到利玛窦是在 1600 年，后来徐光启进士及第上北京，而利玛窦也正在北京，于是两人加深交往。徐与利互相学习中西方科学知识，开始了近代中西科技交流的新时代。

利、徐翻译的《原本》，是克拉维斯的注释本。全书共十五卷，包括欧氏原来的十三卷和后人增补的两卷。但译文仅前六卷。徐光启原想译完全书，由于利玛窦认为六卷已够充实中国数学，执意中辍。

利马窦雕像

利玛窦与徐光启像

《原本》翻译自 1606 年秋开始，于 1607 年 5 月完成，译本取名为《几何原本》。几何两字取义中文的多少，扩义为数学。所以《几何原本》即数学原本。"几何"一词原先尚未作为关于图形知识的专门名称。相当于现在几何这个词的古代名称叫"形学"。此时除了创用几何这一名词外，《几何原本》中确定的一些数学名词，如点、线、直线、曲线、平行线、角、直角、锐角、钝角、三角形、四边形等都极大地充实进了中国数学之中。《几何原本》译出后，对中国数学产生了积极的影响。它使中国学者看到了西方数学中严密的逻辑演绎形式。逻辑演绎不仅是推证命题的手段，而且是数学理论结构的基本形式。徐光启推崇《几何原本》为"度数之宗"。在《〈几何原本〉杂议》中，徐光启更是对《几何原本》推崇备至。他说："此书有四不必：不必疑，不必揣，不必试，不必改。有四不可得：欲脱之不可得，欲驳之不可得，欲减之不可得，欲前后更置之不可得。有三至三能：似至晦，实至明，故能以其明明他物之至晦；似至繁，实至简，故能以其简简他物之至繁；似至难，实至易，故能以其易易他物之至难。易生于简，简生于明，综其妙在明而已。"可以这样说，西方数学的引入对于中国知识分子的思想震动是很大的。他们认为西方数学"能令学理者祛其浮气，练其精心，学事者资其定法，发其巧思，故举世无一人不当学"。清朝许多对数学感兴趣的人都喜欢读《几何原本》，还先后出现了一些讨论有关《几何原本》内容的作品，如孙元化的《几何体论》、《几何用法》(1608 年)，方中通的《几何约》(1661 年)，李子金的《几何易简录》(1679 年)，杜耕知的《几何论约》(1770 年)，梅文鼎的《几何通解》等。此外，一些数学著作在不同程度上吸收了《几何原本》中的论证方式和体例。中国近代数学开始了中西数学合流的前进步伐。

在与徐光启合译了《几何原本》之后，利玛窦又与李之藻合作编译出

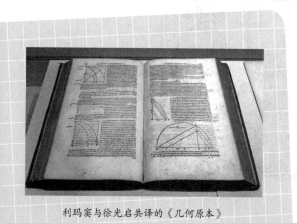

利玛窦与徐光启共译的《几何原本》

版了《同文算指》一书。《同文算指》是根据克拉维斯的《实用算术概论》（1585 年）与程大位的《直指算法统宗》（1592 年）两本书编译而成的。全书分"前编""通编""别编"三编，整个内容限于算术的范围。但由于书中详细介绍了欧洲通行的笔算，对于失去了筹算而珠算尚不足以充分表达数学内容的中国数学家来说，它仍具有很大的吸引力。事实上，作为介绍欧洲笔算的第一部著作，《同文算指》对中国后来的算术有着巨大的影响。

李之藻除了与利玛窦合译了《同文算指》外，还翻译了一些天文学和哲学方面的著作，其中哲学著作《名理探》以及《天学初函》在明末流传极广，在清朝也有相当影响。

除了《几何原本》和《同文算指》外，17 世纪译出的西方算书还有《圜容较义》《测量法义》《欧罗巴西镜录》等。

（2）《崇祯历书》与《历学会通》

崇祯二年（1629），徐光启首次应用西方天文学和数学正确推算日食，从此西方天文算学受到崇祯朝廷的重视。同年七月，礼部决定开设历局，由徐光启组建。于是，一些西方传教士，如龙华尼（意大利人）、邓玉函（瑞士人）、汤若望（德国人）、罗雅谷（意大利人）先后参与了中国的历法改革工作。从1629—1643 年明亡止，共完成了《崇祯历书》一百三十七卷。清朝建立之后，继续修订历法。到 1645 年，在崇祯历书基础上，编成《新法历书》一百卷。

《崇祯历书》的主要内容是介绍当时欧洲天文学家第谷的地心学说，由于西方天文学家十分强调以数学作为理论基础，所以《崇祯历书》

汤若望

包括了不少的数学内容，尤以平面几何学与球面三角学居多。属球面三角学的专门著作有邓玉函编的《大测》两卷和《割圆八线表》六卷，罗雅谷撰写的《测量全义》十卷。

《大测》意为普遍测量之法，因其"大于他测，故名大测"。其实，内容局限于八条三角线的定义、性质，三角函数表的造法和用法，与现代三角学还有很多差距。主要的三角公式为

三要法，即

$$\sin^2 A + \cos^2 A = 1$$

$$\sin^2 A = 2\sin A \cos A$$

$$\sin\frac{A}{2} = \sqrt{\frac{1-\cos A}{2}}$$

二简法，即

$$\sin(A \pm B) = \sin A \cos B \pm \cos A \sin B$$

$$\sin(60° + A) - \sin(60° - A) = \sin A$$

四根法，即

$$\frac{a}{\sin A} = \frac{b}{\sin B} = \frac{c}{\sin C}; \quad \mathrm{tg}\frac{A-B}{2} = \frac{a-b}{a+b}\mathrm{tg}\frac{A+B}{2}$$

所有公式都是为造三角函数表而应用的。

比起《大测》来，《割圆八线表》所载的三角函数表要精密些。《大测》中载的是每隔15分的四位三角函数表，《割圆八线表》载的是每隔1分的五位三角函数表。

《测量全义》则在三角理论的内容方面比《大测》多，除正弦定理、正切定理外，还有同角三角函数的关系、余弦定理、积化和差公式等。《测量全义》还包含了一些圆锥曲线方面的内容，如不同方向的截面截圆锥所成的各种圆锥曲线，但对圆锥曲线性质未作详细讨论。可见当时对圆锥曲线意义的认识是不足的。

西方传教士除了在官方机构——历局中活动以外，还在民间与一些学者合作编写了《天学初函》五十九卷和《历学会通》五十六卷。

《历学会通》是一部试图会通中西之法的历学著作，内容以天文历法为主，兼及数学、医药、物理学、水利和火器等。数学内容集中在《比例对数表》（1653年）、《比例四线新表》和《三角算法》（1653

年）之中。前两篇介绍了 17 世纪初由耐普尔和布列格斯等人发明的对数，三角函数对数表是其中的主要内容，实用性较强，理论阐述相对薄弱。17 世纪西方数学中的三大成果——对数、解析几何和微积分，其中对数被率先介绍进中国。很大程度上，这是因为对数发明的时间最早（1614 年）。参与编著《历学会通》的穆尼阁是波兰人，他于 1646 年来华的时候距解析几何的产生仅九年，微积分尚处在雏形阶段，况且对数实用性较强，更容易受到中国学者的重视。

《三角算法》是一篇三角学方面的著作，其内容的完整程度超过《大测》。除了比《大测》增加了半角公式和半弧公式以外，所有的公式都以对数形式出现，以利于天文计算。由于这些三角学著作过于顾及三角学知识在天文学上的应用，因此理论阐述都较薄弱，致使中国学者未能及时做出新的发展。

2. 西方数学著作的再翻译

1840 年第一次鸦片战争以后，长期关闭的中国门户被迫打开。西方资本主义势力的入侵，给中国人民带来了深重的灾难，也使一些爱国的知识分子开始探索富国强兵的道路。一些人看到了西方科学技术的作用，他们希望"师夷之长技以制夷"。于是，一股了解西方，学习西方先进科学技术的热潮在中华大地展开。

西方近代数学就是在这种情况下，从 19 世纪 50 年代起陆续传入中国的。与 17 世纪初西方数学第一次传入相比，第二次传入无论从深度还是广度上都要强劲得多。

西方数学著作的大量翻译，一批有志于西方数学研究的数学家的出现，以及学校数学教育的开办等一系列措施，使西方数学在更广的范围得到普及，从而使中国传统数学逐渐被西方近代数学所代替，并最终出现中国传统数学与世界数学的有机融合。

19 世纪 50 年代前后，正是西方近代数学走向成熟的时期。柯西的微积分的严密化、彭赛列的射影几何基础的奠定、阿贝尔和伽罗瓦的近世代数的开创、维尔斯特拉斯对解析函数论的系统研究，以及罗巴切夫斯基和波耶等人创立非欧几何等，一切都表明西方数学已经加紧了走向现代化时期的准备。然而，长期处于封建主义统治下的中国,数学家们却无法了解这些。雍正元年（1723）的闭关政策,使得原有的一条狭小的西方数学传入渠道也被扼断,从此中国数学家们只能在困难的条件下,进行着自己艰辛的工作。

第一次鸦片战争的失败,使中国知识分子看到了清政府的无能和国家的贫弱,也看到了中国与西方国家在科学技术上的差距。他们面对"欧罗巴各国日益强盛,为中国边患"的严峻现实,力图通过发展科学提高国力来与西方列强抗衡。要发展科学,必须了解科学;要了解科学,就得翻译科学著作。就这样,出现了西方数学著作的第二次翻译高潮,其中,早期的主要翻译者是李善兰和华蘅芳。

（1）李善兰的翻译工作

1852 年,李善兰离家来到上海的墨海书馆。墨海书馆致力于翻译西方书籍,由英国传教士麦都思（W. H. Medhurst,1796—1857）于 1843 年开设,它也是西方传教士与中国知识分子联系的一条渠道。李善兰在那里结识了英国传教士伟烈亚力和艾约瑟。当时墨海书馆正在物色能与传教士协作翻译的人才,李善兰的到来使他们十分高兴,但又不甚放心,于是,他们拿出西方最艰深的算题来考李善兰,结果都被李善兰一一作了解答,传教士们大为赞赏。从此以后,李善兰开始了译著西方科学著作的生涯。

李善兰翻译的第一部著作是《几何原本》后九卷。由于他不通外文,因此不得不依靠传教士们的帮助。《几何原本》的整个翻译工作都是由伟烈亚力口述,由李善兰笔录的。其实这并不容易,因为西方的数学思想与我国传统的数学思想很不一致,表达方式也大相径庭。虽说是笔录,实际上却是对伟烈亚力口述的再翻译。就如伟烈亚力所说,正是由于李善兰"精于数学",才能对书中的意思表达得明白无误。这本书的翻译前后历经四年才告成功。

在译《几何原本》的同时,李善兰又与艾约瑟一起译出了《重学》二十卷。这是我国近代科学史上第一部力学专著,在当时极富影响力。1859 年,李善兰又译出两部很有影响的数学著作《代数学》十三卷和《代微积拾级》十八卷。前者是我国第一部以代数命名的符号代数学，后者则是我国第一部解析几何和微积分著作。这两部书的译出，不仅向中国数学界介绍了西方符号代数、解析几何和微积分的基本内容，而且在中国数学中创立起许多新概念、新名词、新符号。这些新东西虽然引自于西方原本，但以中文名词的形式出现却离不开李善兰的创造，其中的代数学、系数、根、多项式、方程式、函数、微分、积分、级数、切线、法线、渐近线等都沿用至今。这些汉译数学名词可以做到顾名思义。李善兰在解释"函数"一词时说："凡此变数中函彼变数，则此为彼之函数。"这里，"函"是含有的意思，它与函数概念着重变量之间关系的意思十分相近。许多译名后来也为日本所采用，并沿用至今。

在《代微积拾级》中附有第一张英汉数学名词对照表，其中收词三百三十个，有相当一部分名词已为现代数学所接受，有些则略有改变，也有些已被淘汰。

除了译名外，在算式和符号方面李善兰也做了许多创造和转引工作。他从西文书中引用了"×""÷""（ ）""$\sqrt{\ }$""=""<"">"等符号，为了避免加减号与中国数学十、一相混，另取篆文的上、下二字，"⊥""丅"作为加、减号。用甲、乙、丙、丁等十干，子、丑、寅、卯等十二支，天、地、人、物四元依次代替原文的二十六个英文字母，并且各加口字旁，如呷、吆等字代替大写字母。希腊字母一般用角、亢、氐、房等二十八宿名替代。又用微字的偏旁"彳"作为微分符号，积字的偏旁"禾"作为积分符号，例如：

$$禾\frac{甲\perp 天}{彳天}=（甲\perp 天）对\perp$$

即
$$\int \frac{dx}{a+x} = \ln（a+x）+C$$

其中"对"字表示对数。

李善兰除了与伟烈亚力合译了《几何原本》《代数学》和《代微积拾级》外，还与艾约瑟合译了《圆锥曲线论》三卷。四部译著虽说与当时欧洲数学已有很大差距，但作为高等数学在中国引入还是第一次，它标志了近代数学已经在中国出现。就具体数学内容来说，它们包括了虚数概念、多项式理论、方程论、解析几何、圆锥曲线论、微分学、积分学、级数论等。所有的内容都是基本和初步的，然而，它对中国数学来说却是崭新的。有了这个起点，中国数学也就可以逐步走向世界数学王国。

1858 年，李善兰又向墨海书馆提议翻译英国天文学家约翰·赫舍尔的《天文学纲要》和牛顿的《自然哲学的数学原理》。此外又与英国人韦廉臣合译了林耐的《植物学》八卷。在 1852—1859 年的七八年间，李善兰译成著作七八种，共约七八十万字。其中不仅有他擅长的数学和天文学，还有他所生疏的力学和植物学。为了使先进的西方近代科学能在中国早日传播，李善兰不遗余力，克服了重重困难，做出了很大贡献。

（2）华蘅芳的翻译工作

1861 年，华蘅芳与徐寿同在曾国藩创办的中国近代第一所兵工厂——金陵军械所工作，参与设计了中国第一艘轮船"黄鹄号"。事后一直受到曾国藩的重用，成为中国近代洋务运动的积极支持者和参加者。他参与筹建了江南制造局。1868 年江南制造局内添设了翻译馆，华蘅芳任职从事翻译工作，为介绍西方先进科学技术不遗余力。

华蘅芳先与美国玛高温合译了《金石识别》《地学浅释》《防海新论》和《御风要术》等矿物学、地学、气象学方面的书共五种；又与英国人傅兰雅合译了《代数术》《微积溯源》《决疑数学》《三角数理》《三角难题解法》《算式解法》六种，另有未刊行的译著四种，进一步介绍西方的代数学、三角学、微积分学和概率论。华蘅芳的译著比李善兰内容更为丰富，译文也更加流畅。这些译著都成为中国学者了解和学习西方数学的主要来源。

1875 年，上海格致书院建立。次年，四十三岁的华蘅芳应邀任教。当时，实科学校在中国还刚刚问世，华蘅芳一边参与学校管理，一边认真教书。他知识广博，对理科和工科都有研究，又亲自为学生编写讲义，积极介绍西方数学，如《学算笔谈》《算法须知》和《西算初阶》等。这些讲义大多融中西数学于一统，适合处于数学发展转折时期中国学生的状况。例如《学算笔谈》不仅包括了西方的代数，还包括了中国的天元术，全书由算术、天元术、代数、微积分逐步加深，自简至繁。1887 年和 1892 年，华蘅芳先后转任天津武备学堂教习和湖北武昌两湖书院教习。1896 年又任常州龙城书院院长兼江阴南菁书院院长。华蘅芳一生的后二十余年，积极从事教育和人才培养，成为推进近代数学在中国产生和发展的中坚分子。在对待事业的态度上，华蘅芳则可称为中国近代知识分子的楷模。他不慕虚荣，敝衣粝食，孜孜不倦，辛劳终生，把全部的精力献给了科学和教育事业，就如他自己所说："吾果如春蚕，死而足愿矣！"

　　华蘅芳的译著是在李善兰等译的《代数学》和《代微积拾级》之后的新译。之所以要新译，华蘅芳说是因为"李氏所译之二种殊非易于入手之书"，"所以又译此书著，盖欲补其所略也"。事实上，《代数学》中的方程论、对数、指数、不定方程等内容和《微积溯源》中的微分方程等内容，是分别比《代数学》和《代微积拾级》有所充实的。华蘅芳的译著还十分注意数学史的介绍，这在当时具有十分重要的意义，它扩大了中国数学家们的眼界，加速了对西方数学界的认识和了解，有利于中国数学走向世界，走向现代。

　　在华蘅芳的数学译著中，《决疑数学》具有突出地位。这是在中国编译的第一部概率论专著。在这本书之前，华蘅芳曾在《代数难题解法》中介绍过概率知识，当时把概率译为"决疑数"。

　　《决疑数学》共十卷一百六十款，卷首"总引"除了讲述概率论的意义和作用外，还较详细地介绍了概率论的历史，涉及的数学家达三十余人。卷一至卷五的内容为古典概率，通过大量的名题，介绍古典概率的理论和计算方法，卷六、卷七为人寿概率和定案准确率等应用，卷八为大数问题，卷九论正态分布和正态曲线，列出的密度函数公式为

$$函 = \sqrt{(室 \div 周)} 戊^{T室=}$$

　　用现代符号表示，应为

$$f(\varDelta) = \sqrt{\frac{\lambda}{\pi} \mathrm{e}^{-\mathrm{d}\varDelta^2}}$$

由于中国传统数学一直没有形成符号系统，国家又长期处于闭关自守状态，因此李善兰、华蘅芳等人煞费苦心地设想出"中西结合"的"准符号"形式，不仅是可以理解的，而且是必要的。这些过渡性的符号形式，把中国数学逐步引向了符号化。

《决疑数学》的卷十介绍了最小二乘法及其应用。《决疑数学》的译出给中国数学又增添了一门新的学科，其中如大数、指望（期望）、排列、相关、母函数、循环级数等，是华蘅芳为概率论所创设的名词。

（3）其他译著

李善兰和华蘅芳的翻译工作在相当程度上推进了向西方科技学习的潮流。在他们的影响下，翻译工作持续不断，译著日趋增多。为了培养更多的翻译人才，1862 年，清政府决定成立同文馆。1866 年又在馆内增设了天文算学馆，专门从事数学著作的翻译、学习和研究。1863 年继墨海书馆之后，上海又开设了广方言馆。1868 年，江南制造局也开设译馆，以适应翻译事业的需要。与此同时，广州也成立了同文馆。据不完全统计，自 1853 年到 1911 年的近六十年间，约有四百六十八部西方科学著作译成中文出版，其中数学著作最多，计一百六十八部，占总数的三分之一还多。其余的有理化九十八部，博物九十二部，天文气象十二部，地理五十八部，总论及杂著四十四部。西方数学著作的大量翻译，加快了中国数学走向近代的进程。

继李、华两人译著之后出版的早期数学著作主要有以下几种。

属几何学方面的有：《算式集要》四卷，傅兰雅口述，元和江衡笔录，此书主要讲图形的面积体积计算；《周幂知裁》一卷，傅兰雅口述，徐寿笔录，此书为实用几何学，鍪金工所用；《运规约指》三卷，傅兰雅口译，徐建寅删述，此书专讲几何作图问题；《器象显真》四卷，也是傅兰雅与徐建寅合译，这是一部内容丰富的画法几何与机械制图著作，在理论和实践上都颇有价值；《代形合参》三卷，美国潘慎文和中国谢洪赉合译，内容是解析几何；《形学备旨》十卷，美国狄考文和中国邹立文合译，为初等几何著作；1919 年还出版了武崇经编译的《非欧几里得几何学》一书，内容不深但较全面，包括双曲几何和椭圆几何两种非欧几何。

属算术和代数学方面的有：《笔算数学》三册和《代数备旨》十三卷，两书均由狄考文和邹立文合译；《数学理》九卷，傅兰雅、赵元合译；《弦切对数表》贾步纬翻译。1909 年，顾澄根据美国哈地（Hardy）的一部有关四元数的通俗读物，译成《四元原理》一书，从此向量和四元数理论在中国出现。

不少译著是作为兴起不久的学校的教科书所使用，因此内容大多仍局限于初等数学和高等数学的基础部分。但也有一些高深的数学内容，如非欧几何、四元数理论等，它们为中国近代数学增添了新意。

近代数学教育

从 1840 年鸦片战争以后，随着中国社会的演变和西方科学文化的引进，中国的教育也一步一步地发生了变化。学堂代替了私塾，自然科学的课程在学校里逐步设立。数学的教学内容也由初等数学逐渐加深到了高等数学。但这个时候的教育已经有了半殖民地半封建性质，前进的步伐十分沉重而缓慢。

1. 学校的兴办与数学教育

清朝咸丰末年，中国内有太平天国的战争，外受英法联军的胁迫，国际地位非常低下。面对这种状况，一些维新人物想出种种方法，以谋复兴，以图自强。其中最主要的策略就是购置洋枪、洋炮、洋船和兴办教育。

同治元年（1862）七月，同文馆正式在北京成立。同文馆起初只是为培养翻译人才而开设的，仅设英文馆，学生共十人，由英国人包尔腾充任教师，年薪达一千两白银，而教汉文的中国人徐树琳年薪则不满白银一百两。1863 年以后，又相继设立法文馆、俄文馆、德文馆和东文馆。为了学到西方科学技术之根本而不是只学皮毛，

1867 年，同文馆内又加设了算学馆。此后，又请美国人丁韪良开设万国公法讲座，第二年，丁韪良成为同文馆的总教习（校长），总管校务。从此，同文馆的课程大大改进，增加了许多实用科学的课程。1867—1900 年八国联军入京，同文馆并入京师大学堂，同文馆已经由一个翻译学堂变成了高等实用科学学校。

同文馆学生十五岁左右入学，学制八年，前三年为文法基础教育，后五年着重实用科技教育，其中数学占有重要地位。下面所列的是八年中的教学课程。

首年：认字，写字，浅解辞句，讲解浅书。

第二年：讲解浅书，练习句法，翻译条子。

第三年：讲各国地图，读各国史略，翻译选编。

第四年：数理启蒙，讲代数学，翻译公文。

第五年：讲求格物、几何原本、平三角、弧三角，练习译书。

第六年：讲求机器、微积分、航海测算，练习译书。

第七年：讲求化学、天文、测算、万国公法，练习译书。

第八年：讲求天文、测算、地理、金石、富国策，练习译书。

考虑到学生仅在学校内学习，毕业后难以应付多种复杂事务，从 1895 年起同文馆实行派出留学制度。以三年为期，向英、法、俄、德各国学习语言、文字和算法，数学仍受到重视。

继同文馆之后，清朝后期又相继设立了各种专科学校，如上海的外国语言文字学馆，天津的水师学堂、武备学堂、中西学堂，以及各省的实学馆、师范学堂、陆军学堂、铁路学堂等。这些学堂除了教授有关的专业课程外，也都教授数学，如天津中西学堂的头等学堂第一年即讲授几何学、三角勾股学，第二年则讲授微分学和机械制图，课本大多选自西方算书。

京师大学堂旧址

1901 年,清政府实行"新政",把"改革教育"当作其中的一项内容,"兴学育才,实为当今急务"。于是,1903 年颁布了"奏定学堂章程"。关于数学课程,章程规定各级学校所设如下。

初等小学堂(五年):算术(七岁入学)。

高等小学堂(四年):算术。

中等学堂(五年):算术、代数、几何、三角。

高等学堂(三年):代数、几何、解析几何、微积分。

大学堂(三年):微积分、几何学、代数学方程论、整数论、偏微分、力学。

教材一般都选用西方算书,小学和中学用中译本,高等学堂和大学堂则直接用外文本。19 世纪末,使用得比较普遍的教学教材有:《形学备旨》(1885 年)、《代数备旨》(1891 年)、《笔算数学》(1892 年)、《代形合参》(1893 年)和《八线备旨》(1894 年)。这些教科书最初用于外国传教士在沿海各地开设的教会学校,因戊戌以后全国各地纷纷设立新法学堂,教材奇缺,上述各书也就正好被选用了。

20 世纪初,上海等地的一些书局开始自编教科书。影响较大的有商务印书馆于 1904 年出版的《数学教科书》上、下册和 1908 年出版的《中学数学教科书》上、下卷。这是首批由中国人自己编写的小学数学教科书。特别是后一种,改变了中国算书传统的直行排版法,改用横行排版,极大地便利了数学式子的书写。不过,代数、几何、三角等中学教科书仍多为编译,其中影响较大、使用时间较长的有查利斯密的《初等代数学》、温德华士的《三角法》《几何学》《代数学》和《解析几何》、斯密士及盖勒的《解析几何学原理》等。

这时期除了清政府开设的学堂以外,西方传教士在沿海各地也擅自开设了一些学校。第一个洋学堂是原开设在澳门的马礼逊学堂。1842 年,该校搬到香港继续开办,设置汉语、英语、算数、化学、几何、代数、生理学、地理、历史、音乐等课程。近代中国早期的改良派容闳和近代中国第一个西医黄宽就是该学堂的学生。1847 年,容闳、黄宽、黄胜跟随美国教师布朗夫妇前往美国留学,翻开了中国近代出洋留学史的第一页。继马礼逊学堂之后,1850 年,天主教耶稣会在上海创办了徐汇公学，后改成圣依纳爵公学。1864年，美国长老会传教士狄考文在山东登州（今蓬莱市）创办了蒙养学堂（小学），1876年正式改名为文会馆（中学）。1904年，该校迁到潍县改名为广文学堂。此外，苏州、杭州、广州、湖南等地也都先后开设了洋学堂和所谓新法学堂。从本质上说，这些学堂是为统治阶级利益服务的，学生也只能是官僚、买办阶级的子弟，与穷苦百姓无缘。但与此同时，这些学堂也起着传播西方科学文化和建立中外文化交流的桥梁作用。

2. 中国早期的数学留学生

20世纪初，中国向先进国家学习近代数学出现两条路线：一条是将先进国家的数学与数学教育引入国内，在国内开办学校，发展数学教育，培养各种人才；另一条是选派留学生，走出去直接向先进国家学习。19世纪70年代之前，中国留学生由洋人带出国外，人数极少。

清朝赴美留学儿童

1871年9月，曾国藩、李鸿章提出，为"使西人擅长之技，中国皆能谙悉"，奏请派陈兰彬、容闳带学生出国留学，学习军政、船政、步算、制造等科学技术。第二年，梁敦彦、詹天佑等中国第一批留学生一行共三十人赴美国留学。以后拟每年一批三十人留学美国。

1877年1月，根据沈葆桢、李鸿章的建议，清政府派福建船政学堂学生严复、萨镇冰等三十人赴英国、法国学习航海、造船技术。此后出国留学者渐多。1900年以后，各地也纷纷派出学生赴欧美留学，并且还有自费出国留学的。1900年，中国留日学生已达数百人，还在日本组织了爱国团体——励志会。1903年，清政府首次向比利时派出留学生，学习工业技术。

早期出国留学的人中很少有专门学习数学的。不过，由于各种专业技术都需要用到数学，因此留学生对西方数学都有所了解和掌握，有些酷爱数学的学生，甚至改变了专业方向，去学习数学。辛亥革命更促使中国学生积极大胆地推进向西方学习的热潮，同时在科学上取得自己的成就。

1903 年，京师大学堂派往日本的留学生中出现了学数学的学生——冯祖荀（汉叙）。他生于 1880 年，浙江杭州人。他是在京都帝国大学学习数学的。学成归国后，在北京大学任数学教授，1918 年成立数学系时担任系主任。他在国内最早按现代数学理论要求设置数学课程，自己则教授高等解析；他还兼任过北平师范大学和东北大学数学系系主任。冯祖荀是中国高等数学教育的开创者，他生性淡泊，不计名利，膝下又无子女，故许多事迹已湮没无闻，大约在 1940 年左右病逝于北平，葬于北平八大处福田公墓。

对中国早期现代数学有较大影响的郑之藩、秦汾和胡敦复、胡明复兄弟都曾留学美国。

郑之藩（1887—1963），号桐荪，江苏吴江人。1907 年赴美入康奈尔大学学习数学和物理，1910 年毕业后进耶鲁大学研究生院深造。学成归国后在马尾海军学校、安徽高等学校、南洋公学、北京农业专门学校等任教。1920 年到清华学校，为算学系创办人之一。1926 年，清华大学成立，郑之藩是数学系四教授之一。1934—1935 年，曾兼任教务长和数学系主任。著译有《微分方程初步》《四方开方释要》《墨经中的数理思想》等。

秦汾（1887—1971），字景阳，上海嘉定人。1909 年在美国哈佛大学攻读数学和天文学而获得学士学位，后又游学英国和德国。回国后在南京江南高等学校和上海交通大学任教，1915—1919 年任北京大学数学天文学教授。1917 年北京大学成立"数学门"（后称数学系），秦汾是当时的负责人。1918 年接任教务长，数学系主任由冯祖荀担任。秦汾在北大的研究领域是近世代数，在当时的中国，很少人能开这门课。他还编写过中学数学教科书。

胡敦复（1886—1978）、胡明复（1891—1927）兄弟分别于1904年和1910年赴美留学于康奈尔大学。胡敦复创办了我国第一所私立大学——上海大同大学，并任校长。1935年全国性的数学团体——中国数学会成立时，他被推选为会议主席。胡明复于1917年在美国哈佛大学以《具有边界条件的线性微积分方程》的博士论文获得博士学位，成为中国第一个数学博士。

此外，姜立夫（1890—1978，1918年获哈佛大学数学博士学位）、何鲁（1894—1973，1919年获法国里昂大学数学硕士学位）、熊庆来（1893—1969，1921年获法国理科硕士学位）等也是早期留美的数学先驱者。

3. 中国现代数学研究的发端

20世纪初中国新式学校的兴办和数学教育的设立，以及数学留学生的出国和归国，是中国现代数学研究的发端。但真正标志中国现代数学研究与国际数学水平同步的，还是在20世纪20年代的时候。

陈建功（1893—1971）是中国现代数学史上一位十分重要的学者。他出生在浙江绍兴一个忠厚老实的小职员家庭。1913年、1920年和1926年他三渡东瀛，学习和研究现代数学。1921年，他在日本仙台东北帝国大学数学系学习时，在日本《东北数学杂志》上发表论文《关于无穷积的一些定理》，把19世纪德国数学家魏尔施拉斯（K. Weierstrass，1815—1897）关于判别无穷乘积收敛性的著名定理加以推广，得到了两个更普遍的定理，并把维尔斯特拉斯定理作为一个特例包括了进去。苏步青曾这样评价过这篇论文："无论在时间上或内容上，都标志了中国现代数学的兴起。"这时距我国第一位数学博士胡明复在美国发表博士论文（1917年）相隔不过三四年。

1928年，陈建功在《东京帝国学士院进展》上发表论文《关于具有绝对收敛富里埃级数的函数类》。其内容是：一个三角级数能在区间上绝对收敛的充要条件为它是杨（Young）氏连续函数的富里埃级数。该结果也由当代著名数学家、英国函数论权威哈代和李特伍德同年得到。这表明中国数学家的研究成果已达到国际先进水平，足以标志中国现代数学研究实质上真正开始。1929 年，陈建功取得理学博士学位，成为第一位在日本取得这一荣誉的外国科学家。

20 世纪 30 年代起，中国就有了数学研讨班。1931 年，陈建功、苏步青在浙江大学举办有高年级本科生和青年教师参加的"数学研究"讨论班，分"数学研究甲"（综合性）和"数学研究乙"（分函数论和微分几何两个方面分别进行）。1938 年，华罗庚（1910—1985）从英国回来任西南联大数学教授后，主持了一个群论讨论班，在有限群论方面得到了一些杰出的成果。

中国独立培养数学研究生也始于 20 世纪 30 年代。1931 年清华大学招收了两名数学研究生，即陈省身（1911—2004）和吴大任（1908—1997），两人都学几何。1940 年浙江大学招收了数学研究生程民德（1917—1998），师从陈建功，学分析。20 世纪 40 年代，中央大学等也招收了数学研究生。

三四十年代，中国的一些大学，如北京大学、中央大学、清华大学、西南联大、浙江大学、重庆大学等先后建立了数学研究所，实际上都是系、所合一的。

1946 年，在上海正式成立数学研究所，由陈省身主持。数学研究所先后聘了专职和兼职的高级研究人员，除进行研究外，还注意人才培养，各大学推荐高材生到所内深造，选送优秀青年出国留学，而中国数学会则早在 1935 年就已经成立。

20 世纪前半期中国的数学研究，主要是纯数学领域，如函数论、数论、几何、拓扑学等，泛函分析、代数、概率论、微分方程、积分方程等也有人研究。据不完全统计，1949 年前总共发表论文六百五十篇左右，在国内只在《中国数学学报》上发表了三十四篇，在《科学》和一些大学学报上也发表了少量论文，其余大多数论文都发表在美、英、德、法、日、印等国的数学和科学杂志上。

1949 年 10 月 1 日中华人民共和国的成立，标志着中国的历史进程和科学发展进入了一个崭新的阶段。1949 年 11 月 1 日，中央人民政府正式组建了中国科学院，1950 年 6 月成立了数学研究所筹备处，由苏步青任主任。1952 年 7 月正式成立数学研究所，由华罗

中国科学院

华罗庚塑像

庚任所长。中国数学会也于 1949 年 10 月恢复工作，1950 年 1 月举行年会，决定恢复会刊的出版，华罗庚任《中国数学学报》总编辑，1952 年改名为《数学学报》；傅种孙（1898—1962）任《中国数学杂志》总编辑，1953 年改名为《数学通报》；1955 年又创办了第三种刊物《数学进展》，华罗庚任主编。数学教育的改革则从 1952 年开始，逐步走上了正轨。由此，中国当代的数学研究和教育事业进入了一个崭新的时期。

结语 中国传统数学的特色

纵观中国传统数学的历史发展和演变过程，作为中华民族光辉灿烂的古代科学文化的一个重要组成部分，它有着与西方数学迥然不同的风格，表现出独具一格的特色。

1. 内容的实用性

古代数学都是以现实世界的数量关系和空间形式为其研究对象的。中国传统数学体系形成于封建社会初期（秦汉），新的封建制度的建立和巩固需要数学解决农业生产和手工业生产中的各种实际问题。中国传统数学体系形成的标志——《九章算术》，其内容就具有鲜明的实用性。正如著名科学史学家李约瑟所指出的："《九章算术》是数学知识的光辉集成，它支配着中国计算人员一千多年的实践。但是，从它的社会根源来看，它与官僚政府组织有密切关系，并且专门致力于统治官员所要解决的（或教导别人去解决的）问题。土地的丈量、谷仓容积、堤坝和河渠的修建、税收、兑换率——这些似乎都是最重要的实际问题。'为数学'而数学的场合极少。"

《九章算术》以后，中国算书大多保留这一源于实际、用于实际的特色。如前述"算经十书"中的《五曹算经》就是为了解决我国封建制度相当于县一级的行政单位中田（耕作）、兵（军事）、集（集市）、仓（储藏）、金（五金）这五种专业生产和管理的有关数学应用问题。秦九韶《数书九章》全书九类八十一题，"天时类"是有关天文历法和气象问题，"田域类"是农业生产问题，"测望类"是勾股重差和其他测量问题，"营建类"是建筑施工问题，"军旅类"是兵营布置和军需供应问题，"市易类"是商品交易问题等。他主张"数术之传，以实为体",其著名的"三斜求积"公式就产生于大面积三角形沙田的测量。程大位《直指算法统宗》每谈一种数学方法,就设有许多实际问题,并以歌诀形式表示,以利流传。徐光启《度数旁通十事》强调数学在天文、水利、音乐、军事、建筑、经济、机械、地理、医药、计时十方面的应用。梅文鼎也认为"数学者,征之于实"。中国传统数学著作密切联系和充分反映了当时社会政治、经济、军事和科学文化等方面的实际情况和需要,以至于历史学家们都常常把古代数学典籍作为研究中国社会经济生活、典章制度、工程技术等方面的珍贵资料。

中国传统数学内容的实用性还表现在它与天文历法的关系方面。中国传统天文学的中心内容是历法,它为农业生产和封建皇权服务。历法计算需要数学提供工具和方法。中国古代数学家和天文学家通常是集二者于一身,被统称为"畴人""天算家"或"历算家";数学著作和天文历法著作也常常合二而一,况且西汉《周髀》本是一部阐述"盖天说"的天文学书,唐朝被选定为数学课本,作为"十部算经"的第一种,并给它以《周髀算经》的名称。中算史上许多具有世界意义的杰出成就来自天文历法的实际推算,如"大衍求一术"(一次同余式组解法)产生于历法中上元积年的推算,"调日法"(分数近似算法)来自调整基本天文常数,"招差术"(高次内插法)产生于推算日、月、五星行度的需要等。

2. 算法的程序性

中国传统数学内容的实用性,决定了它的知识体系采取"实际问题——计算方法"的有效格式。以算为主,不仅筹算不用运算符号,运算不保留中间过程,"大乘除皆不下照位,运筹如飞",显得格外省事,而且,一类问题的算法——"术",往往被处理成一套套的计算程序,犹如当今电子计算机中的"程序语言",像开平方、开立方、解线性方程组的"遍乘直除"消元法、计算圆周率的"割圆术"、解数字高次方程的"增乘开方法"、解一次同余式的"大衍求一术""累强弱之数"的"调日法"术,以及"垛积术""招差术"等,都是构造性算法，无一不具备机械化程度很高的计算程序，有些还包括了现代计算机语言中构造非平易算法的基本要素（如循环语句、条件语句）和基本结构（如子程序）。这种复杂的程序化算法，很难被仅仅看作是简单的经验法则，而应视作是高度概括归纳思维能力的产物。它与产生于奴隶制鼎盛时期、以论证宇宙和谐和奴隶制合理性为背景的古希腊欧几里得几何体系的逻辑演绎思维风格截然不同，但却在世界数学历史发展的进程中起着完全可与之争雄媲美的作用。

中国传统数学的算法体系是建立在先进的十进位置制筹式演算基础上的。算筹是我国古代独创并最为行之有效的计算工具。随着社会生产力的发展，尤其是商业经济的出现，对算具和算法这两方面的改进都成为可能。珠算盘的出现和计算口诀的完善使珠算在明朝以后一度成为我国传统数学发展的主流。

3. 理论的局限性

中国传统数学是有理论的，算法本身就具有抽象和思辨的数学理论特征。"寓理于算"是中国古代数学理论在表现形式上的一个特点。中算家往往将其依据的算理蕴涵于程序化的演算步骤之中，而算法步骤所给出的构造性证明往往比演绎数学的存在性证明更为具体和实用，使人看得见，摸得着，感到自然和信服。

中国学术界传统的"注经"方式也见于历代中算家对经典数学著作的"术文注释"之中。这种注释往往是数学理论和证明的补充和深化。刘徽的《九章算术注》"总算术之根源"，"穷纤入微"，认为"事类相推，各有攸归"，"枝条虽分而同本干知"，"发其一端而已"，于是"析理以辞，解体用图"，把演绎逻辑推理和图形直观分析的方法相结合。其证明过程没有犯任何循环推理的错误，他是中国传统数学理论的集大成者，当时世界上最杰出的数学家。其后，祖冲之、祖暅父子则发扬光大，多有发明。他们的理论工作和数学成就由于李淳风的注释而得以彰显。

无可讳言，中国传统数学的实用性和算法化倾向，使之具有重"术"轻"理"、理论隐而不显的弱点，因而数学理论的发展有其局限性。对经典算经以注释的方式来阐述理论，或分散割裂，或重复遗漏，缺乏系统性，易于残缺甚至失传。中国传统数学理论的黄金时代是魏晋南北朝的三百年间，然而终未继续长期地发展下去。

4. 发展的中断性

中国传统数学在古希腊演绎几何学之后、近代欧洲无穷小算法之前，一直是中世纪东方算法的代表，处于世界领先地位达一千五百多年之久。但是，在元中期以后，其发展突然出现中断现象。到了明朝，知名数学家顾应祥、庸顺之对天元术不能理解，吴敬不会增乘开方，而程大位只能开平方与开立方，用天、地、人、物作为未知数文字符号的代数学则倒退到用具体事物的名称来表示未知数。这种发展的中断性可归因于数学本身的内在原因和社会条件的外部原因。

从数学的微观结构来分析，中国传统的筹式符号体系，用算筹所在的"位"来区别数的大小和量的不同，用平面内上下左右各种相对位置关系来表示特定的数量关系，这就带有原始的、不完备的性质。线性方程组还可以排列成系数和常数组成的增广矩阵，一元高次方程则需要用"元""太"等文字注释。宋元时期由天元术很快发展到的四元术，为什么不能再向多元方向发展？因为平面筹式只能表示出天、地、人、物四个未知数，靠空间位置来表示它们之间的关系，不可能再摆置更多的未知数了。因此四元术是用算筹解方程组的顶峰，无法更进一步冲破这种饱和状态。更为重要的是，算筹表示的都是一个个具体的数字，不能表示一般的情形——文字系数。例如，秦九韶尽管解了许多个高次方程（包括十次方程），却无法列出一个一般的二次方程，怎么能对方程的性质诸如根与系数的关系进行讨论呢？再者，不记录中间过程的筹算，难于对各步骤的逻辑推理关系做出探究。至于珠算对于筹算的取代，使我国唯一能表示方程的符号体系受到淘汰，代数学更加无从得到进一步的发展。

从数学的宏观结构来分析，中国传统的"算术"强调的是"算"和"术"，尚未形成各个分支的结构关系和系统理论。新思想、新方法和新学科的产生缺乏丰富的生长点，则持续的高速度发展是不可能的，宋元数学高峰之后势必出现一段停滞时期。

从社会条件来分析，蒙古人南侵和统治中原时，还处于从氏族社会末期过渡到封建制的阶段，经济和文化都相当落后，"一代天骄，成吉思汗，只识弯弓射大雕"。统治者对广大人民实行种族歧视和阶级压迫，据载"大元制典，人有十等：一官、二吏，先之者贵之也。……七匠、八娼、九儒、十丐，后之者贱之也。"世人叹曰："嗟乎卑哉，介乎娼之下、丐之上者，今之儒也。"知识分子社会地位低下，哪里还会有对科学文化的重视？又哪里会有数学的发展呢？

隋唐以降，科举考试还时有"明算科"。入元以后，先是考试制度完全废止，后虽恢复，考试内容则以朱熹集注的"四书"为主，完全将数学知识砍去。这对数学的发展无疑是一个沉重的打击。这种考试制度不久就发展成为"八股取士"，顾炎武曾一针见血地指出："八股之害，甚于焚书"。明朝虽然在国子监也设数学教育，但不外粗习算术四则，很难超过千余年前的《九章算术》，难怪宋元数学会成为"绝学"了。

徐光启认为："算数之学特废于近世数百年间尔。废之缘有二，其一为名理之儒，土苴天下之实事；其一为妖妄之术，谬言数有神理，能知来藏往，靡所不效。卒于神者无一效，而实者无一存。"前者指当时学者鄙视一切实用之学，后者指数学研究陷入神秘主义泥坑，可谓真知灼见。

5. 体系的封闭性

中国封建社会和文化传统的封闭性、保守性，使得传统数学体系一经形成，不仅内部自身的进步力量难以冲破传统观念和方法的束缚，而且对于外来科学体系的冲击还具有相当的稳定性和强烈的排他性。

中国传统科学在其发展过程中同外来科学有过四次重大交锋，其焦点都是数学和天文学，其代表人物都是历算家：唐一行（683—727），元郭守敬（1231—1316），明徐光启（1562—1633），清李善兰

（1811—1882）。唐朝,印度数码、九执历法、三角函数表等都传了进来,但中国传统数学体系形成后正处于巩固和发展之中,对其不屑一顾。《开元占经》介绍先进的印度位值制数码,竟以十个方框代替其"算字法样"因而付之阙如,只是说"其字皆一举而成",即这样的数码字每一个都可以一笔连写出来。中国历算家习惯于摆弄算筹进行筹算,不能体会数码和笔算的优越性,反而认为印度历算"皆以字书,不用筹策,其术繁碎,或幸而中,不可以为法,名数诡异,初莫之辨也"。而这十个数字符号流传于伊斯兰国家后,很快受到赞美和引用,并以"阿拉伯数字"西传欧洲,风行世界。元朝,阿拉伯数字、欧几里得《原本》都传了进来,但中国传统数学正处于繁荣高峰时期,对其也少有理会。据考即欧几里得《原本》十五卷,但其书并没有流传下来。明末清初,古希腊和西方近代的一些数学都传了进来。徐光启同意大利传教士利玛窦合译了《几何原本》前六卷,认为它是"度数之宗""众用所基",其"为用至广,在此时尤所急须","欲公诸人人,令当世亟习焉",惜"习者盖寡","窃意百年之后,必人人习之,即又以为习之晚也"。而事实上,从"习者盖寡"到"人人习之"的过程拉长到了三百年之久,直至 21 世纪初,才把欧氏几何定为全国中学数学的教学内容,这的确是"习之晚也",而且是太晚了! 清初号称"国朝算学第一"的梅文鼎,对汇通中西数学也起过一定作用,但他却认为"西方用三角,犹古法用勾股也",进而鼓吹"西学东源"说。更有甚者,曾任清钦天监正的杨光先为保"大清国祚",竟叫嚷"宁可使中夏无好历法,不可使中夏有西洋人"。结果是在重重阻力下吞吞吐吐地引进了一些先进的东西,却仍然失去了中国传统数学向近代教学转化的良机。清末,在李善兰、华蘅芳等人的积极努力下,中国固有的传统数学体系的封闭闸门终于被冲垮。随着封建制度被摧毁,中国数学进入了近代发展的新时期。